国家社科基金
后期资助项目

国际贸易背景下的全球气候治理
回顾、问题与进路

Global Climate Governance Under International Trade
Review, Issues, and Prospect

刘磊 著

四川大学出版社
SICHUAN UNIVERSITY PRESS

图书在版编目（CIP）数据

国际贸易背景下的全球气候治理：回顾、问题与进路 / 刘磊著. -- 成都：四川大学出版社，2025.2.
ISBN 978-7-5690-7742-1

Ⅰ．P467

中国国家版本馆CIP数据核字第2025JY4356号

书　　名：	国际贸易背景下的全球气候治理：回顾、问题与进路
	Guoji Maoyi Beijing xia de Quanqiu Qihou Zhili: Huigu、Wenti yu Jinlu
著　　者：	刘　磊

出 版 人：侯宏虹
总 策 划：张宏辉
选题策划：蒋姗姗
责任编辑：蒋姗姗
特约编辑：张桐恺
责任校对：谢　鋆
装帧设计：何思影
责任印制：李金兰

出版发行：四川大学出版社有限责任公司
　　　　　地址：成都市一环路南一段24号（610065）
　　　　　电话：（028）85408311（发行部）、85400276（总编室）
　　　　　电子邮箱：scupress@vip.163.com
　　　　　网址：https://press.scu.edu.cn
印前制作：四川胜翔数码印务设计有限公司
印刷装订：成都金龙印务有限责任公司

成品尺寸：165mm×238mm
印　　张：17
插　　页：2
字　　数：308千字

版　　次：2025年5月 第1版
印　　次：2025年5月 第1次印刷
定　　价：78.00元

本社图书如有印装质量问题，请联系发行部调换

版权所有 ◆ 侵权必究

扫码获取数字资源

四川大学出版社
微信公众号

国家社科基金后期资助项目
出版说明

后期资助项目是国家社科基金设立的一类重要项目，旨在鼓励广大社科研究者潜心治学，支持基础研究多出优秀成果。它是经过严格评审，从接近完成的科研成果中遴选立项的。为扩大后期资助项目的影响，更好地推动学术发展，促进成果转化，全国哲学社会科学工作办公室按照"统一设计、统一标识、统一版式、形成系列"的总体要求，组织出版国家社科基金后期资助项目成果。

全国哲学社会科学工作办公室

目 录

第1章 导论 ·· 1
  1.1 国际贸易对全球气候治理的多重影响 ························· 1
  1.2 国际贸易背景下全球气候治理的公平性挑战 ················ 2
  1.3 后巴黎时代的全球贸易气候治理 ······························· 3

第2章 全球贸易体系与气候体系的发展历程 ····················· 5
  2.1 全球贸易体系的发展历程 ·· 5
  2.2 全球气候体系的发展历程 ·· 15
  2.3 全球贸易体系与气候体系的互动 ······························· 37

第3章 国际贸易与气候变化的相互作用 ··························· 40
  3.1 国际贸易对气候变化的影响 ····································· 41
  3.2 气候变化的物理效应对国际贸易的影响 ······················ 55
  3.3 气候政策与国际贸易规则的冲突与协调 ······················ 57
  3.4 碳排放权的国际贸易 ·· 83
  3.5 贸易体系和气候体系互动下的国家行为动机 ················ 97

第4章 国际贸易中的碳泄漏：隐含碳排放 ························ 102
  4.1 国际贸易中的隐含碳排放 ······································· 102
  4.2 贸易隐含碳排放的责任归属 ··································· 116

第5章 公平性在全球气候治理中的核心作用 ····················· 126
  5.1 气候公平的概念 ··· 126
  5.2 气候公平是全球气候治理的首要原则 ························ 128

5.3　全球气候治理中的一般性公平原则 ································ 129
　5.4　"共同但有区别的责任"原则 ····································· 136
　5.5　气候公平的挑战 ·· 148

第6章　国际贸易背景下的新型碳排放责任分担机制 ················ 152
　6.1　国际贸易隐含碳排放责任分担的公平原则 ························ 154
　6.2　对国际贸易隐含碳排放责任分担的公平原则的标准化 ·············· 159
　6.3　新型国家碳排放责任量分担机制 ································ 162
　6.4　新型碳排放责任分担机制的贸易与气候影响 ······················ 178

第7章　新时代国际贸易下的全球气候治理体系及中国角色 ·········· 184
　7.1　后巴黎时代的全球气候治理格局 ································ 184
　7.2　国际贸易对全球气候治理的持续影响 ···························· 200
　7.3　中国在未来全球气候治理及国际贸易中的角色 ···················· 214

参考文献 ·· 226

第1章 导论

在过去的几十年中，伴随着全球化的不断发展，国际贸易呈现出前所未有的增长态势。但是，从多次贸易谈判的争论焦点来看，国际贸易对于全球的环境与公平问题仍然存在诸多影响。随着气候变化问题的日渐突出，国际贸易与气候变化形成的交叉议题逐渐成为国际经济、政治与环境领域共同关注的热点。2010年，世界银行发布了以"发展与气候变化"为主题的《2010年世界发展报告》，指出国际贸易体系和气候体系的互动对国际社会具有重大意义。贸易自由化在多边体制下的不断推进惠及了众多国家的经济发展，但同时贸易规模的扩大也刺激了产能的迅速扩张，致使全球温室气体排放激增，而应对气候变化同样关乎各国的经济利益与发展权益。随着气候变化与国际贸易的交叉议题以及与之相关的金融政策、投资和技术转移等问题逐渐进入全球治理的核心议程，如何在国际贸易的背景下开展全球气候治理，逐渐成为应对气候变化的新挑战。

1.1 国际贸易对全球气候治理的多重影响

国际贸易对全球气候治理具有多重复杂影响：

第一，在全球贸易背景下，国际经济活动的不断扩张直接导致工业生产过程中的化石能源消耗量及相应的温室气体排放快速增长。同时，更加频繁的货物贸易对国际交通运输的需求不断增大，而石油占全球交通运输行业能源需求的95%，因此全球贸易的发展也导致交通运输行业温室气体排放量的不断增加。

第二，全球贸易的发展在一定程度上也能够减缓温室气体增长。一方面，国际贸易的技术溢出效应能够降低发展中国家学习和获得发达国家先进生产技术及碳减排技术的成本，从而降低发展中国家的碳排放量和碳减排成本；另一方面，贸易开放通过提高公众的生活水平和收入水平使得他们对环境质量改善和温室气体减排的需求更加强烈，从而迫使政府采取合理措施对公众需求予以回应。

第三，国际贸易中的碳泄漏可能导致全球温室气体减排的失效。碳泄漏是指发达国家的生产性碳排放量减少引起的发展中国家的生产性碳排放量上升。发展中国家的土地、劳动力、能源等生产要素价格较为低廉，致使发达国家的能源密集型产业向发展中国家转移，或选择从发展中国家进口更多的消费品，发展中国家随生产规模的扩大、生产强度的提升而增大碳排放量。也就是说，只要碳泄漏的情况还没有消失，即便发达国家国内的二氧化碳排放量有所降低，整个地球的二氧化碳排放量仍会增加。

第四，许多应对气候变化的经济政策都会对既有的国际贸易秩序产生影响，进一步加剧了全球气候治理的复杂性和困难性，如能效标准、可再生能源补贴、排放权交易以及碳关税等。

1.2 国际贸易背景下全球气候治理的公平性挑战

在过去的几十年中，削减碳排放已经成为世界各国的共识。由于在国际上并不存在第三方机构能够强制执行气候政策，应对气候变化只能依赖于各个国家和地区的自觉行动。国家间的充分合作可以达到经济最优解，但这种合作一直很难达成，因为每个国家面临的碳减排成本不同，却都有搭便车的动机。破解这种困境的前提是参与主体认为气候政策是公平的。因此，公平性应是全球气候治理中的核心标准与基础。然而，国际贸易引发的碳泄漏及相应的历史排放责任问题，以及碳关税等贸易政策都给全球气候公平带来了巨大挑战。

日本学者竹村真一在《呼声》月刊上的一篇题为《是全世界在污染中国》的文章中认为，简单地将污染责任归咎于中国并不利于解决环境问题，这是因为中国作为全球制造业的首选生产基地，承接了大部分的国外生产任务。最典型的例子是，为了规避国内的高额碳税和降低生产成本，日本企业通过产业转移和投资等途径，将粗钢生产转移至中国等尚未实施排放限制的国家进行，然后进口粗钢产品回日本进行精炼加工。从责任角度来看，发展中国家在对外贸易的过程中，满足了发达国家的消费需求，使发达国家不需要增加生产性碳排放就可以获得所需的消费品，而发展中国家却要对由此产生的碳排放量负全部责任。这种不公平的现象与目前《联合国气候变化框架公约》(United Nations Framework Convention on Climate Change，UNFCCC)在核算各国碳排放量时所采用的"领土系统边界"机制有着直接关系。

"领土系统边界"机制是指各缔约国的年度国家排放清单"包括发生于国家领土（包括管辖的）以及该国有主权的近海海域内的所有温室气体排放量"(IPCC，1997)。该机制意味着在产品生产国产生的碳排放都被包括在该国的排放清单内，而不考虑生产的产品在哪里消费。然而随着目前国际贸易的深入、国际分工的细化，产品和服务的生产和消费在地理上的分化越来越普遍，一个国家和地区的消费需求常常驱动着其他国家和地区的生产活动。在这种情况下，依然采用完全基于生产责任的方法来认定碳排放的归属逐渐引起较大争议。如果将排放责任的横向分配问题拓展到历史维度，这种不公平性将进一步加剧。引起气候变化的原因主要在于大气层中累积的温室气体排放，因此发达国家在历史上工业化进程中排放的温室气体是造成气候变化的重要原因。然而，目前全球对历史累积温室气体排放量的责任认定仍然较为模糊与笼统。

1.3 后巴黎时代的全球贸易气候治理

自1990年世界气候谈判启动以来，温室气体减排目标的确定一直遵循的是自上而下模式，即各国通过政府间的谈判与博弈，以约束协议的方式确定各自的减排目标。《京都议定书》是这一模式的核心产物。2015年12月12日，《巴黎协定》在《联合国气候变化框架公约》第二十一次缔约方会议上通过，提出各缔约方应编制、通报并保持其打算实现的"国家自主贡献"，采取相应的减排措施实现目标。"国家自主贡献"是各缔约方根据本国情况确定的气候目标，其他国家并不能强迫该国修改自主贡献，仅可以通过正式或非正式的方式评估其合理性。这种"自定目标、国际评估"(Pledge-and-Review)的自下而上的方式，取代了之前的自上而下模式，成为《巴黎协定》达成的基础。《巴黎协定》对全球平均气温升幅这一关键目标的规定是控制全球平均气温的上升幅度不超过工业化前水平以上的2℃，并努力将气温的上升幅度控制在工业化前水平以上1.5℃之内。这项宏伟愿景对温室气体排放的减量提出了严格的要求，给后巴黎时代的碳减排事业带来了巨大的压力。分阶段看，到

2030年温室气体排放需要减少五成，本世纪中叶则需完成温室气体的净零排放。因此，在后巴黎时代，全球依然面临巨大的碳减排压力。

《巴黎协定》开启了全球气候治理的新时代，但是，这并不意味着公平性问题得到了解决。随着国际贸易和全球气候变化应对的不断深入，在国际贸易体系与气候体系相互作用的背景下，如何合理界定各国的碳排放责任，保障各国特别是发展中国家的公平权益，并吸引更多国家参与到全球气候行动中来，仍然是整个国际社会关注的焦点。

本研究在回顾全球气候治理历程的基础上，系统分析了气候变化与国际贸易的相互作用，论述了公平性在国际气候治理体系中的核心作用，并在此基础上构建了一套以"公平性"为基础的国际碳排放责任量核算方法。最后，基于国际贸易对气候治理的长期影响，结合中国的碳达峰、碳中和战略，分析了中国在后巴黎时代全球气候治理中的作用与战略。

第 2 章　全球贸易体系与气候体系的发展历程

联合国《2030年可持续发展议程》(以下简称《议程》)指出，气候变化及其造成的负面影响是制约各国可持续发展能力提升的一个重要因素，也是全球社会当前面临的重大挑战之一。特别是，对一些地形地势特殊（如沿海及低洼沿岸国家）、地理空间有限（如小岛屿发展中国家）、经济条件落后的国家而言，全球升温、海平面上升、海洋酸化等将会对其造成严重影响，致使许多维系地球的生物系统乃至人类社会受到威胁。同时，《议程》也倡导在世界贸易组织（World Trade Organization，WTO）框架下建立普遍、有章可循、开放、透明、可预测、包容、非歧视和公平的多边贸易体系，实现贸易自由化。鉴于贸易体系和气候体系对全球发展和人类福祉的重要性，本章将对其发展历程进行简要梳理。

2.1　全球贸易体系的发展历程

在过去的半个多世纪，全球贸易呈现出前所未有的增长趋势。如图2-1所示，2020年全球商品和服务出口额大约是1960年的131倍，占世界生产总值的份额从1960年的11.5%上升到2020年的26.08%。在这六十年间，国际贸易比19世纪末至20世纪初第一次全球化浪潮时期发展得更快，许多国家和地区都因此受益于更加开放的国际市场。

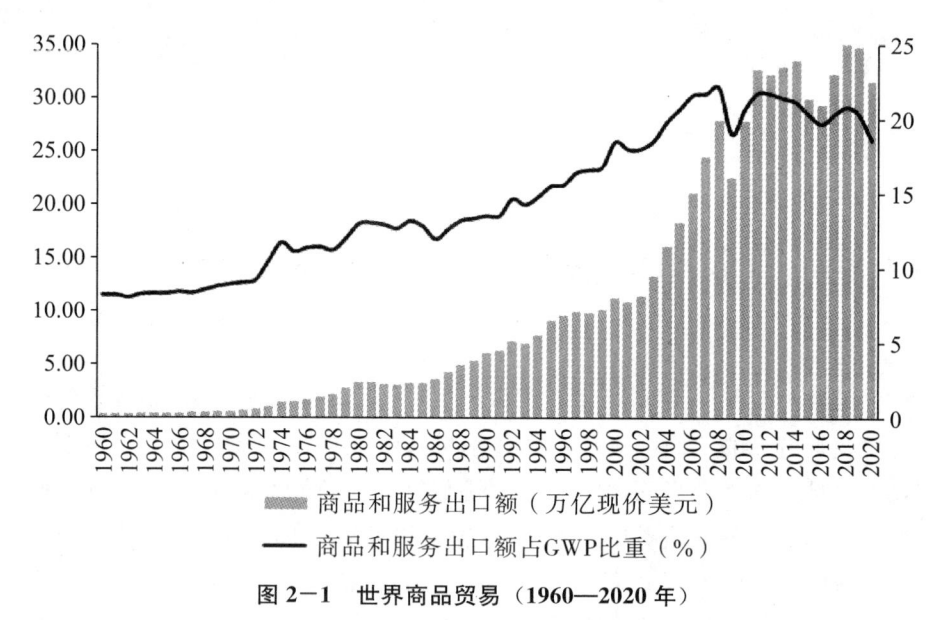

图 2-1　世界商品贸易（1960—2020 年）

数据来源：http://data.worldbank.org/data-catalog/world-development-indicators

世界贸易快速增长最重要的原因是技术进步大大降低了运输和通信成本。20世纪下半叶，喷气式发动机和集装箱在货物运输中的使用显著降低了空中和海上运输的成本，从而扩大并提高了可贸易货物的范围和数量。信息和通信技术革命大幅度降低了通信成本，使得产品生产和消费的跨国协调更加容易。贸易增长的第二个原因在于更加开放的投资政策的扩散。许多国家通过单边政策改革和多边贸易谈判使贸易制度更加自由化，征税、限制或禁止贸易的措施也大大减少。这些经济政策的变革促使各个国家，都参与到全球贸易中，全球产业链也因此布局得更加广泛。例如，组成苹果手机的上百个零部件分别在不同的国家制造，每个国家都具有生产该相应部件的"比较优势"。

全球贸易体系经历了长期而复杂的发展，根据国际贸易合作的深度以及贸易管辖模式的变革，可以将全球贸易体系的发展历程划分为四个时期：多边贸易的初步探索时期（20世纪20年代至1947年）、联合管辖的逐步深入时期（1948—1994年）、全球贸易的紧密合作时期（1995—2016年）以及多边贸易体系的变革时期（2017年至今）。

2.1.1　多边贸易的初步探索时期（20世纪20年代至1947年）

1929—1933年，从美国开始，西方世界爆发了迄今为止资本主义经济史上持续时间最长、影响范围最广、危害程度最深的周期性世界经济危机。这场空前的经济危机直接源自各国推行的"以邻为壑"的贸易保护措施（阮建平，2018），如提高关税、限制贸易规模、加强外汇管制等。1930 年，美国颁布了《斯穆特－霍利关税法》（The Smoot－Hawley Tariff Act），使美国整体应税商品平均关税率从 38.5% 提升到 1932 年的 59.1%。[①] 紧接着，加拿大、西班牙、英国、意大利、古巴、澳大利亚等美国的贸易伙伴迅速做出报复性反应，大幅度提高关税税率，从而引发了更为激烈的贸易战（Jones，1934；Mitchener et al.，2022）。这场"斯穆特－霍利关税战"给国际贸易活动带来了极其严重的负面影响，导致全球贸易额下降了 70%，德国、美国、法国和英国的贸易额分别下降了 76%、70%、66% 和 40%，这进一步加剧了各国之间的经济冲突（李杨，2010）。虽然已经意识到贸易合作会带来巨大的收益，但由于缺乏稳定的、有效的、被广泛认可的国际性制度保障，各国在制定贸易政策时容易陷入"囚徒困境"，导致"零和博弈"。这种分割化、封闭式的单边管辖体制不适应世界经济一体化的进程，不利于全球贸易的发展。

与此同时，各国逐渐开始探索建立多边贸易合作体系。例如，1927 年国际联盟召开的世界经济会议（World Economic Conference）就减少关税及其他贸易壁垒等问题进行了讨论（徐蓝，2015）。1932 年渥太华会议召开后，英国与澳大利亚、加拿大、印度、纽芬兰岛、新西兰、南非和南罗德西亚（今津巴布韦）等国家和地区积极展开双边贸易谈判并签订协议，彼此提供特别的关税优惠（Lattimer，1934）。加拿大确定了与澳大利亚、印度、爱尔兰、纽芬兰岛、南非和南罗德西亚（今津巴布韦）的七项双边协议（Hart，2002）。另外，为了消减《斯穆特－霍利关税法》带来的负面影响，罗斯福政府也开始反省和纠正错误的贸易政策。1934 年，美国通过了《互惠贸易协定法》（Reciprocal Trade Agreements Act），试图在全球范围内推动自由贸易体系的建立，并在此后的十年间依据该法案与其他国家达成了 32 项双边互惠贸易协定（John，1998）。1945 年，美国将《互惠贸易协定法》的时限延长了 3 年。1946 年起，联合国先后主持召开了 4 次关于起草《国际贸易组织宪章》（又称《哈瓦那宪章》）的准备会议——伦敦会议（1946 年 10 月）、纽约会议（1947 年初）、日内瓦会议（1947 年 4 月至 1947 年 11 月）以及哈瓦那会议（1947 年 11 月至 1948 年 3 月）（Bronz，1949）。然而，当《国际贸易组织宪

---

① 数据来源：https://www.usitc.gov/documents/dataweb/ave_table_1891_2018.pdf，2023 年 3 月 24 日访问。

章》于 1948 年在哈瓦那会议上最终通过后，作为当时世界经济巨头的美国却拒绝批准该宪章，其他缔约国也纷纷随之放弃加入该宪章。至此，建立国际贸易组织的首次努力付之东流。

这一时期全球虽然还没有建立一个长效稳定的国际贸易合作体系，但从单边管辖到建立贸易合作体系的探索仍然体现出对既有贸易体制的改革愿景，为之后全球贸易的深化发展奠定了基础。

2.1.2　联合管辖的逐步深入时期（1948—1994 年）

第二次世界大战结束之初，鉴于《国际贸易组织宪章》的失败和 1945 年《互惠贸易协定法》的延期，为了避免各国推行贸易保护主义，美国发起并推动多边关税减让协定的谈判，并在 1947 年的日内瓦会议上取得了丰硕成果。为了配合多边关税减让协定的实施，各国代表通过谈判制定了一套相应的关税与贸易制度，以保障各国切实履行关税减让义务，并以"关税（减让）"为主题，将该协定命名为《关税及贸易总协定》(General Agreement on Tariffs and Trade，GATT)。1947 年 11 月 15 日，美国、英国、法国等 8 个主要谈判国代表签署了《临时适用议定书》，计划从次年 1 月起实施 GATT 的条款；1948 年，又有包括巴西、智利在内的 15 个国家签署该议定书，至此，共有 23 个国家成为 GATT 的创始缔约方，标志着 GATT 体制正式诞生（东艳，2014；薛荣久与赵玉焕，2018）。GATT 的宗旨是实质性地削减关税和其他贸易壁垒（全毅，2023），消除国际贸易中的差别待遇，建立以规则为基础的世界贸易制度，促进国际贸易自由化。但是，由于未能达到规定的生效条件，GATT 并未真正付诸实施，在一定时期内关税事务的解决遵循《临时适用议定书》的规定。

从规则的制定来看，GATT 体制下的关税减让规则是各国通过自愿和互惠性谈判共同制定的，每一项关税减让义务都必须经过各个缔约方的同意，体现了全球贸易中的联合管辖。从规则的实施来看，GATT 缔约方通常以协商一致的方式做出决策。在协商的过程中，每个缔约方都有权否决一项可能涉及其根本利益的决议。从争端的解决机制来看，早期的 GATT 没有一个具有强制司法权的独立机构，主要依靠各缔约方之间的磋商和谈判（Davey，1987）。随着 GATT 的深入发展，其争端解决机制也越来越专业和成熟，不仅建立了独立的第三方专家组，确立了"反向协商一致"的决策原则和上诉机制。

GATT 运行 40 多年来取得的最大成就之一是逐步削减了货物关税。

在 GATT 的组织下，从 1947 年到 1995 年，各缔约方共举行了八次多边贸易谈判，其中前六次分别使商品关税降低了 35%、35%、26%、15%、20%以及 35%（Evans，1971；薛荣久与赵玉焕，2018）。第七次贸易谈判于 1973 年 9 月至 1979 年 4 月举行，被称为"东京回合"。这次谈判的重心从关税转移到非关税贸易壁垒上，达成了六个在法律上独立于总协定的非关税贸易壁垒方面的协定（陈德铭，2014），主要包括国际贸易中的技术壁垒、海关估价、进口许可程序、政府采购、补贴措施和反倾销措施等，并允许发达国家单方面向发展中国家提供普惠制待遇。第八次谈判于 1986 年 9 月开始，被称为"乌拉圭回合"。在此次谈判中，各国进一步扩大了联合管辖的范围，除了涉及货物贸易，服务贸易、知识产权贸易、贸易相关的投资问题等都在谈判清单当中。由此，多边合作的广度和深度进一步提升。

这一时期的开始以 GATT 的成立为标志。随着 GATT 体制的不断加强和完善，全球贸易体系进入了联合管辖的逐步深入阶段。GATT 刚成立时仅有 23 个缔约方，到 1994 年缔约方数量已增加到了 128 个。全球贸易活动越来越丰富和频繁，贸易范围也逐渐扩大，体现了对经济一体化、贸易全球化这一现实需要的迫切回应。

2.1.3 全球贸易的紧密合作时期（1995—2016 年）

由于 GATT 只是一项"临时性"的多边协定，GATT 秘书处也不是独立的正式机构，因此 GATT 的法律地位并不明确，在体制和规则上都存在许多局限性，缺乏维护和推动多边合作的权威性。随着世界经济的进一步多极化发展，国际贸易活动越来越丰富，复杂的贸易问题也随之不断涌现。为了促进国际贸易的平等合作，全球迫切需要一个具有正式国际法律地位的多元性组织。因此，在乌拉圭回合的最后文件中，各国通过国际协议的方式对 WTO 进行了授权（ran Grasstek，2013）。1995 年 1 月 1 日，WTO 正式成立。1996 年 1 月 1 日，WTO 正式取代 GATT。与 GATT 相比，WTO 最显著的特点在于它是一个经过各国立法机构批准而共同设立的政府间组织，具有法律上的正当性、权威性和强制性。

WTO 的目标是在 GATT 和乌拉圭回合谈判成果的基础上，建立一个全面的、持久的多边贸易体系，涵盖货物、服务、投资及知识产权等领域，以促进长期的经济稳定。WTO 确立了互惠原则、透明度原则、市场准入原则、贸易自由化原则和无歧视待遇原则等九大基本原则，承担多边贸易规则制定、多边贸易谈判组织和贸易争端解决等工作。在WTO的组织架构方面，最高权力由部长级会议掌握，并设置总理事会（General Council，GC）、争端解决机构（Dispute Settlement Body，DSB）和贸易政策评审机构（Trade Policy Review Body，TPRB）执行该机构的日常职能。同时，总理事会还根据贸易类型，分设了货物贸易理事会（Goods Council）、服务贸易理事会（Services Council）和与贸易有关的知识产权理事会（TRIPS Council）来处理日常行政事务。① 在协议的制定和修改方面，部长级会议不具有独立的意志和统一的立法权，任何国家也不能单方面决定和更改规则，所有成员国的意志和利益都必须得到充分尊重（陈辉庭，2007）。在协议的实施和执行方面，WTO采取的是成员国主导下的联合管辖模式，即成员国具有主要管辖权，总理事会则拥有辅助执行的权力。在争端解决方面，WTO争端解决机制包含了一般司法体制所应具有的要件，主要体现在强制管辖权的引入、专家组审理、上诉机构审查和执行监督、贸易报复制度等方面（李良才，2009；石育斌，2010；孟琪，2019）。但是，WTO的国际贸易组织属性与国内法院的司法主权特性的差异决定了WTO争端解决机制所表现出来的司法性特征不同于以往的司法机制，仅具有准司法特征（江必新与程琥，2012）。

WTO在构建全球和区域贸易格局、推动经济高质量发展和提供优质生活服务等方面扮演着关键性的角色。自WTO成立以来，从1995年到2017年，全球的区域贸易协定总数从45个增加到292个，年均增加超过11个。2018年至2022年，高标准大型区域贸易协定加速出炉，数量从296个增加到354个。② 各区域贸易集团成员国通过优惠贸易安排、关税同盟以及共同市场等方式，实现了区域集团内部的贸易自由化，体现了有管理的自由贸易特征，成员国之间的信任机制和合作关系也越来越稳固（刘海军与王峰明，2020）。

在这一时期的开始以WTO的正式成立为标志。其间，随着WTO的日臻成熟，以多边贸易体制为主导、双边和区域安排为补充的全球贸易体系建构完成，全球贸易进入了前所未有的紧密合作时期（裴长洪与

---

① WTO. Whose WTO is it anyway?. （2023—03—17）［2023—04—04］. https://www.wto.org/english/thewto_e/whatis_e/tif_e/org1_e.htm#ministerial.

② 数据来源：http://rtais.wto.org/UI/PublicMaintainRTAHome.aspx，2022年3月20日访问。

倪江飞，2020）。

2.1.4 多边贸易体系的变革时期（2017年后）

2017年，美国贸易代表在布宜诺斯艾利斯第11届WTO部长级会议上提出了一系列的WTO改革提案，包括遵守WTO义务，特别是通报要求，澄清了对WTO内经济发展的理解以及反思为何WTO规则更难实现经济增长，重振WTO常设机构以确保其专注于新的挑战，并采取行动重新考虑当前的诉讼结构。① 随后，2018年5月，法国总统马克龙在位于巴黎的经济合作与发展组织总部发表演讲，强调"贸易战威胁不解决任何问题"，并提议尽快进行有关WTO改革的磋商。②

自2018年以来，WTO各成员国开始就如何改革WTO提出自己的关切和主张。欧盟于2018年9月率先公布了完整具体的改革方案，涉及制定公平竞争的规则、服务和投资规则、可持续发展目标、"毕业"机制等内容。之后，加拿大联合欧盟、日本等13个国家、国际组织形成的《加强与提升世界贸易组织》文件就WTO改革议题进行了专门探讨，主要包括改善争端解决机制、重启WTO谈判功能、实施有效监督和透明度等内容。作为世界贸易组织多边贸易体制的坚定支持者，中国系统地参与了世界贸易组织的改革，于2018年11月和2019年5月分别发布了《中国关于世贸组织改革的立场文件》和《中国关于世贸组织改革的建议文件》。2019年3月1日，美国贸易代表办公室发布的《2019年贸易政策议程和2018年报告》第一次较为系统地提出了美国对WTO改革的立场，主张重新评估各成员取得"发展中国家"地位的资格标准，采取措施应对"非市场经济体"的挑战，在争端解决机制中贯彻尊重成员国主权政策选择的思想等。2019年5月13至14日，包括印度、中国等23个WTO发展中国家成员在新德里举行发展中成员小型部长级会议，发表了题为《共同努力加强世贸组织 推进发展和包容》的成果文件。7月10日，非洲集团、印度、古巴提出"以包容提升透明度与通告义务"。7月22日，印度、古巴、玻利维亚和8个非洲国家共同向WTO提交改革

---

① USTR. Opening Plenary Statement of USTR Robert Lighthizer at the WTO Ministerial Conference.（2017-12-11）[2023-04-06］. https://ustr.gov/about-us/policy-offices/press-office/press-releases/2017/december/opening-plenary-statement-ustr.

② The Official Website of the President of France. Speech by the President of the French Republic to open the OECD's annual Ministerial Council Meeting.（2018-05-30）[2023-04-06］. https://www.elysee.fr/front/pdf/elysee-module-918-en.pdf.

提案《呼吁推动世贸组织的包容性发展》等。2020年以来，WTO成员国纷纷更新细化以往的提案，成员国之间的沟通合作有所加强。例如，欧盟于2021年2月更新其世界贸易组织改革文件，就数字贸易、服务和投资规则、农业谈判等问题进一步加强阐述。2021年7月15日，美国、欧盟、日本以及其他12个成员国以总理事会决议草案的形式更新了此前向WTO总理事会提交的《世界贸易组织协定下提升透明度和强化通报义务的程序》提案。

另外，自2017年美国总统特朗普上台以来，中美两国在国际经贸规则领域的冲突越来越激烈，并进行了较长时期的谈判。总体而言，这个过程可划分为三个阶段：第一阶段是从2017年8月19日美国总统特朗普指示美国贸易代表办公室（United States Trade Representative, USTR）对中国展开"301调查"，到2018年12月1日中美两国元首在阿根廷布宜诺斯艾利斯举行会晤。在这一阶段，中美虽举行了几次经贸磋商并达成中美经贸协议，但双方的经贸关系仍然较为紧张。第二阶段是从2018年12月1日中美元首在阿根廷布宜诺斯艾利斯举行会晤到2019年6月29日中美元首在日本大阪举行会晤。在这一阶段，中美就加征关税、向华为供货等双方共同关注的议题展开磋商，并就主要问题达成了原则共识，中美经贸关系得到了明显改善。第三阶段是从2019年6月29日中美元首在日本大阪举行会晤到2019年12月13日中美就第一阶段经贸协议文本达成一致发布声明。在这一阶段，中美就暂停对部分产品加征关税等问题取得了实质性共识，并就第一阶段经贸协议文本达成一致，中美经贸关系总体缓和。

这一时期主要以WTO改革和中美经济贸易关系变化为节点。随着全球贸易的扩张和贸易新模式的不断涌现，对全球贸易体系的构建又提出了一系列新的变革要求，多边贸易体系有待结合当前时代特征进一步深入发展。

2.1.5 全球贸易体系变迁的特征

全球贸易体系是以国家或经济体为单位的各主体共同构建起的一系列国际贸易规则的实践，是维护国际贸易正常运行的制度保障（苏庆义与王睿雅，2021）。20世纪20年代至今，全球贸易体系在长期的变迁与发展中呈现出四个特征。

（1）广泛化与公平化

全球贸易体系的广泛化特征主要在于WTO成员国数量及覆盖范围

的不断扩大。据WTO的统计数据，截至2023年9月，WTO的成员国从23个增加到164个，贸易量占全球贸易总量的98%[①]，且仍有22个国家寻求加入WTO。以WTO为核心的多边贸易体制对于加强各个国家和地区之间经济联系的作用日益显著，进而能够确保全球整体经济利益的实现。同时，全球贸易体系特别关注发展中国家与欠发达国家的贸易需要。WTO协定中的许多条款都包含了针对发展中国家的"特殊条款"和"例外条款"等优惠安排（姜跃春与张玉环，2020）。从WTO机构自身的统计来看，截至2023年3月，WTO达成的条款中共有157条内容涉及特殊与差别待遇，并且WTO也针对发展中国家和最不发达国家的特殊待遇，召开了多次的部长级会议，达成了由总理事会做出的多项决定（WTO，2023）。此外，一些发展中国家和欠发达国家具有比较优势的产品，如农产品和纺织品等劳动密集型产品，也被纳入全球贸易体系的规范中（唐海燕，2006；张丽娟与张蕴岭，2021）。

（2）正式化与制度化

WTO取代GATT标志着全球贸易规则越来越具有正式性与权威性，并意味着全球贸易规则从灵活的、以外交为基础的权力导向模式转向更为严格的、以法律原则和规范为基础的规则导向模式（Jackson，1978）。首先，WTO对GATT原则以及各附加协议中包括海关估价、补贴与反补贴、倾销与反倾销等在内的概念涵义进行明确界定，旨在进一步明晰有关贸易管理和法律概念及其适用范围，以避免因定义含混不清而阻碍运作效率。其次，WTO的现有法律框架突出体现了多边贸易体制规则的普遍适用性。并且，在参与成员国遍及全球的情况下，WTO规则条款还带有高水平的制度化特征。也就是说，多边贸易的运行受规则谈判机制、贸易政策审核机制和争端解决机制等多重机制的保护（钟英通，2021），有助于各国之间的贸易合作与发展。最后，在全球贸易体系不断发展完善的过程中，各国间的交流与合作从随机化、松散化发展为正式化、体系化，主要表现为国家元首出访、部长级会晤逐渐增多，多边贸易谈判范围不断扩大。

（3）区域化与集团化

20世纪90年代后期，各种区域性贸易组织逐渐出现。最初的区域

[①] 数据来源：https://www.wto.org/english/thewto_e/thewto_e.htm，2023年4月9日访问。

贸易合作一般是基于地缘关系的，后来地域限制被逐渐打破，跨区域贸易合作日渐增多，使得区域贸易安排成为各国参与全球贸易的重要形式。随着全球贸易体系更多地趋向于多边的区域性贸易合作，全球贸易的竞争格局也由原来的单个国家之间的个体博弈，转变为不同区域集团之间的群体博弈（唐海燕，2006）。例如，七国集团（G7）国家之间围绕贸易区建立问题开展了多轮新贸易规则谈判，美国提出以零关税、零壁垒和零补贴的"三零思路"为导向构建美欧日自贸区，中国－东盟自由贸易区建立等（赵英臣，2020；林鹭航等，2021）。另外，自多哈发展议程启动以来，WTO成员国的集团化趋向逐渐凸现，组成了数量众多且相互交织的利益集团（徐泉，2007）。例如，由澳大利亚、阿根廷、玻利维亚等17个成员国组成的凯恩斯集团旨在推动农产品贸易自由化；由巴西、印度、阿根廷、南非、中国等20个成员国组成的二十国集团（G20）旨在维护发展中国家成员的利益和要求废除发达国家成员贸易扭曲政策；由印度尼西亚、韩国、印度、中国、多米尼加等45个成员国组成的三十三国集团（G33）旨在推动特殊产品和特殊保障机制发展。

（4）内涵与外延不断深化及扩大

全球贸易体系从GATT规则下的"贸易领域"延伸到WTO规则下的"与贸易有关的领域"（王新奎，2003），管辖范围从贸易本身逐步扩大到了金融、知识产权等领域。例如，1996年，《服务贸易总协定》（General Agreement on Trade in Services，GATS）、《与贸易有关的投资措施协议》（Agreement on Trade－Related Investment Measures，TRIMs）以及《与贸易有关的知识产权协定》（Agreement on Trade－Related Aspects of Intellectual Property Rights，TRIPs）等几项关于服务贸易、贸易投资、知识产权的协议的通过，标志着全球贸易规则体系的进一步完善。同时，随着全球贸易的扩张和贸易新模式的不断涌现，气候变化治理的规则设计（张丽娟，2021）、突发公共卫生事件的应对（裴长洪与倪江飞，2020）、以互联网和人工智能为核心的数字贸易等关键议题也逐渐与全球贸易体系产生密切关联。例如，在2019年，包括美国、欧盟、日本、俄罗斯等在内的76个成员国和国际组织共同签署了《关于电子商务的联合声明》，宣布共同开展一项前期探索工作，以便为未来在WTO框架下就电子商务相关的贸易议题进行谈判做好充分准备。

2.2 全球气候体系的发展历程

气候是一种全球性公共物品，地球上没有国家可以免受气候变化的影响。因此，全球气候变化是一个典型的"公地悲剧"。由于工业化必然伴随着化石能源的使用和二氧化碳的排放，每个国家在追求经济快速增长的过程中都倾向于向大气中排放更多的二氧化碳。但由于缺少跨国界的监管机构和监管制度，各国都不用为其碳排放承担责任，最终造成大气环境的恶化。在全球气候治理过程中，大多数的碳排放国都具有强烈的"搭便车"意图，威胁和挑战国际气候合作的效率及稳定性。因此，减缓气候变化的努力会引起碳排放国间更深层次的合作问题。

在当前的工业生产和能源消费模式下，碳减排需要耗费大量的经济成本。由于经济成本与收益通常是国家进行决策的基础，因此全球碳减排协议的出发点和最终目标都与各国的净收益紧密相关。碳减排成本是一个复杂的系统问题，可以分别从微观、宏观两个层次进行定义和估算。从微观角度，碳减排成本是一国或一地区为了实现碳减排而需要投入的资金和技术。其计算过程如下：通过工程经济评价数学模型，对不同类别的能源技术成本和效率进行测算，并根据计算得出的成本有效性的数值大小进行排序，然后以减排目标为参考依据，将所有满足成本有效性条件的技术进行汇总，最终得到整个经济系统的减排成本。从宏观角度，碳减排成本可以定义为采取减排措施对宏观经济的影响，或者为了实现一定的减排目标所需要付出的经济代价。例如短期内实行强制减排措施对国内生产总值造成的影响，征收碳税对国民生产总值、就业率、消费价格指数的影响等。总体来说，工业化国家的减排成本要高于发展中国家。

正是由于碳减排的经济成本及其国际差异，各国一直在不断地探索和谈判碳减排的责任分担机制。根据全球气候治理机制的变化，可以将全球气候治理体系的发展分为四个阶段：全球气候变化的认识深化及体制准备阶段（20世纪70年代至1991年）、"京都时代"强制性的全球气候治理阶段（1992—2008年）、"哥本哈根时代"过渡性的全球气候治理阶段（2009—2014年）以及"巴黎时代"自愿性的全球气候治理阶段（2015年至今）。

2.2.1 全球气候变化的认识深化及体制准备阶段（20世纪70年代至1991年）

从20世纪70年代开始，随着科学家们对气候变化影响的认识逐渐深入以及相关基础科学的不断发展，国际社会各界，包括学界与政界，对气候变化问题的重视程度不断提高。20世纪80年代后期，国际社会提出了两种减少温室气体排放的方法：一是对温室气体排放征税，二是直接限制排放。与此同时，全球开始探索建立应对气候变化的国际行动体系。1988年，为了让决策者和公众能更好地理解当前的气候变化形势，扩大气候相关知识的普及程度，在联合国环境规划署（United Nations Environment Programme，UNEP）和世界气象组织（World Meteoro-logical Organization，WMO）的共同组织筹划下，政府间气候变化专门委员会（Intergovernmental Panel on Climate Change，IPCC）成立。

1990年，IPCC发布了第一次评估报告，内容具体分为"气候变化的科学评估"（Scientific Assessment of Climate Change）、"气候变化的影响评估"（Impacts Assessment of Climate Change）和"IPCC的响应战略"（IPCC Response Strategies）三个版块。该报告经过数百名顶尖科学家和专家的系统性评审，确定了气候变化的科学依据，对气候变化相关政策制定、公众日常生活及后续的气候变化公约谈判产生了深远影响。在现实层面，全球气候变化问题的严重性引发了社会各界的广泛关注，探索国家经济发展的可持续转型成为各国必须面临的紧迫问题。在政治层面，联合国对于气候变化问题的高度重视以及IPCC的成立标志着气候治理成为全球治理的重要议题。虽然这一时期还未形成一个国际社会广泛认同和接受的气候治理协议，但是为之后气候治理体系的构建提供了良好的思想基础及制度准备。

2.2.2 "京都时代"强制性的全球气候治理阶段（1992—2008年）

哈定指出，要解决"公地悲剧"，有私有化和政府管制两种思路。私有化的逻辑是将公共资源按照一定的标准划分给每一个使用者，使用者需要对自己所获得的公共资源负责，在这种情况下，使用者会理性地利用资源，不会滥用资源而不承担后果。但就气候变化而言，私有化很难解决二氧化碳过度排放的问题，因为全球大气是持续流动的，无法把大气层分配给各个国家,气候变化的影响也不仅仅局限在国家界限之内。第二种思路,即政府管制,是指政府从全社会福利的角度考虑,规定公共资源的使用总量以及每个使用者最多可以使用多少公共资源,用行政强制力量约束个体的不合理行为。"京都时代"的全球气候治理即遵循了政府管制思路,通过全球范围内的自上而下的机制约束各国的碳排放。

2.2.2.1 《联合国气候变化框架公约》

1992年5月22日,IPCC起草了《联合国气候变化框架公约》(UNFCCC),同年6月4日在巴西里约热内卢举行的联合国环境和发展会议上通过,并于1994年3月正式生效。UNFCCC致力于协调全球的气候治理行动,为国际社会共同应对气候变化问题建立合作的基本框架,从而推动对温室气体排放的全面控制,遏制气候变化可能给人类经济和社会发展带来的潜在危害。UNFCCC的出台标志着以多边国际谈判为主导的模式基本形成,并确立了国际气候治理的主要目标、合作机制和基本原则。

UNFCCC将国际气候治理的目标设置为:减少温室气体的排放,稳定大气中的温室气体浓度,使得生态系统能够自然而然地适应气候变化,不会受到危险的人类活动的干扰,且粮食生产和经济活动能够免于威胁并持续发展。基于这样的目标,UNFCCC确立了五个基本原则:①"共同但有区别的责任"原则,即指出温室气体减排的首要责任归于发达国家,发达国家在应对气候变化及减少其负面影响方面发挥首要作用,并应当在资金、技术、能力建设等方面给予发展中国家充足的支持;②特殊性原则,即要求全面、综合地考虑发展中国家缔约方的具体需求和特殊情况,特别是那些极易受到气候变化负面影响以及根据UNFCCC需要承担不成比例或不寻常负担的缔约方;③预防原则,即要求各缔约方转变"事后补救"的观念,采取科学严谨的评估方法以及一系列必要措施对导致气候变化的原因进行预测、预防,以减轻其不利影响;④可持续发展原则,即强调各缔约方有权并且应该积极推动可持续发展目标的实现,采取应对气候变化的政策措施须紧密结合本国的具体国情和未来发展计划;⑤国际合作原则,即要求各缔约方基于合作的态度和方式来共同维护和优化国际经济体系,倡导开放、稳定和互利,以促进所有缔约方特别是发展中国家缔约方应对气候变化能力的提升,同时确保采取的应对气候变化的措施不会成为国际贸易的壁垒。

缔约方大会(Conference of the Parties,COP)是UNFCCC的最高

决策机构,由 UNFCCC 所有缔约方组成。COP 的主要职责是监督和评审 UNFCCC 及其他相关法律文件的实施情况[①],并通过必要的决策来推进 UNFCCC 的有效实施,包括制定机构和行政安排等。此外,COP 也是全球气候治理交流及谈判的常态化平台,为各国提供了开展气候变化合作的重要机会。如表 2-1 所示,自 1995 年 3 月在德国柏林第一次召开以来,COP 每年例行举行一次(除非各缔约方另有决定)。随着时间的推移,COP 的影响力和涉及面逐步扩大,吸引了科技、经济、社会、政治等多领域、多层面的广泛关注和参与,对于促进全球气候变化治理和可持续发展具有重要意义。

表 2-1　1995—2022 年的 COP 情况

时间	地点	主要内容
1995 COP1	德国柏林	通过了《柏林授权书》,其核心内容是不为发展中国家规定具体的减排义务
1996 COP2	瑞士日内瓦	通过了《日内瓦宣言》,争取通过法律减少工业化国家温室气体排放量
1997 COP3	日本京都	通过了《京都议定书》,为各缔约方规定了具有法律约束力意义的减排指标
1998 COP4	阿根廷布宜诺斯艾利斯	通过了《布宜诺斯艾利斯行动计划》,制定落实《京都议定书》的工作计划
1999 COP5	德国波恩	就《京都议定书》生效所需具体细则继续磋商,通过了商定该议定书有关细节的时间表
2000 COP6	荷兰海牙	鉴于欧盟与美国在海外减排、核能、碳汇等方面存在无法调和的分歧,未达成预期协议
2001 COP7	摩洛哥马拉喀什	通过了《马拉喀什协定》,对通过技术的开发与转让、土地使用及变化、能力建设等减缓气候变化措施做出规定
2002 COP8	印度新德里	通过了《德里宣言》,形成了气候变化的应对应当基于可持续发展的框架和共识
2003 COP9	意大利米兰	就植树造林纳入碳汇项目达成一致意见,制定了新的运作规则

---

① Fourment,T. What is the Conference of Parties of the United Nations Framework Convention on Climate Change?.(2022-05-26)[2023-04-08]. https://youth.wmo.int/en/content/what-conference-parties-united-nations-framework-convention-climate-change.

续表

时间	地点	主要内容
2004 COP10	阿根廷 布宜诺斯艾利斯	通过了《气候变化适应和相应措施的布宜诺斯艾利斯工作方案》，并积极准备《京都议定书》第一届缔约方事务
2005 COP11	加拿大 蒙特利尔	通过了双规路线的《蒙特利尔路线图》，启动《京都议定书》下一阶段减排目标的谈判
2006 COP12	肯尼亚 内罗毕	达成了《内罗毕工作计划》等成果，探讨了"适应基金"运行规则，以帮助发展中国家气候适应能力的提升
2007 COP13	印度尼西亚 巴厘岛	通过了"巴厘岛路线图"，强调为包括美国在内的所有发达国家缔约方设定具体的温室气体减排目标
2008 COP14	波兰 波兹南	正式启动2009年气候谈判进程以及帮助发展中国家应对气候变化的适应基金
2009 COP15	丹麦 哥本哈根	达成了《哥本哈根协议》，提出建立帮助发展中国家减缓和适应气候变化的绿色气候基金
2010 COP16	墨西哥 坎昆	通过了《坎昆协议》，在技术转让、资金分配和建设能力等方面取得一定进展，并成立了绿色气候基金
2011 COP17	南非 德班	设立了"德班加强行动平台特设工作组"，宣布进入《京都议定书》的第二承诺期，并启动了绿色气候基金
2012 COP18	卡塔尔 多哈	通过了《多哈修正案》，明确2013—2020年为《京都议定书》第二承诺期
2013 COP19	波兰 华沙	建立了帮助发展中国家应对极端天气变化的华沙机制，发达国家再次承认应出资支持发展中国家应对气候变化
2014 COP20	秘鲁 利马	就2015年巴黎大会协议草案的要素基本达成一致，继续推动德班平台谈判达成共识
2015 COP21	法国 巴黎	通过了《巴黎协定》，指出各缔约方应同心协力将全球平均升温幅度控制在1.5℃以内
2016 COP22	摩洛哥 马拉喀什	发表了《马拉喀什行动宣言》，落实《巴黎协定》的模式、程序和指南，要求发达国家落实资金支持的承诺
2017 COP23	德国 波恩	就《巴黎协定》的实施展开进一步谈判，成立"助力淘汰煤炭联盟"
2018 COP24	波兰 卡托维兹	就实施《巴黎协定》的具体方案进一步达成一致，并推出《体育促进气候行动框架》和《时尚产业宪章》

续表

时间	地点	主要内容
2019 COP25	西班牙 马德里	达成了包括"智利-马德里行动时刻"及其他30多项决议,强调运用"以自然为基础的解决方案"应对气候危机
2021 COP26	英国 格拉斯哥	通过了《格拉斯哥气候公约》,就《巴黎协定》实施细则达成共识,并敦促发达国家尽快兑现1000亿美元的承诺
2022 COP27	埃及 沙姆沙伊赫	达成了《沙姆沙伊赫实施计划》,就碳排放权进行激烈的谈判和磋商,设立了气候"损失与损害基金",并重启中美气候对话

2.2.2.2 《京都议定书》

1995年,COP3形成了《京都议定书》。1997年12月,《京都议定书》在日本京都正式通过,成为UNFCCC的补充条款,并于2005年2月16日开始生效。2001年的摩洛哥马拉喀什大会敲定了有关《京都议定书》实施的细则,即《马拉喀什协定》。《京都议定书》分为两个承诺期:第一个承诺期为2008—2012年,第二个承诺期为2013—2020年。如表2-2所示,除美国之外的所有附件一国家都参加了《京都议定书》的第一承诺期,其中37个国家和欧盟参加了第二承诺期。《京都议定书》第一承诺期仅针对附件一国家设定了约束性的碳减排目标:要求2008—2012年,全球主要工业国家(附件B缔约方)的二氧化碳排放量比1990年降低5.2%。附件B的三大排放团体(美国、欧盟和日本)具有相似的减排目标(分别为6%、8%和7%),但是"欧盟气泡"(EU Bubble)和美国的拒绝签署增加了协议的复杂性。① 《京都议定书》第二承诺期规定了缔约方的减排目标:要求2013—2020年,续签《京都议定书》的附件一国家继续完成将温室气体排放量在1990年基础上至少削减18%的目标。然而,随着美国在第一个承诺期内退出,《京都议定书》第二承诺期的签约国家数量减少,减少的签约国家中包括加拿大、日本、新西兰等发达国家。这使得签约的发达国家的温室气体排放量仅占全球总量的15%,大大降低了后京都时代减排目标的效力(李昕蕾,2015)。

《京都议定书》是第一个以强制性法规形式限制温室气体排放的国际

---

① 《京都议定书》第4条:"欧盟气泡"允许一组国家(例如欧盟)商定一个共同减排目标,随后在该组中将目标进行内部分配。

协议，具有约束性的目标和时间表，不仅是对 UNFCCC 的重要补充和扩展，也是全球气候谈判历史上最为重要的里程碑之一。《京都议定书》设置的减排目标主要针对工业化国家，发展中国家不需要承担减排责任，因此《京都议定书》倡导的减排模式特点可以被概括为"目标设定"与"强制执行"。这是对"共同但有区别的责任"原则的具体践行，形成了全球气候治理的"双轨制"模式，但这也造成了后期发达国家与发展中国家减排责任的平衡问题。更为重要的是，《京都议定书》通过界定结构因素及机构基础，构建了更为全面细致的机制框架，为 21 世纪全球继续努力缓解气候变化问题提供了有效指导（朱松丽与高翔，2017）。

与 UNFCCC 相比，《京都议定书》设定了更加灵活的履约机制，从而在排放配额分配和实际减排量分布之间打入一个楔子。《京都议定书》允许履约国采取以下四种减排方式：①联合履约机制（Joint Implementation，JI），即建立减排缔约联盟，通过国家间的共同努力完成基于配额的减排目标，在发达国家之间采用项目级的合作形成联盟，将联盟内一个成员国的减排单位转让给另一个成员国，并且允许扣除转让国的允许排放限额；②以"净排放量"的方式核算各国碳排放量，即从本国实际排放量中扣除森林等碳汇所吸收的二氧化碳；③清洁发展机制（Clean Development Mechanism，CDM），即允许缔约国中的发达国家（附件一国家）购买缔约国中的发展中国家（非附件一国家）实施的温室气体减排项目的减排量，这样既可以推动温室气体减排项目在发展中国家的实施，又能为发达国家提供一个可行的减排措施；④国际排放贸易机制（International Emissions Trading，IET），指当某个附件一国家超额完成减排任务时，该国的减排额度可以作为交易对象，由温室气体排放量超标的附件一国家购买。之后，欧盟的碳排放权交易计划也采用了限额交易的方法来实现减排目标。虽然《京都议定书》并未要求在整个欧盟采用国际排放贸易机制，但欧盟出于两个主要原因实施了排放权交易：其一，2001 年美国退出《京都议定书》后，欧盟意识到有必要采用新的政策来支持《京都议定书》；其二，欧盟委员会中的政策企业家们积极推行基于市场的碳减排政策，并将其纳入欧盟的政策工具箱中。

《京都议定书》为各国制定了减排目标，提出了可实行的减排模式，并定期进行监督审查，在全球范围内建立了一种"自上而下"的强制性气候治理模式，是各国在面对气候变化问题手足无措之时的开创性治理机制。一方面，《京都议定书》在全球范围内取得了一些宝贵的成绩，包括改进了 UNFCCC 测量、报告、核查国家级和项目级温室气体排放量的程序和标准，积累了开发市场机制的实践经验。在发展中国家，清洁发展机制也在提高应对气候变化意识、分享气候行动经验以及增强企业减排能力等方面发挥了重要作用。而另一方面，《京都议定书》的直接减排结果并不理想，《京都议定书》中承担减排责任的国家总体上并没有达到预期目标，根据 UNEP 的统计，全球温室气体排放量在 2000—2010 年仍然增加了大约 20%。例如，2012 年，日本的温室气体排放量较 1990 年基准年增加了 6.5%[1]，与《京都议定书》规定的第一阶段减排目标相差甚远。总体而言，尽管京都模式未能取得显著的减排效果，但它与更广泛的 UNFCCC 进程一起提高了国际社会对气候变化的关注度，并促进了国家之间的定期交流，包括技术信息的收集和传播，与测量、报告、核查有关的过程和技术标准的开发，以及对发展中国家提供能力建设帮助等。此外，京都模式的实施也为碳交易等新型市场机制的发展提供了实践经验。

表 2-2　UNFCCC 和《京都议定书》的附件国家

UNFCCC		《京都议定书》	
附件一国家	附件二国家	附件 B 缔约方	排放限额（%）（相较于基准年或基准期）
澳大利亚奥地利白俄罗斯比利时保加利亚加拿大克罗地亚捷克共和国丹麦欧洲共同体爱沙尼亚芬兰	澳大利亚奥地利比利时加拿大丹麦欧洲共同体芬兰法国德国希腊冰岛爱尔兰	澳大利亚	108
^	^	奥地利	92
^	^	比利时	92
^	^	保加利亚	92
^	^	加拿大	94
^	^	克罗地亚	95
^	^	捷克共和国	92
^	^	丹麦	92
^	^	爱沙尼亚	92
^	^	欧洲共同体	92
^	^	芬兰	92
^	^	法国	92

---

[1] 日本环境省. 环境白书·平成 26 年版. （2022-06-14）[2023-04-10]. https://www.env.go.jp/policy/hakusyo/h26/pdf/1_1.pdf.

续表

UNFCCC		《京都议定书》	
附件一国家	附件二国家	附件 B 缔约方	排放限额（%）（相较于基准年或基准期）
法国 德国 希腊 匈牙利 冰岛 爱尔兰 意大利 日本 拉脱维亚 列支敦士登 立陶宛 卢森堡 摩纳哥 荷兰 新西兰 挪威 波兰 葡萄牙 罗马尼亚 俄罗斯 斯洛伐克 斯洛文尼亚 西班牙 瑞典 瑞士 土耳其 乌克兰 英国 美国	意大利 日本 卢森堡 荷兰 新西兰 挪威 葡萄牙 西班牙 瑞典 瑞士 英国 美国	德国	92
^	^	希腊	92
^	^	匈牙利	94
^	^	冰岛	110
^	^	爱尔兰	92
^	^	意大利	92
^	^	日本	94
^	^	拉脱维亚	92
^	^	列支敦士登	92
^	^	立陶宛	92
^	^	卢森堡	92
^	^	摩纳哥	92
^	^	荷兰	92
^	^	新西兰	100
^	^	挪威	101
^	^	波兰	94
^	^	葡萄牙	92
^	^	罗马尼亚	92
^	^	俄罗斯	100
^	^	斯洛伐克	92
^	^	斯洛文尼亚	92
^	^	西班牙	92
^	^	瑞典	92
^	^	瑞士	92
^	^	乌克兰	100
^	^	英国	92
^	^	美国	93

2.2.2.3 "巴厘岛路线图"

2007年12月,来自UNFCCC 192个缔约方的1.1万名代表参加了在印度尼西亚巴厘岛召开的COP13。此次大会是联合国历史上规模最大的气候大会,不仅通过了里程碑式的"巴厘岛路线图",而且要求2009年在哥本哈根举行的COP15暨《京都议定书》第五次缔约方会议上达成谈判协议,简称"巴厘授权"。"巴厘岛路线图"共有13项内容和1个附录,其中包括了四大亮点:①明确了国际合作的重要性,基于对"共同但有区别的责任"原则的基本共识,与会各方充分考虑自然、经济和社会资源等诸多因素,进行长期、广泛的国际合作,以实现UNFCCC的最终目标。②成功把美国纳入减排的行列,"巴厘岛路线图"将包括美国在内的所有发达国家缔约方都纳入了"三可标准"(可测量、可报告、可核查)的温室气体减排责任当中。③强调要重视适应气候变化、技术开发和转让以及资金等三大问题,这三大问题的应对和解决是减排的关键,尤其是对发展中国家来说。④确立了应对气候变化的具体任务,"巴厘岛路线图"进一步明确了落实UNFCCC的重要时间节点,即特别工作组需要在2009年完成使命,并向第十五次缔约方会议提交工作报告,以实现UNFCCC与《京都议定书》第二承诺期的"双轨"并进。

其他主要内容包括:①敦促各国必须积极采取行动,大幅度减少温室气体排放,以遏止人类活动对气候变化的强烈干扰,按照协议规定,各国需要在2020年前将温室气体排放量在1990年的基础上减少25%至40%。②启动针对构建新制度安排的谈判,以预防和减少气候变化带来的负面影响,致力于在2009年之前达成一项新协议,并确保该协议有充足的时间在2012年年底前生效。③谈判应考虑为工业化国家设定符合自身情况的减排目标,鼓励发展中国家提出有效控制温室气体增长的计划和措施,呼吁发达国家通过环保技术转让等方式加强与最不发达国家之间的合作。④谈判应考虑向经济相对落后的国家提供紧急支持(如修建防波堤等),以帮助它们应对气候变化带来的各种严峻挑战和无法规避的负面影响。⑤谈判应采取积极的鼓励措施,力求减少发展中国家的森林砍伐等行为,增强森林管理的可持续性,从而保护环境。

在巴厘岛COP13中,发达国家认为自1997年《京都议定书》达成后,世界经济形势发生了巨大变化,特别是主要新兴经济体的经济总量及排放量都得到了快速增长。因此,在2012年后的所有协议中,主要新兴经济体也应履行具有约束力的减排义务。根据2℃减排路径计算,即使发达国家全部实现零排放，也需要发展中国家采取有力的减排行动才能达成目标。但是，新兴经济体认为它们在发展的过程中应该享有继续排放温室气体的权利，抵制"具有法律约束力"的减排措施。气候问题既然主要是由发达国家造成的，就应该由发达国家率先减排。尽管如此，"巴厘岛路线图"依然设定了为期2年的行动计划，即在2009年哥本哈根COP15上达成全球协议，并期待发展中国家开始承担减排责任，这不仅使发达国家与发展中国家之间的立场对立逐渐加深，而且发达国家内部和发展中国家内部也开始出现分歧。会议开始，欧盟提出了一个雄心勃勃的方案，即在10到15年内，使全球达到碳排放峰值；到2020年，所有发达国家在1990年的基础上减排20%至40%；到2050年，所有发展中国家在2000年的基础上减排50%。然而，该方案遭到了美国的反对，随后，日本、加拿大、澳大利亚和俄罗斯都表示支持美国。因此，COP13并没有取得任何重大的进展，国家间的立场冲突为哥本哈根大会的失败埋下了隐患。

2.2.3 "哥本哈根时代"过渡性的全球气候治理阶段（2009—2014年）

虽然《京都议定书》提出了一种强制减排的气候治理模式，但全球温室气体减排远未达到预期。首先，随着经济的快速增长，许多发展中国家的碳排放量大幅增加，而《京都议定书》做出的针对发达国家的强制性减排目标远不能涵盖全球碳排放的庞大体量。其次，当时全球最大的碳排放国美国出于自身经济利益考虑拒绝签署《京都议定书》在很大程度上影响了全球碳减排的进程。在这种情况下，国际社会意识到必须达成一个新的气候协议，使所有主要碳排放国形成减排共识，哥本哈根大会即被赋予了这一使命。

2.2.3.1 《哥本哈根协议》

2009年12月7日至18日，来自192个国家和地区的代表在丹麦哥本哈根参加了哥本哈根气候大会（以下简称"哥本哈根会议"）。此次会议的主要任务是商议讨论《京都议定书》第一承诺期到期的后续方案，即2013—2020年的全球减排协议。根据"巴厘岛路线图"的计划，哥本哈根会议将努力通过一份《哥本哈根协议》，约束全球温室气体排放，避免在2012年《京都议定书》第一承诺期到期后全球气候治理进入无纲可依、无路可循的境地。

哥本哈根会议召开之前，一些缔约方陆续公布了各自的自愿减排目标，推动全球减排行动向前迈出了一步。例如，巴西于2019年11月率先公布减排目标，即到2020年巴西温室气体排放量将在"照常发展"基础上减少36.1%至38.9%；同月，美国也公布了自己的减排目标，提出到2020年比2005年减排降低17%；中国于2019年11月公布了40%至45%的碳排放强度削减目标；印度于2019年12月提出到2020年碳排放强度比2005年下降20%至25%；南非在会议开幕当天成为最新宣布碳排放目标的国家，承诺将在2020年前将温室气体排放量在原有目标的基础上再削减34%（朱松丽与高翔，2017）。值得注意的是，在会议前夕，巴西、南非、印度和中国4个主要发展中国家在中国的倡导之下形成了气候谈判协商机制，即"基础四国"集团（BASIC），这是主要发展中大国在国际问题上首次统一发声，主动表达自身利益诉求（柴麒敏等，2015）。

UNFCCC的缔约方会议大多是由各国的环境部长或气候特使参加的，而哥本哈根会议是第一次由各国领导人直接参与气候变化问题的讨论会议。会议期间，各国代表围绕减排目标、资金援助、技术转让、保护森林机制等多个关键议题发表了各自的意见。例如，时任玻利维亚总统莫拉莱斯强调，气候危机的根源在于发达国家的工业化进程，因此他呼吁以美国为首的发达国家偿还气候债。孟加拉国代表指出，孟加拉国是受气候变化影响最为严重的国家之一，需要发达国家提供100亿美元的资金来应对未来气候变化造成的经济损失。日本确定未来3年提供百亿美元减排援助资金，而美国则表示愿意提供帮助发展中国家解决气候变化问题的资金，但不同意为历史碳排放承担赔偿责任。值得关注的是，由会议主办方丹麦联合美国、英国等发达国家拟定的"丹麦提案"使得发达国家和发展中国家在"共同但有区别的责任"原则上的分歧进一步扩大，引发了前所未有的激烈争论。"丹麦提案"主张把双轨谈判合二为一，认为除最不发达国家外，所有国家都必须为气候变化负责，因此要求发展中国家接受这一观点并且签署减排协议。同时"丹麦提案"建议由世界银行管理应对气候变化的资金，并规定贫困国家应依据其减排表现获取资金。然而，以BASIC为代表的发展中国家强烈反对这一提案，认为发达国家应该承担历史责任，不能将减排责任轻易地转嫁给发展中国家，尤其是必须坚持"共同但有区别的责任"原则（王明国，2014）。

尽管美国和中国在会议结束前在减排责任和监督机制等问题上各自

做出了一些妥协，但由于组织进程安排等种种原因，会议最终未能取得国际社会期望的结果。即便如此，会议在经过马拉松式的艰难谈判后还是达成了一份《哥本哈根协议》，但该协议并没有在缔约方会议上正式通过。值得关注的是，该协议并未完成双轨制下的法定谈判，也没能实现建立后京都时代气候治理新机制的任务，但还是明确了一系列问题，包括设定了全球温度升幅的控制范围、强调和重申了适应气候变化的紧迫性、廓清了发达国家和发展中国家的不同责任、采取行动减少因毁林和森林退化产生的温室气体排放量以及发达国家对发展中国家的资金和技术支持等。《哥本哈根协议》被视为全球气候合作的新起点（潘家华，2009），其长期效应超出了预期，为之后的缔约方会议奠定了坚实的基础。

《哥本哈根协议》取得的主要成果体现在以下几个方面：①该协议着重强调了"共同但有区别的责任"原则，并着力扩大了参与全球气候变化合作行动的国家主体，不仅促使发达国家承担其强制减排义务，也在推动发展中国家量力采取适应国情的减缓行动方面取得了重要进展；②该协议提出建立全球绿色气候基金（Green Climate Fund，GCF）的设想，要求发达国家在2010年到2020年十年期间分两阶段筹资，为发展中国家应对气候变化的行动提供长期支持（UNFCCC，2010）。③该协议在"建立气候转让技术机制""减少毁林和森林退化所致排放"等问题上实现了部分共识，以加快技术研发和转让，支持适应和减缓气候变化的行动；④该协议规定了UNFCCC非附件一国家名单中的发展中国家接受国际社会的测量、报告和核查的范围，即只有那些获得了国际支持的国内减缓项目需要受到国际社会的评估。除此之外，任何自主实施的减缓项目成果都可以国家通报的形式每两年提交一次。⑤最不发达国家和小岛屿发展中国家采取的减缓行动可以在自愿和获得国际支持的两个渠道上进行。

虽然哥本哈根会议取得了一定的成果，但没有任何国家愿意为《哥本哈根协议》远未达到预期结果承担责任。在会议接近尾声时，时任法国总统萨科齐直截了当地指出，哥本哈根会议的进程"受到了中国的阻碍"。不仅如此，发达国家与发展中国家之间的责任推诿和相互指责在哥本哈根会议结束后也愈演愈烈。例如，欧盟媒体一方面指责中国破坏了会议，另一方面对欧盟的"无能"表示失望；时任英国能源和气候部大臣的米利班德发表署名文章,指责中国"绑架"了COP15[①];美国媒体把奥巴马描写成挽救世界的英雄;日本媒体一方面对谈判的尴尬境地表示无奈,另一方面哀叹自身影响不足;部分发展中国家媒体则指责发达国家不论在资金还是减排力度方面都没有诚意。

经过十年气候治理的"京都时代",减少温室气体排放已经成为各国的共识,但COP并非一个超越各国之上的超级政府,不能迫使任何一个具有自身利益考量的主权国家按照大会的意图行事。因此,哥本哈根会议的遗憾落幕表明强制性的全球气候治理模式已经不再适应全球气候变化的形势,也不再符合各国的利益需求。

2.2.3.2 德班加强行动平台

2011年11月28日至12月11日,在南非滨海城市德班举行的气候大会成为国际气候谈判的主要转折点,主要取得了四个方面的成果:

第一,落实"巴厘岛路线图"、《坎昆协议》等一揽子成果的目标。在减缓气候变化方面,要求发达国家进一步澄清减排指标,决定通过研讨会的方式进一步讨论发展中国家减缓气候变化行动的多样性,并分别就发达国家提高减排目标和发展中国家提高行动透明度的机制作出了细化安排。在资金方面,决定尽快建立公约资金机制常设委员会并对其功能定位和人员组成等内容作出了具体规定,决定就长期资金来源进行研究。在技术机制方面,就气候技术中心和网络的工作规划达成一致,决定于2012年全面运行包括技术执行委员会、气候技术中心和网络在内的技术机制。

第二,进行了续签《京都议定书》第二承诺期的谈判。《京都议定书》第二承诺期的减排指标由包括欧盟当时27个成员国在内的35个发达国家缔约方承担,日本、加拿大和俄罗斯等国并未参加。《京都议定书》第二承诺期于2013年1月1日起生效,小岛国主张为期5年,欧盟要求为期8年,最终结束时间由2012年工作组会议磋商决定,具体的指标是使发达国家2020年的温室气体排放量减少25%至40%(相较于1990年的基础)。同时,缔约方启动了关于2020年后全球气候协议的谈判,期望制定一套具有约束效力的政策工具(Ranson and Stavins,

---

① Miliband, Ed. China Tried to Hijack Copenhagen Climate Deal. (2009-12-20) [2023-05-15]. https://www.theguardian.com/environment/2009/dec/20/ed-miliband-china-copenhagen-summit.

2012)。

第三,决定设立长期合作行动计划。会议决定建立"德班加强行动平台",并基于该平台全面针对2020年以后的、涵盖全部缔约方的进一步合作行动安排谈判流程。这次谈判将涉及适应、减缓、资金、技术和行动透明度、能力建设等多个方面的细节,计划于2012年启动,并预计在2015年之前完成所有谈判任务。"德班加强行动平台"重新建立了一个减排框架,变"双轨"为"单轨",强调发展中国家应与发达国家一样承担绝对的碳减排义务。虽然发展中国家同意就2020年后的全球减排框架启动谈判,但不等于它们已经同意加入。新的框架如何体现、解释和落实"共同但有区别的责任"原则将成为未来谈判的焦点之一。该进程谈判结果主要包括"议定书""其他法律文书"或"具有法律效力的协议成果"三种法律形式,然而,最终将达成何种形式的结果,取决于谈判参与方的主观意愿和谈判成果的具体内容。会议还要求该特设工作组制定相应工作安排,同时要就进一步加强各方减缓承诺或行动的力度进行讨论。

第四,启动帮助发展中国家应对气候变化的"绿色气候基金"。成立了一个由20名成员组成的基金常务委员会负责监督气候资金的筹集,批准了"绿色气候基金"的治理导则,就基金治理模式和机制安排、资金来源、国家主要原则等问题作出了规定,决定于2012年就启动该基金过渡性工作做出安排。然而,德班会议并没有就"绿色气候基金"的资金来源和运作机制达成协议,公共部门和私人部门的资金份额仍然存在分歧。

综上所述,德班会议明确了未来气候变化国际谈判的基本走向,但该会议未能完成"巴厘岛路线图"谈判,各缔约方在一些关键问题上的分歧依旧存在。发达国家关于履行自身减排义务和帮助发展中国家应对气候变化问题的政治意愿在逐渐下降,这使得如何有效落实相关谈判成果、兑现涉及金钱等内容的承诺仍存在较多不确定性。同时,德班会议并未解决各缔约方在长期目标、发达国家减排力度、审评范围、资金来源等方面的一些关键问题,也未找到有关公平、贸易、知识产权等"巴厘岛路线图"未决问题的解决途径。

2.2.3.3 多哈和华沙缔约方会议

多哈和华沙缔约方会议分别于2012年和2013年举行。这两次会议承前启后,为2015年巴黎气候大会奠定了基础。

多哈会议的主要任务是把已经达成的共识和承诺落到实处，为下一步谈判做好规划。该会议完成了两项重要任务：一方面，多哈会议从法律上确定了《京都议定书》第二承诺期于2013年起开始执行，继续遵循"共同但有区别的责任"原则，秉承UNFCCC的制度框架行事。但是，《京都议定书》第二承诺期没有规定发达国家具体的减排指标。包括美国、加拿大、日本、新西兰在内的排放大国都明确表示不愿加入《京都议定书》第二承诺期，而欧盟则声称将加入第二承诺期，但拒绝在原先承诺的20%的减排目标基础上进一步上调减排目标。德国、英国、瑞典、丹麦等6个欧洲国家承诺向"绿色气候基金"注资，并已为此编列预算。另一方面，多哈会议完成了"巴厘岛路线图"的工作，主要包括要求附属科学技术咨询机构开展新的工作计划，重申发达国家在2020年前每年向发展中国家提供1000亿美元的资金，发达国家在2013—2015年应当提供的资金至少相当于2010—2012年提供的快速启动资金以及重新评估保持温度增加不超过2℃这一长期目标等内容（张梓太与沈灏，2014）。另外，多哈会议还针对气候资金问题专门成立了资金常设委员会，但由于并非所有缔约方都是该机构的参与者，导致该机构囿于权限和职责范围的问题，反而给减排责任承担国推卸减排责任留下了空间。

随后，联合国气候变化大会第十九次缔约方会议华沙会议（COP19）正式启动了各缔约方2020年后拟提交的"国家自主贡献意向"（Intended Nationally Determined Contribution，INDC）的准备进程，并于巴黎气候大会（COP21）前公布。至此，"德班加强行动平台"谈判迈出了关键的一步，标志着"自下而上"的模式逐渐被国际社会所接受（陈贻健，2016）。另外，该会议还就发达国家向发展中国家提供资金和技术支持、因气候变化所受损失与损害赔偿机制、发达国家信息通报等议题进行了系列探讨和磋商。

2.2.4 "巴黎时代"自愿性的全球气候治理阶段（2015年至今）

在气候变化的广泛影响下，发达国家与发展中国家之间的矛盾、各国对于发展权的需要以及气候意识的增强，都使得强制性减排模式难以为继，并为世界各国努力建构一个新型气候治理体系提供了强大的推动力。

2.2.4.1 巴黎气候大会

2015年12月，法国成功举办了巴黎气候大会（COP21），195个国家以及欧盟的代表出席大会，各方代表团人数达到17150人，被称为"史上最成功的气候大会"。巴黎气候大会的成功可以归因于两个方面：第一，随着近年来全球范围内干旱、洪涝、飓风等极端气候灾害的频发以及气候科学研究的进步和公众认识的深入，气候变化已经从未来的一个潜在威胁转变为当前切实存在的危机，因此各国逐渐意识到必须尽快应对气候变化带来的负面影响；第二，各国认识到减排行动可以为经济增长、减贫及结构改革带来新的机遇，因此碳减排成为一项合乎成本收益原则的必然行动。

《巴黎协定》的通过是巴黎气候大会取得的最重要的成果，其生效条件是至少55个UNFCCC缔约国交付批准、接受、核准或加入，且这些国家的温室气体排放量占全球总排放量的55%以上。截至2016年10月5日，已有74个国家正式批准了《巴黎协定》，且这些国家的温室气体排放量占全球总量的58.82%。[①] 因此，2016年11月4日，时任联合国秘书长潘基文宣布《巴黎协定》正式生效。

《巴黎协定》是继1997年《京都议定书》之后的第二份具有明确法律约束力的应对气候变化的国际法文件。与《京都议定书》不同的是，《巴黎协定》在减排约束力上更进一步，前者仅针对部分发达国家，而后者则面向全球196个国家，这标志着全球首次就应对气候变化的努力达成了最大范围的政治共识。自1990年以来，国际气候谈判一直遵循着自上而下的"京都模式"，而《巴黎协定》以"国家自主贡献"（Nationally Determined Contributions，NDCs）为主体的减排责任机制颠覆了这一模式，使得国际气候谈判模式从自上而下转变为自下而上。所谓国家自主贡献，指的是各国依据自身发展状况和减排能力自主提出减排目标，不受任何外界组织的影响。无论是发达国家还是发展中国家，都普遍认同国家自主贡献制度能够使自身的发展权利得到保障。由于国家自主贡献制度调和了发达国家与发展中国家的分歧，巴黎气候大会的谈判并没有就各国的减排责任分担产生较大争论，而是将重心聚焦在减排量的核算、审查的透明度以及发达国家对发展中国家的财政支持等议题上，并最终促成了《巴黎协定》的顺利出台。截至目前，全球已有193个缔约方提

---

① 数据来源：https://sg.ambafrance.org/European－Parliament－approval－of－the－Paris－Agreement，2023年6月20日访问。

交了本国的首次国家自主贡献①,其中,175个缔约方已经提交了更新的国家自主贡献。② 例如,美国于2021年4月更新了国家自主贡献目标,承诺2030年温室气体排放水平比2005年减少50%至52%;挪威提交的更新的应对气候变化国家自主贡献文件中,承诺2030年温室气体排放相比1990年减少至少50%,并力争达到55%,相比于其2015年提出的国家自主贡献目标提高了10个百分点。

《巴黎协定》的气温增幅控制长期目标是将全球平均气温较前工业化时期的增幅控制在2℃以内,并向将全球平均气温增幅控制在1.5℃以内的目标努力。对此,全球需要在2030年之前将碳排放总量控制在400亿吨,并在2080年实现净零排放。为实现这一目标,《巴黎协定》决定采用"自主贡献+滚动调整+全球盘点"的实施机制。具体来说,各缔约方需要定期更新并不断提高本国的国家自主减排目标,同时缔约方会议将结合各国所提交的减排目标、计划和措施等,对国家自主贡献进行全面的盘点和评估,以确保全球应对气候变化的努力得到有效协调和实施。需要注意的是,由于实施机制的自愿性,缔约方的配合意愿在很大程度上决定了《巴黎协定》的减排效果。然而,在实现减排目标的过程中,仍然存在很多挑战,这可能导致最终结果与"2℃目标"存在差异。一方面,发展中国家减排能力有限,而发达国家则常以国家自主贡献为借口逃避减排责任,这无疑增加了减排目标的实施难度;另一方面,各国能否真正实现自身的国家自主贡献承诺仍然具有很大的不确定性,这也会影响减排目标的实现效果。根据相关研究,即使按照《巴黎协定》的要求执行,到2100年末全球平均气温仍可能上升到2.6℃至3.1℃(Rogelj,2016)。此外,从发展中国家的立场看,《巴黎协定》并不完美,"共同但有区别的责任"原则并没有在减缓、适应、损失与损害、气候融资等问题上得到充分体现。

同时,《巴黎协定》不仅确定了以"国家自主贡献"和"全球盘点"为核心的减碳行动框架,而且设立了合作方法机制(Cooperative Approaches,CA)和可持续发展机制(Sustainable Development Mechanism,SDM)两类国际碳交易机制,为实现碳减排指标跨境转移

---

① 数据来源:https://www.un.org/zh/climatechange/all-about-ndcs,2023年6月20日访问。

② 数据来源:https://www.climatewatchdata.org/2020-ndc-tracker,2023年6月20日访问。

提供了渠道。合作方法机制基于碳减排指标，允许各缔约方通过多种途径实现国家自主贡献，比如通过减排成果国际转让（International Transferred Mitigation Outcome，ITMO）机制实现。同时，可持续发展的目标实现程度的考核需要维护环境完整性和精确性，建立稳健透明的机制保障，避免对排放量的双重考核。可持续发展机制立足于减排项目，由缔约方会议进行统一管理，各缔约方可以参与核证减排量的交易，东道主或者购买国参与该机制之后进行的额外交易可以作为实现国家自主贡献目标的方式之一，此外还可以动员公共部门和私人部门等参与全面减缓气候变化的过程。

虽然自上而下的"京都模式"难以为继，而"巴黎模式"的出现似乎又为全球气候治理开辟了一条类似于奥斯特罗姆的多中心"自主治理"路径（Ostrom，2010），但这并不意味着全球气候治理已经找到了合适的解决方案。如同奥斯特罗姆的多中心"自主治理"需要满足一系列严苛和复杂的制度设计原则一样，"巴黎模式"仍然需要复杂且具体的制度设计。当公共资源利用中的决策主体由个人变成国家时，一系列的内外部条件以及社区属性都发生了实质性变化，这使行动情景变得非常复杂。与个人决策不同，国家决策的唯一出发点是国家利益，模式的转变仅仅是服从于国家利益的需要。从这个角度来看，现在还远没有到评价"巴黎模式"优劣的时刻。作为全球治理的一部分，气候治理也不大可能仅仅依靠国家自主贡献而维系下去，缔约方之间的利益博弈和谈判交锋仍是气候治理的重要内容之一，如何建立更加公平合理有效的国际气候体制仍然任重道远。

2.2.4.2 卡托维兹气候大会

2018年12月2日至15日，COP24在波兰卡托维兹召开。会议的主要任务是为《巴黎协定》的实施制定一套包含具体规则和工具的细则，以保证该协定的全面实施，加速推动全球气候治理行动。

会议的目标主要包括以下四个方面：①制定一套严密、透明且可接受的准则，以供各国依据该准则报告温室气体排放量并采取减排行动；②鼓励各国逐步提高减排承诺，以实现更具雄心的目标；③促使发达国家积极向发展中国家，尤其是那些最容易受到气候变化影响的发展中国家，提供更明确、更具体和更有力的资金支持；④为全球碳排放交易市场制定统一且透明的规则和标准，以保障其公平有效运行。

经过大会的深入审议，《巴黎协定》的各项条款在会议达成的系列成果中得到进一步的落实和适用。这些成果既充分体现了公平原则,又突出了"共同但有区别的责任"原则以及各自能力原则,为《巴黎协定》的实施奠定了制度和规则基础。首先,《〈巴黎协定〉规则手册》的编制是此次大会取得的一项标志性成果,该手册在推动《巴黎协定》从宏观规划到具体落实的过程中起到了至关重要的作用。《巴黎协定》的主要内容包括规定各国的国家自主贡献,报告2020年之后的适应和减缓以及相关配套行动的信息,评估技术研发使用和转让的进程,设计和完善透明度制度框架以及计划在2023年实施全球盘点机制等。为各缔约方的气候变化适应减缓规划交流学习、国家气候治理工作追踪报告、气候变化适应减缓进展评估等工作提供了明确的指导,也为逐步加强全球气候治理行动的力度和强度做出了贡献。其次,大会还确定了2025年后的"绿色气候基金"新目标,巩固了发达国家做出的每年1000亿美元的资金承诺,并推动气候融资取得了新进展。例如,德国和挪威承诺将对"绿色气候基金"的捐款增加一倍;世界银行宣布将在2021年后将其对气候行动的捐款增加到2000亿美元。[①] 再次,大会首次发起了一项名为"人民的席位"(People's Seat)的倡议,鼓励并邀请全世界的民众在社交媒体上发出自己的声音,参与到气候行动中来。最后,在大会上,各国展现出应对气候变化的决心和信心,所有参与国达成一致,同意在2020年之前强化减排承诺。大会倡导各缔约方肩负气候治理责任,积极推进气候治理方略的协调商谈,共同营造绿色低碳的发展氛围。

值得注意的是,此次大会未能就《巴黎协定》第六条即碳市场机制的实施细则达成一致,主要是因为各缔约方在"碳信用额度""碳减排量计算"等关键问题上存在分歧。例如,巴西希望将国内大面积的雨林作为双倍碳信用的条件,但是这一诉求被指会对全球减排目标的实现造成阻碍。同时,巴西和印度主张将《京都议定书》规则下积累的大量尚未使用的"碳信用"延续至《巴黎协定》规则下新的碳交易市场,但是这一诉求也被指出不利于环境保护大局,会将旧制度的不透明、计算重复和信息作假等弊端代入新规则之中,从而严重影响全球的减排努力。

2.2.4.3 气候雄心峰会

为纪念《巴黎协定》签署5周年,并总结过去几年全球应对气候变

---

① 联合国. 卡托维兹气候变化会议落幕:各国就实施"巴黎协定"的具体方案进一步达成一致.(2018-12-15)[2023-06-22]. https://news.un.org/zh/story/2018/12/1024941.

化的经验、教训和成就，进一步动员国际社会强化气候行动和推进气候治理多边进程，2020年12月12日，经联合国、英国、法国等国家和组织倡议，70多个国家参加了气候雄心峰会（以下简称"峰会"）。

在过去的5年，各国在努力落实《巴黎协定》的条款方面付出了大量努力并取得了一些进展，但同时也存在着许多不尽如人意的地方。例如，很多国家，如澳大利亚、美国、印度等国在2015年签署《巴黎协定》时做出了减排承诺，但在实际中并未认真履行这些承诺，而是利用国家自主贡献这一非强制性的承诺方式来逃避减排责任。加之2020年气候灾害频发以及新冠疫情暴发，《巴黎协定》的顺利落实受到进一步阻碍。

因此，峰会要求各国就国家自主贡献、长期净零战略等内容做出承诺，并敦促各国立即采取行动，将各自的承诺付诸实际，为2023年后实施"五年盘点"机制奠定基础。英国在峰会召开的前一周宣布了本国的减排目标，计划到2030年温室气体的排放量相较于1990年降低68%；欧盟也在峰会开始的前一天提出了减排目标，即到2030年将温室气体排放量在1990年的基础上减少55%；芬兰、奥地利、瑞典分别宣布到2035年、2040年、2045年实现碳中和；巴基斯坦宣布，自2021年起，将不再新建燃煤电厂；印度则宣布，到2030年，可再生能源发电装机容量将在现有基础上增加1倍，达到4.5亿千瓦。习近平主席在峰会上发表了题为《继往开来，开启全球应对气候变化新征程》的重要讲话，进一步明确了中国实现碳中和的具体步骤，即到2030年，中国单位国内生产总值二氧化碳排放将比2005年下降65%以上，非化石能源占一次能源消费比重将达到25%左右，森林蓄积量将比2005年增加60亿立方米，风电、太阳能发电总装机容量将达到12亿千瓦以上。[①]

2.2.5 全球气候治理体系变迁的特征

从《京都议定书》到《巴黎协定》，全球气候治理体系在不断地探索和发展过程中，治理规则及运行机制都发生了很大变化，其主要变迁特征可归纳为以下三个方面。

（1）从"硬法之治"到"软硬法兼施"

UNFCCC和《京都议定书》开启了自上而下强制性的全球气候治理规范体系，使得全球气候治理体系逐渐协调化、均衡化，但是由于国家

---

① 新华社.习近平在气候雄心峰会上发表重要讲话.（2020-12-13）[2023-06-23]. http://www.gov.cn/xinwen/2020-12/13/content_5569136.htm.

利益和制度的不协调、南北方国家的规范性认知存在严重对立,导致传统治理模式的调整。《巴黎协定》没有对各缔约方的减排责任进行硬性规定,而是鼓励各国采用国家自主贡献的形式提交减排目标,体现了气候治理的软性约束。但同时,《巴黎协定》也提出了气候治理的硬性总目标,并且规定了发达国家要对发展中国家提供资金、技术等方面的援助,体现了气候治理的硬性约束。这样的气候治理模式转变充分保障了各国气候治理的主动性和灵活性,在全球范围内达成共识,维护了国际气候治理规则的权威性。

(2) 从"法制建设"到"实践行动"

全球气候变化最初是作为一个气象科学问题受到人们的关注的。1988年,全球气候治理从科学领域转入政治议程,标志着全球气候治理"法制化"进程的开始。UNFCCC、《京都议定书》、"巴厘岛路线图"及《巴黎协定》等一系列国际协议的通过都体现了全球气候治理制度有效性——法律制度最终能否在解决全球气候变化问题上发挥其真正的效力——的变化过程。《巴黎协定》为全球气候治理行动提供了制度基础,而其实施细则则是对《巴黎协定》进行技术性调整或细化。这标志着全球气候治理经历30多年的发展演变后,正式进入了一个"全新"的治理阶段。随着法律和制度建设的逐步完成,全球气候治理进入了全面执行法律制度、落实相关细则的行动阶段(李慧明,2020)。

(3) 从"国内分离之治"到"国际协同之治"

《京都议定书》为各国设定了具体的减排责任,并且提出了三种灵活履约机制,但是依然呈现出一种分离之治的形态。各国都是为了完成减排目标而采取灵活履约机制,并在此基础上与他国进行合作。在《巴黎协定》中,虽然各国也要完成自己设定的国家自主贡献,同时明确了国际碳交易机制,但其中还包含了资金支持、技术转让、能力建设等相关条款,各国尤其是发达国家的气候治理责任不只停留在完成自身减排目标的层面,还包括了对其他国家的援助,体现出国际协同的治理模式。

未来,如何日益加强各国做出的承诺,从而缩小减排目标和2℃路径所需减排量之间的差距?关于这一问题,一个逐渐形成的共识是,为了消除排放差距,今后所有协议都应该是具有动态性和合作性的。动态性是指各国可以随着时间的推移逐渐修改并提高减排承诺;合作性是指促进各国构建一个共同的承诺,努力实现向有利于各方、基于优质增长以及减贫的低碳经济转型。

2.3 全球贸易体系与气候体系的互动

全球贸易体系和气候体系是影响世界秩序的两大重要支柱，共同塑造了当前的全球治理格局。在发展过程中，由于气候变化问题与国际贸易问题的深度关联性，两大体系一直保持着频繁的互动，并成为联合国、世界银行、WTO 等国际组织以及 UNFCCC 各缔约方共同的关注焦点。

2007 年 11 月，世界银行发布了一份题为《国际贸易与气候变化：经济、法律和制度分析》的报告，首次从经济、法律和制度三大视角全面深入地探究了国际贸易与气候变化之间的关系。同年 12 月，来自美国、欧盟、巴西、中国等国家和组织的部长和高级贸易官员，齐聚巴厘岛参加联合国气候变化大会的非正式贸易部长会议。这次会议是有史以来首次专门探讨国际贸易与气候变化之间关系的高规格会议。2008 年在哥本哈根举办的两次以贸易与气候关系为主要议题的研讨会从国际视野的角度研究与探讨了如何利用现行国际贸易机制帮助应对气候变化。2009 年 6 月，WTO 与 UNEP 共同发布了题为《贸易与气候变化》的研究报告，首次对自由贸易与气候变化之间的联系进行了系统阐述。2010 年，世界银行发布了《2010 年世界发展报告：发展与气候变化》，着重强调了国际贸易和气候变化之间的相互作用对于国际社会的重大意义，倡导构建"气候智能型"世界。2012 年，WTO 发布《2012 年世界贸易报告》，深入探讨了气候变化对全球贸易中非关税壁垒使用的影响。随后，在《2019 年世界贸易报告：服务贸易的未来》中，WTO 关注了气候变化对旅游、交通运输等产业产生的影响，并强调其会增加全球贸易对环境服务类产品的需求。2021 年，联合国发布《2021 年亚太贸易和投资报告》，首次构建了"使贸易和投资更加适应气候变化指数"（SMARTII）。世界银行发布的《贸易与气候变化的关系：发展中国家面临的紧迫性和机遇》讨论了气候变化与发展中国家未来的贸易机会之间的关系。WTO 于 2022 年 11 月发布《2022 年世界贸易报告：气候变化与国际贸易》，进一步探究了气候变化与国际贸易之间复杂的相互联系，并探讨了国际贸易和贸易规则如何有助于应对气候变化。

在原则和宗旨上，WTO 支持应对气候变化，UNFCCC 也支持全球自由贸易。例如，UNFCCC 第三条第 5 款规定："各缔约方应当合作以促进有利和开放的国际经济体系，这种体系将促成所有缔约方特别是发展中国家缔约方的可持续经济增长和发展,从而使它们有能力更好地应对气候变化问题。为应对气候变化而采取的措施,包括单边措施,不应当成为国际贸易中随意或无理的歧视手段或者隐蔽的限制。"《京都议定书》第二条第 3 款则指出,附件一所列缔约方在履行减排责任和实施减排措施时,应最大限度地减少对国际贸易的各种不利影响。

然而,在具体规则上,国际气候协议和贸易政策之间又存在一定的冲突,特别是贸易规则对特定减排措施的约束。由于 UNFCCC 对单边减排措施的框架性授权,各国实施的与贸易有关的单边减排措施也日益增多,包括碳税及边境税调节措施、排放限制与交易措施、碳足迹标示与碳效率标准措施、自愿减碳证明措施、低碳产业及新能源补贴措施、气候友好型商品与服务清单以及绿色政府采购措施等,这些措施会施加于进口产品,因此与 WTO 的非歧视原则产生了冲突(李威,2012;闫云凤,2013)。其中,碳关税作为一种新型贸易壁垒,在发达国家和发展中国家之间引起了较大争议。各国在气候变化进程中的贸易立场和减排义务认知上都有一定的差异,发达国家从 WTO 规则中的贸易公平角度出发,希望通过碳关税的实施来推动发展中国家承担减排义务;而发展中国家则根据 UNFCCC 中的"共同但有区别的责任"原则反对征收碳关税,认为征收碳关税制约了贸易水平的发展(龙敏,2021)。

为了协调国际贸易规则与气候协议的冲突,《马拉喀什建立世界贸易组织协定》签署后,WTO 成立了贸易与环境委员会。2001 年,多哈部长级会议明确了新一轮谈判中的贸易与环境问题,包括理清 WTO 规则和各种多边环境协议中贸易条款的关系、多边环境协议秘书处与 WTO 相关委员会之间的常规信息交流,以及降低环境产品及服务的关税及非关税壁垒。多哈回合谈判为 WTO 成员提供了一个考虑贸易和环境规则相互支持的机会,也为机构之间如何加强合作来促进两者的相互协调指明了方向(UNEP and WTO,2009)。《多哈宣言》第 31(i)段旨在通过促进贸易和环境制度之间的积极协同作用来确保一致性,要求在不损害其结果的前提下,就现行的 WTO 规则与多边环境协议当中对于贸易事务的规则细则之间的问题和冲突进行了协商。谈判人员借鉴了多边环境协议制定及谈判过程中的经验,试图通过协议制定程序,在推动实现各国共同利益的同时解决全球共同环境问题,从而探寻用以改进贸易和环境政策之间的国际协调与合作。《多哈宣言》第 31(ii)段侧重于 WTO 委员会和多边环境协议秘书处之间建立的常态化沟通程序,并且在 WTO 的组织设计当中安排观察员这一角色。这种机制是建立在不允许违背成员国的国别利益基础上,将一个常态化的、专属的沟通机制制度化,并赋予其解决特定问题的"调节器"作用,从而维护和发展参与者的共同利益。目前,WTO与气候变化机构之间已经深入开展了合作。例如,UNFCCC缔约方参与了WTO的贸易与环境委员会的例行会议,并在贸易与环境委员会特别小组专设观察员的角色,而气候治理协议的缔约方会议也专门纳入了WTO秘书处的相关人员。此外,《多哈宣言》还指示WTO贸易与环境委员会就环境措施对市场准入的影响以及环境标签等问题开展研究。

虽然多哈回合谈判涉及的环境问题范畴要大于气候变化,但为国际社会认识和处理该问题奠定了良好的基础。自多哈回合谈判后,WTO还就国际组织之间的信息同步、共享和交换机制,技术援助机制和能力建设机制进行了深入探讨,进一步深化了国际贸易制度体系和多边环境协议体系之间的互动(李婧舒,2015),以协调各国的贸易义务和环境义务。

受气候变化形势持续严峻、信息技术进步、经济全球化驱动力减弱等因素影响,国际贸易发展呈现出新的时代特征和要求(沈国兵,2020;胡鞍钢与张新等,2023)。在此背景下,WTO重新审视了气候变化与国际贸易之间的复杂关系,并决定从粮食安全、气候友好型商品、碳关税、低碳技术等领域加强与气候相关的贸易合作,以增强气候韧性并加速国际贸易的"脱碳"。例如,限制农产品的出口限制和贸易补贴等贸易扭曲措施、加强贸易多样化以及信息共享和监测以有效缓解粮食不安全问题。解决气候友好型商品、服务和技术的贸易和投资壁垒将有助于加快应对气候变化。此外,WTO还针对气候变化相关的交易对象,围绕环境产品的界定、环境产品的关税减免政策、环境产品的边境税调节、碳标签和碳定价等内容制定了贸易政策,试图解决碳泄漏和竞争带来的负面影响,推动各国制定更为严格的气候变化政策和措施。

在全球化背景下,各国之间的合作交流愈发密切。妥善处理贸易体系和气候体系之间的关系,推动二者的协调发展,调解二者间的冲突,对于应对气候变化的挑战至关重要。

第3章 国际贸易与气候变化的相互作用

　　充分认识国际贸易与气候变化之间相互作用的复杂关系，对构建良好的国际贸易关系、推动经济可持续增长目标的实现具有重要作用。如图3-1所示，国际贸易对气候变化的影响机制主要由规模效应、结构效应、技术效应和直接效应四方面组成。其中，规模效应是指经济活动规模的变化引起的温室气体排放总量和强度变化；结构效应主要是指贸易开放的方式和随之而来的各部门产出相对价格的变化，可能会影响一个国家的产业结构，进而对温室气体排放总量和强度产生重要影响；技术效应强调技术革新会减少和降低货物和服务生产过程中的温室气体排放总量和强度；直接效应侧重于阐述国际贸易的蓬勃发展会推动清洁友好型技术和商品的发展，进而对温室气体排放总量和强度产生不同程度的影响。反过来，气候变化对国际贸易的影响机制主要由其物理效应以及应对气候变化的贸易措施两方面构成。气候变化的物理效应可能会影响国际贸易的格局和规模，这种影响对于那些在国际竞争中依靠得天独厚的自然禀赋获得比较优势的国家来说更为明显。此外，应对气候变化的贸易措施则与国际贸易的可持续性有着深切的关联。

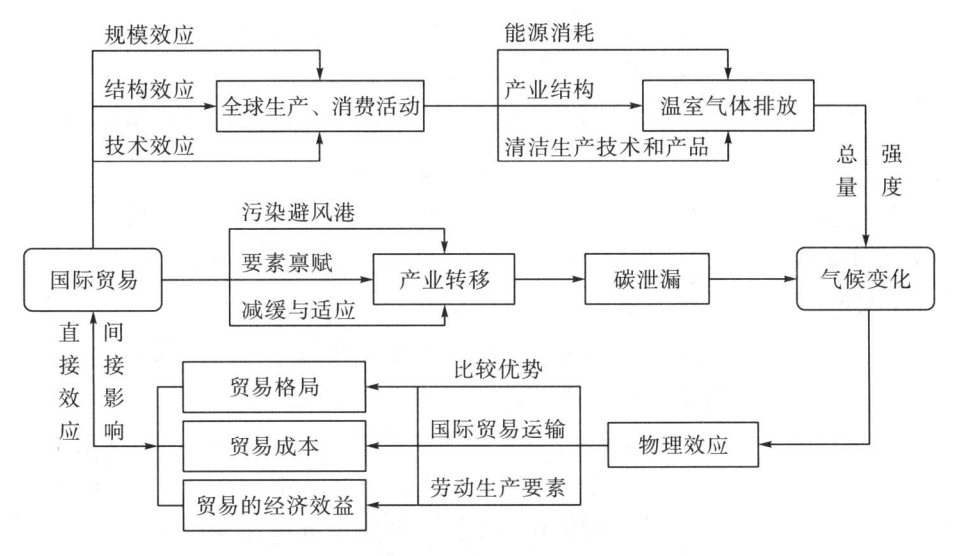

图 3-1 国际贸易与气候变化的相互作用

3.1 国际贸易对气候变化的影响

3.1.1 国际贸易的环境效应

国际贸易涉及的生产和消费活动是碳排放的重要来源，对气候变化产生了重要影响。曾有学者创新性地提出了一个贸易环境效应分析框架，分别对规模、结构和技术三大效应进行了深入的解释和阐述。该框架最初被用于研究《北美自由贸易协定》的环境影响（Grossman and Krueger，1991）。此后，经济合作与发展组织（Organisation for Economic Co-operation and Development，OECD）国家采用并扩展了这一框架用于评估贸易协定的环境影响，如《澳大利亚-美国自由贸易协定》《欧盟-智利自由贸易协定》《欧盟-南方共同市场协会协定》以及《欧盟-地中海自由贸易区》等。

3.1.1.1 规模效应

规模效应是指随着国际贸易带来的总需求增加，经济活动的规模逐步扩大，导致能源消耗量增加，进而促使温室气体排放的增多。规模效应可以被定义为以贸易开放之前的世界价值为基准的生产价值的增长。

值得注意的是，规模效应与经济增长在概念上是有所区别的。经济增长是资本积累、人口增长和技术变革的结果，而规模效应的直接表现是排放规模绝对量的增加，比较的是贸易自由化程度较低与贸易自由化程度较高两种情境下的污染排放率。具体来说，如果贸易自由化之前存在闲置的经济资源，如劳动力、资本和土地等，则贸易自由化则有助于促进区域间资源流动，有效提升这些资源的利用率，从而推动生产活动的扩张。随着经济活动的增加，能源消耗量也会相应增加，而大多数国家主要依赖化石燃料作为能源，因此规模效应将导致温室气体排放量显著增加。现有实证研究也证明了这一点。例如，有学者选取了 143 个国家作为研究对象，以 1976—2000 年为时间跨度构建面板数据进行检验，结果发现随着贸易的不断开放，二氧化碳的排放量显著增加（McCarney and Adamowicz，2005）。也有学者在对东盟的研究中同样发现出口规模增长引起了二氧化碳排放的增长（Atici，2012）。我国相关研究中，有学者采用阿根廷、巴西、中国、印度等 11 个新兴国家 1992—2013 年的平衡面板数据研究发现，对于新兴经济体而言，随着前期贸易开放度的不断提高，碳排放量会快速增长，但当贸易开放度到达一定水平后，碳排放量会出现下降趋势（杨恺钧与刘思源，2017）。

3.1.1.2 结构效应

结构效应是指相对价格的改变带来的某个国家生产当中不同部门所占份额的改变，致使一些部门的扩张和其他部门的收缩，导致产业结构变化，从而对污染排放产生影响。温室气体排放的增加或减少与排放密集型部门的扩张或收缩密切相关。结构效应对一国温室气体排放的影响，不仅显著地受到这个国家比较优势的影响，甚至在某些情况下会起到决定性作用：如果一个国家在温室气体排放密集程度较低的行业上具有比较优势，那么贸易自由化将会使这些部门的生产扩张，从而降低温室气体排放量；反之，当一个国家在温室气体排放密集程度较高的行业上具有比较优势，那么贸易自由化将导致该国的温室气体排放增长。同时，自由化经济体的生产结构也会对国家间的环境法规差异做出响应。如果一个国家出台和实施严格的环境保护措施，那么贸易开放使得市场竞争变得更加激烈，由此可能导致排放密集型行业转移到法规较为宽松的国家。因此，自由化经济体生产结构的变化将对贸易伙伴的产业结构产生干预。贸易开放将导致一些国家致力于排放密集型产业的发展，而其他国家则更关注清洁产业的发展。

3.1.1.3 技术效应

技术效应是指技术进步带来的生产效率提高使得在产出不变的情况下要素投入减少，从而促使商品和服务生产过程中温室气体排放的减少。根据此前学者的观点，技术效应主要通过两种途径来降低温室气体排放。

首先，国际贸易降低了气候友好型商品和服务的成本，使其更加普及和易于获取。国际贸易加强了各国在技术上的交流与合作，使得清洁生产技术扩散到那些无法获取相关技术或清洁生产成本过高的国家，从而减少能源需求，降低温室气体排放。例如，有学者指出，发达国家往往具有较高的环境标准和污染治理技术水平，可通过国际贸易将先进技术扩散到发展中国家，从而提高发展中国家的污染治理水平（Antweiler et al.，2001）。有学者发现，国际贸易可以促进能源节约型技术在国家之间的传播，进而促进中间生产技术进步，并推动环境质量的改善（杜运苏与张为付，2012）。有学者发现，国际前沿的环保技术和绿色技术会通过国际贸易渠道转移到技术落后国家，从而在一定程度上减少温室气体排放（郭庆宾与柳剑平，2013）。

其次，贸易开放提高了收入水平，使得公众对清洁环境和清洁产品的支付意愿及严格的环境政策需求增加，从而倒逼政府采取适当的财政和监管措施来回应公众需求，降低污染排放率。然而，通过检验不同国家在空气和水质等七个环境指标上的表现差异，有学者发现如果公众不能享有更公平的经济利益，那么贸易自由化引起的收入增加则可能不会促进环境改善（Torras and Boyce，1998）。此外，关于收入与环境质量的关系，一个经典的假说是"环境库兹涅茨曲线"，即环境质量与人均收入间存在倒"U"型关系——环境质量随着人均收入水平的提高呈现先上升后下降的趋势。但是，很多其他研究运用不同国家和区域的不同环境指标数据也发现了不同的规律，如"N"型关系（杜婷婷等，2007）、线性关系等（李振等，2015）。

3.1.1.4 总体效应

贸易自由化会加剧还是会减缓气候变化，一直是研究气候变化与国际贸易关系的核心问题。考虑到规模效应与技术效应之间的反向作用，总体来看，国际贸易对温室气体排放的影响是不确定的，具体取决于三种效应的实际尺度或强度。自从 Grossman 与 Krueger 针对《北美自由贸易协定》对二氧化硫排放量影响的开创性研究以来，许多研究检验了贸易开放的环境影响。例如，有学者发现贸易自由化导致台湾地区碳排放量增长，同时生产结构向碳密集部门倾斜。这种趋势主要是因为台湾的比较优势结构倾向于碳密集部门。分析1975—1995年32个发达国家和发展中国家的数据，发现随着对外贸易的不断开放，二氧化碳排放量呈现出明显的增加趋势。贸易开放的结构效应是正向的，但弹性值很小（Cole and Elliott，2003）。有学者基于1960—1999年63个国家的数据同样发现贸易自由化增加了二氧化碳排放，二者之间的弹性为0.579，且规模效应超过了技术效应（Managi，2004）。有学者利用1976—2000年143个国家的数据得到了类似结论（McCarney and Adamowicz，2005）。有学者采用Melitz模型发现只有当企业排放强度随着企业生产力的提高而大幅下降时，国内排放量才会因单方面关税削减而减少（Kreickemeier and Richter，2014）。由于贸易导致的外国排放量的变化，即使国内排放量减少，国内污染也会增加。但是，由于贸易开放和人均收入存在互为因果的内生性问题，即虽然更加开放的贸易可能会增加人均收入，但人均收入的增长也可能促进贸易增长，因此需要排除内生性对因果关系进行更精准的识别。对此，有学者通过工具变量法估计了150个国家的贸易开放水平对空气污染物排放量的影响，发现贸易开放水平与环境污染之间存在显著的正向关系（Frankel and Rose，2005）。但如果忽略内生性问题，贸易开放对二氧化碳排放的影响将在统计上变得不显著。

总体来说，大多数计量经济学研究都为"贸易开放会增加二氧化碳排放"这一观点提供了支持性证据，并强调规模效应倾向于支配技术效应和结构效应。但是，这并不能说明贸易自由化必然会增加全球的碳排放量，两者之间的关系仍然存在着很大的不确定性。

首先，国家间的收入水平和国际社会所采取的政策措施都会影响全球的碳排放水平（Copeland and Taylor，1995）：①贸易自由化对全球污染的影响可能会随着国家间收入差距的加大而逐渐增强；②要素价格的均等化趋势之下，人力资本丰富的国家很有可能在贸易中蒙受损失，而人力资本不足的国家则可能获益；③即使政府对许可的供给不设置任何限制条件，通过国际贸易进行污染许可交易也可以帮助降低全球污染水平；④全球污染或福利水平不会受到国际收入转移的影响；⑤尝试通过污染政策来控制贸易条件可能不会对全球污染水平产生实质性影响。例如，有学者使用1963—2000年88个国家的二氧化碳和二氧化硫排放量数据以及1980—2000年83个国家的五日生化需氧量数据检验发现，由于技术效应优于规模效应和结构效应，贸易开放导致OECD国家的二氧化碳排放量下降，同时导致非OECD国家的二氧化碳排放量则出现增长（Managi and Kumar，2009）。这主要是因为在非OECD国家，规模效应和结构效应的影响力超过技术效应。有学者选取了1995—2009年不同收入水平国家的碳排放数据，并利用Levinson（2009）的方法估算了中国、美国、英国、墨西哥、日本等主要国家和地区三种效应的占比，结果发现对大多数国家来说，技术效应对污染物减排的作用最为显著（Copeland，2022）。

其次，国际贸易通过调节国家间的经济关系影响各国及全球的污染水平。例如，有学者发现169个国家对美国的出口贸易额与其人均碳排放量呈正相关，特别是石油、汽油、煤产品、化学工业和再进口产业等方面（Stretesky and Lynch，2009）。因此，美国的消费活动在一定程度上造成了这些国家碳排放量的上升，向美国出口产品的国家的低效生产技术将造成全球碳排放状况的恶化。有学者认为，国际贸易的发展使得全球经济联系变得越来越紧密，进而有助于推动减排技术的扩散与溢出，以实现环境友好型发展（Beladi and Oladi，2011）。但是，有学者通过网络分析的手段捕捉了国际碳排放的网络结构特征，发现国家间经济联系和生产环节增多会推动碳排放量增长（张同斌与孙静，2019）。此外，策略性的贸易政策也会显著影响碳排放在国家间的分配。例如，有学者比较了在一个开放经济框架下不同碳减排政策的绩效。结果显示，在一个封闭经济体内，实行碳税或许比排放限额更有效率（Abrego and Perroni，1999）。但当考虑国际贸易以及策略性的贸易响应时，排放限额能够通过推动自由贸易更好地支持区域或全球碳减排协议。有学者专注于研究碳核算和碳标签是否能够有效应对日益严重的气候变化问题，特别关注其对低收入国家的潜在影响（Brenton et al.，2009）。结果表明，碳标签不仅对其他环保措施具有重要的补充作用，而且在捕捉碳排放等减排措施方面将发挥关键作用。策略性贸易政策最典型的例子就是碳关税，后面的章节将对此进行专门介绍。

3.1.2 "污染避风港假说"与"要素禀赋假说"

3.1.2.1 "污染避风港假说"

"污染避风港假说"（Pollution Haven Hypothesis），最早由Walter与Ugelow提出，也被称作"污染避难所假说"（Walter and Ugelow，1979）。该假说的基本观点是：贸易自由化的环境当中，重度污染的产业有可能从环境规制严格的发达国家转移到环境规制相对宽松的发展中国家,导致后者成为吸引这些产业的"污染避风港"。此后,又有学者进一步拓展了这一假说,指出在经济发展水平较高、社会观念相对先进、环保意愿较为强烈的发达国家,企业所面临的环境规制通常更加严格,生产成本更加高昂;而在经济发展水平较低的国家,居民和政府往往对经济收入的追求更加迫切,环保意识相对薄弱,企业面临的环境政策可能相对宽松,因此相关的环境成本更加低廉(Copeland and Taylor,1995)。在这种情况下,对环境成本敏感的外国企业往往倾向于在环境政策较为宽松国家进行直接投资或转移,这促使了污染密集型产业的聚集和发展,最终可能导致这些国家成为"污染避风港"。另外,Copeland与Taylor还进一步区分了"污染避难所效应"和"污染避难所假说"。"污染避难所效应"认为国家之间的环境法规差异会影响贸易流和工厂选址,而"污染避难所假说"则预测环境法规较为宽松的国家将专注于发展污染行业。因此,"污染避难所假说"是一种更强形式的"污染避难所效应"。

目前的研究对"污染避风港假说"的认识和验证结果并未达成一致。一部分支持"污染避风港假说"的研究考虑了区域比较优势、市场潜力差异和产业集聚特征等因素对于污染防治和环境保护的重要作用。例如,部分学者提出,由于OECD国家实行了严格的环保法规,污染密集型产业可能会由这些国家转移到发展中国家,从而导致发展中国家的污染强度不断增加(Lucas et al., 1992)。有学者的研究表明,环境监管力度不足的发展中国家更有可能吸引到寻求投资机会和生存空间的重污染企业和环境保护技术水平欠缺的企业,在这种情况下,这些国家的环境质量将不断受到负面影响(Chung, 2012)。相反,环境政策更加严格的发达国家更有可能匹配那些拥有高水平环境保护技术的跨国企业的需求。因此,环境监管不到位的国家和地区更加容易成为"污染避风港"。有学者采用中国、俄罗斯、巴西和印度1995年、2000年、2005年和2011年的投入产出表测算了金砖国家对外贸易中的隐含碳排放,结果表明中国和俄罗斯的进出口贸易隐含碳排放量逐年增加,且两国一直是贸易隐含碳净顺差国,正逐渐成为"污染避风港",而印度和巴西一直是贸易隐含碳净逆差国,避免了成为"污染避风港"(江洪,2016)。有学者利用加纳1980—2012年的空气污染数据验证发现,外商直接投资在推动加纳经济和社会福利不断增长的同时,也导致了环境的快速恶化(Solarin, 2017)。

另一部分研究则认为由于实证证据相对较少,"污染避风港假说"并不成立(Levinson and Taylor,2008)。例如,有学者利用科特迪瓦、摩洛哥、墨西哥和委内瑞拉四个发展中国家的数据,通过深入分析这些国家的外国投资模式,寻找国内污染密集型活动成本增加的相关证据(Eskeland and Harrison,2003)。研究表明,外商直接投资的流入与投资国的污染治理成本并没有相关性,因而"污染避风港假说"并未得到验证。有学者从资本集中度视角考察了巴西和墨西哥的要素禀赋与美国对其投资之间的关系,并强调了资本在"污染避风港"形成中的作用,但并未发现污染避风港现象的广泛存在(Cole and Elliott,2005)。Kander 与 Lindmark(2006)发现瑞典在 1950—2000 年一直是隐含能源和隐含碳的净出口国,且净出口比例长期保持稳定,说明对外贸易并没有对环境效益的提升产生显著影响。Elliott 与 Shimamoto(2008)使用 1986－1998 年的数据分析了日本对东南亚国家的投资是否导致被投资国成为"污染避风港",发现东南亚国家较弱的环境管制并不是影响日本投资的因素。此外,一些研究认为发达国家或地区通过投资的方式将产业转移到环境规制较为宽松的地区,这将有助于该类地区经济外向性程度的提高,也对现今清洁生产技术的扩散和传播有益,长远来看对改善地区环境质量有帮助,这种现象也叫"污染晕轮效应"(Jiang et al.,2018)。其他学者的研究也发现,在中国,随着外商直接投资的进入,行业污染排放强度呈现逐步下降的趋势(许和连与邓玉萍,2016)。由此说明,某个地区外商直接投资带来的清洁效应可能与该地区产业布局的高度集聚趋势有关。

3.1.2.2 "要素禀赋假说"

"要素禀赋假说"(Factor Endowment Hypothesis)主张国际贸易的基础是贸易各国之间要素禀赋的相对差异以及各种商品生产过程中要素使用和挖掘的强度差异。该假说认为在自由贸易条件下,如果两国的生产技术和消费者偏好相同且生产过程中规模报酬不变,考虑到国家之间的资源禀赋差异,对于密集使用丰裕要素的产品应该加大出口,而对于密集使用稀缺要素的产品则应扩大进口。这是因为在生产污染产品方面,发展中国家没有比较优势,而随着资本密集型产品生产的缩减,环境污染将会随之减少。具体而言,尽管企业可能因为切实遵守环境规制而承担一定的成本压力,但是只要其本身的要素禀赋优势达到一定的程度,即遵循环境规制带来的最高成本远小于依仗这种要素禀赋的相对优势,企业便可无视环境规制的束缚。当一个企业遵守环境规制可能产生的经济成本远远小于基于自身禀赋可能获得的经济收益时，企业的内在潜能反而会因为严格的环境规制能够得以充分挖掘，进而有助于企业做出更为明智的投资决策；反之，若企业需用高昂的代价去遵守环境规制，或者企业立足于自身要素禀赋优势所获得的收益未能覆盖环境成本时，企业会表现出避免增加环境治理成本的倾向，尽可能地规避环境规制，做出减少或者不进行环保投资的决策。

关于"要素禀赋假说"的验证目前尚未得到一致结论。

一部分研究发现支撑了该假说，即企业在进行决策时，会综合考虑环境规制成本和要素收益。具体而言，企业的环保投资意愿和动力可能在适度的环境规制条件下得到一定程度的提升，但是一旦环境规制成本过高，其环保投资意愿和动力可能会受到抑制。有学者针对欧洲国家9个行业从1998年起10年内的投资数据，发现以环境投资和环境收入（如与环境保护相关的税收收入）为度量标准的环境规制与四类国家产业专项投资（有形商品投资、新建筑投资、机械投资和生产性投资）呈正相关关系。但是，环境投资、环境收入与企业环保投资行为之间的关系并不是线性的，其弹性系数分别为0.15和0.12，呈现出一种倒"U"型关系（Leiter et al.，2011）。有学者选取2008年至2013年中国重污染行业上市公司的面板数据为研究样本，同样发现企业环保投资与环境规制呈倒"U"型关系。换言之，随着环境规制强度的提高，企业环保投资一开始会有所增加，但当环境规制强度超过一定阈值时，环保投资便开始减少，这一结论进一步证实了环境规制对企业环保投资影响存在"度"的限制（李强与田双双，2016）。此外，也有学者的研究证实，在较为严格的环境规制条件下，产业发展能够充分发挥要素禀赋优势，促使自身进行技术创新，实现从资源密集型向低碳化的转变，支持了要素禀赋假说（胡珺等，2020）。

另一部分研究则不支持"要素禀赋假说"（Maskus，1985；Bowen et al.，1987），其中最著名的就是"里昂惕夫反论"（Leontief Paradox）。美国的资本充裕度大于劳动充裕度，按照赫克歇尔-俄林模型（Heckscher-Ohlin Theory），美国应该出口资本密集型产品而进口劳动密集型产品。然而，里昂惕夫运用美国1947年200个行业的统计数据检验发现美国出口产品的资本密集程度要低于进口产品的资本密集程度（Leontief，1953）。有学者以污染强度作为解释变量对环境污染与对外贸易的关系进行了实证检验，否定了"要素禀赋假说"的存在（傅京燕与周浩，2010）。有学者发现对于化学需氧量和氨氮而言，"要素禀赋假说"是不存在的，但随着国内资本密集型产业比较优势的增强，增加污染密集型产品的出口可能会进一步加剧中国的环境污染（史恒通与赵敏娟，2016）。

3.1.3 国际贸易对减缓和适应气候变化的影响

3.1.3.1 气候友好型技术与产品的扩散

气候友好型技术对于有效增强各国减缓和适应气候变化的能力、降低成本具有重要意义，而国际贸易是促进减排技术进步的有效工具。国际贸易可以作为一种技术和专业知识扩散的机制，在促进新兴经济体经济发展的同时，促使新兴经济体建立与发达国家相近的环境标准，特别是在共同履行全球减排责任这一重要问题上达成一致共识。支持"污染晕轮效应"的学者认为，外商直接投资不仅会为东道国提供引进新的装备和技术的机遇，而且也促进了低碳技术的外溢，对东道国企业产生了积极的引领和带动作用（Letchumanan and Kodama，2000），推动东道国企业的环保技术升级。因此，气候友好型产品的贸易自由化，尤其是在发展中国家中的贸易自由化，有助于推动国内技术的不断创新，减少发展中国家对他国的技术依赖。目前，许多发展中国家已成为全球清洁能源的重要生产国。总体来说，更加开放的贸易以及应对气候变化的行动将有助于推动全球技术创新，催生一系列清洁技术企业并促进商业经济的高质量发展，提高清洁产品和服务的易得性，降低各国的减排成本。

具体来说，国际贸易的低碳技术溢出效应主要通过四种渠道实现：①一国进口其无法自主生产的中间产品（用于进一步加工或生产的产品）和资本产品（用于生产其他服务和产品的机械或设备），从而进口隐含在这些产品中的技术创新；②国际贸易增强了国家间的交流，加强了各国在技术上的交流与合作，使得发展中国家有机会向发达国家和地区学习先进的生产方法和产品设计，从而实现跨国知识信息的流动和转移；③国际贸易为各国提供了更多的机会，使其能够引进并改进国外技术，以更好地满足本国需求；④国际贸易可以为国家间加强相互学习创造更多机会和条件，降低了发展中国家在技术创新和效仿方面的成本（Eaton and Kortum，2001）。

现有研究对国际贸易的技术扩散效应进行了广泛的实证检验与讨论。例如，有学者分析了占世界研发支出90%以上的五国集团国家的研发投入对其他 OECD 国家生产率的影响，发现技术溢出随着地理距离的增大而不断减弱（Keller，2002）。[①] 有学者发现某些进口关税的减少会促进节能照明产品在加纳的应用（Stern，2007）。有学者研究了在有环境规制环境下进行的环境技术创新如何影响创新能力弱的非创新国家（non-innorating countries）的环境规制制定，研究结果指出，贸易开放性的存在，提高了先进清洁技术对欠发达国家的可及性，这极大地提前了非创新国家实施环境规制的时间（Lovely and Popp，2011）。有学者利用 28 家新兴企业的微观数据研究发现进口贸易可以显著增加创新产出（Fritsch and Görg，2015）。有学者发现中国绿色技术水平的提升主要得益于发达国家进口的积极影响，而来自发展中国家的进口则产生了负面影响（Cao and Wang，2017）。同时，出口贸易对中国绿色技术进步产生了阻碍作用。有学者通过 2004—2015 年 30 个省市的面板数据研究发现出口对低碳技术进步有显著的促进作用，且低碳技术创新呈现由东向西扩散的特征，东部地区创新活动活跃，而中西部地区的创新活力则梯次减弱（王正明等，2018）。然而，有学者利用我国 30 个省份 2008—2017 年的面板数据研究发现，贸易结构升级总体上对绿色技术创新并无显著影响，但这种影响存在显著的地区差异（王洪庆与张莹，2020）。

从这一点上来说，抵制环境产品和技术的关税和非关税壁垒，对促进全球市场产生更加高效多样的减缓和适应气候变化的商品和服务至关重要。减少或消除这类产品的进口关税和非关税壁垒能够降低产品价格，进而促使相关产业以尽可能低的成本开展运作，扩大其在世界范围内的传播。更低成本和更具能效的技术对于那些必须承担减排责任的行业来说尤为重要。

进一步来看，关于国际贸易的低碳技术溢出效应对不同国家和地区的碳排放水平有何影响，目前的研究观点大致可分为三类：①国际贸易的技术溢出效应使得二氧化碳等温室气体的排放有所降低。不论先进技术是通过何种方式引进或者研发的，都会对降低碳排放具有显著影响（Dogan and Seker，2016）；②国际贸易会经技术溢出效应增加碳排放，如果东道国的环境规制有较大的漏洞和不足，那么本土企业可能会选择通过降低环境成本的方式来保持自身的出口竞争优势（Managi and Kumar，2009；Perkins and Neumayer，2012）；③受许多因素影响，技术溢出效应对碳排放的影响变得复杂且不确定，这些因素包括进出口商

[①] G5 国家：美国、西德、英国、法国和日本。

品技术水平、人力资本水平、环境规制政策质量等（Perkins and Neumayer，2012）。

此外，国际贸易的低碳技术溢出效应对碳泄漏的影响也是一个受到重点关注的话题。有学者利用可计算一般均衡模型检验发现适度的国际贸易技术溢出对碳泄漏的抑制作用（Kuik and Gerlagh，2003）。类似的，也有学者对静态分析框架下减排技术的国际外溢性导致的碳泄漏问题进行了研究（Hoel and Golombek，2004）。有学者认为国际减排技术的转移可以有效减少碳泄漏，而技术转移成本在很大程度上决定了全球减排活动的成效（薛利利与马晓明，2016）。具体来说，如果技术转移的成本降低，碳泄漏量也会显著减少。有学者的研究表明发达国家的减排技术转让和资金支持是改善贸易双方经济福利和减少碳泄漏的有效途径（杨曦与彭水军，2017）。

3.1.3.2 气候变化引发的供需矛盾的调节

国际贸易可以帮助调节气候变化产生的供需矛盾。国际贸易可能增加一些国家在应对气候变化问题时的脆弱性。国际贸易促使这些国家更加专注于利用自身的比较优势进行专业化生产，同时通过进口不具有比较优势的商品和服务以满足自身发展的需求。如果气候变化导致进口商品和服务的供应中断，那么这些国家可能会变得面临巨大挑战。然而，国际贸易也有利于缩小各国在需求和供给方面的差异。当一个国家因气候变化而面临特定商品和服务短缺时，它仍然可以通过从其他拥有该类型商品和服务的国家进口来满足需求。因此，国际贸易可以在帮助各国减缓和适应气候变化中发挥有价值的作用，特别是在农业生产方面。一个国家通过国际贸易可以从具有农业比较优势的国家进口粮食和农业原料，进而缓解因气候变化导致的粮食和原料不足或短缺。但是，国际贸易发挥缓冲作用的程度与市场的价格波动如何体现经济上的资源稀缺性或充足性有着密切的关系。如果特定贸易措施导致价格扭曲，那么国际贸易对帮助国家适应气候变化的贡献程度可能会被大幅度削弱。

大量研究已经证实了国际贸易在促进生产和消费的区域间优化调整、降低应对气候变化成本方面具有重要意义。例如，有学者利用静态世界政策模拟模型（Static World Policy Simulation Model）模拟了一系列气候变化发展模式对全球农业产生的影响，发现温带地区国家和国际组织（包括美国、加拿大及欧共体）的粮食产量分别减少10%至50%，而寒冷地区及世界其他地区国家和国际组织（苏联、北欧五国、中国、日本、澳大利亚、阿根廷和巴西等）的粮食产量分别增加25%或没有变化，那么对所有纳入研究的国家来说，经济福利的损失相对于GDP来说都是比较小的（Reilly and Hohmann，1993）。有学者立足于32个地区设定了9种情境，通过有区别的3种大气环流模型（General Circulation Model）估计了气候变化对农业产量的直接影响（Reilly et al.，1993）。研究发现，农产品在农业出口国和进口国之间的流通和贸易能够部分抵消气候变化给全球农业造成的风险，并且降低对国内经济的负面影响。有学者指出，尽管农产品贸易开放对世界经济适应气候变化的能力的积极作用可以通过农产品价格传导机制实现，但是，如果气候变化导致全球农产品产出重新分配，从而鼓励高额补贴的欧洲农业部门增加产品的供应，那么发达国家农业部门的生产扭曲极有可能进一步加剧，也就是说气候变化下的价格传导性的增强可能会造成全球范围的福利损失。而当农业福利被消除时，国际贸易作为一个经济调适工具的效率会更高，全球经济福利将增长近六倍（Randhir and Hertel，2000）。有学者通过搭建全球生物圈管理模型和农作物环境政策的综合模型对气候变化、国际贸易与饥饿的相互作用机制进行了分析，并对2050年的全球饥饿情况进行了预测，发现在气候变化情境下，开放的国际贸易有助于减少全球饥饿人口（Janssens，2020）。

3.1.3.3　能源消耗与温室气体排放

国际贸易增加了国际范围内的商品交换，使得国际运输业蓬勃发展，增大了经济活动的规模，不可避免地加剧了运输或加工等贸易活动过程中对能源的直接或间接消耗，而大多数国家主要使用以煤炭为主的化石燃料作为能源，这种状况使得国际贸易发展过程中大量化石能源被消耗，进而带来温室气体排放量的快速增加。对印度及西亚的研究（Gumilang et al.，2011）、对印度的研究（Alessandrini el al.，2011）以及对中国的研究（邵庆龙，2015）均发现国际贸易自由化促进了能源消耗总量和强度的增长。国际运输服务需求主要由国际贸易派生而来。按照比较优势理论，贸易自由化使得一些国家专门生产和出口具有比较优势的产品或服务，并从贸易伙伴国进口具有比较劣势的产品和服务，以推动产品或服务从生产国顺利向消费国流动，从而促进运输服务贸易的持续提升。根据国际能源署（International Energy Agency）2022年发布的《2021年全球能源回顾》报告，2020年交通运输部门的石油需求占全球的60%，如果全球交通运输活动全面恢复，那么由石油产生的二氧化碳排放量将会增加1.5%以上。

在大多数情况下，国际商品贸易涉及空运、陆运、海运甚至管道运输等多种运输方式。按价值计算，2021年海运贸易占所有货物贸易价值的49.9%，陆运和其他运输方式占比25.7%，空运则占比24.5%（WTO，2021）。在欧盟，海运占其货物贸易价值的48%，空运占22.5%，陆运和其他运输方式占29.5%[①]；美国的海运占其贸易货物价值的41.88%，空运占27.55%，陆运占22.6%，管道运输占6.23%。[②]近50年前，发展中国家的贸易额在海运贸易，特别是进口贸易中所占比例大幅增加，从1970年的不到18%升至2020年的69%（UNCTAD，2022a）。

根据联合国贸易和发展会议（UN Trade and Development，UNTAD）发布的《2022全球海运发展评述报告》，2020—2021年间，全球海运船队的温室气体排放总量增加了4.7%，其中大部分增幅来自集装箱船、干散货船和普通货船（UNCTAD，2022）。国际海事组织（International Maritime Organization，IMO）2020年发布的《2020年IMO第四次温室气体研究报告》显示，2012—2018年，随着海运需求的不断增长，国际海运碳排放强度下降了约11%，但温室气体排放量从9.77亿吨增加到10.76亿吨（增长10.1%），占全球范围人类活动产生的温室气体排放总量的2.89%。其中，船舶的二氧化碳排放量高达10.56亿吨（相较于2012年增长了9.3%），预计到2050年，二氧化碳排放量将比2018年增长约50%（IMO，2021）。2022年4月，IPCC第六次评估报告第三工作组发布了题为《气候变化2022：缓解气候变化》的报告，指出全球运输业是2019年温室气体排放的第四大来源，按绝对价值计算，该行业排放的温室气体约占总排放量的15%，占全球能源相关二氧化碳排放量的23%（IEA，2020）。按运输模式划分，道路交通运输产生的排放量占据了最大的份额，为69%；紧接着是国际海运，占比9%；再次是空运，占比7%；最后是铁路运输（IPCC，2022）。

虽然国际贸易大部分是通过海运进行的，但近年来航空运输因其快速性和可靠性的特点，在国际贸易运输中扮演着越来越重要的角色。然

---

① 数据来源：https://ec.europa.eu/eurostat/statistics-explained/index.php?title=International_trade_in_goods_by_mode_of_transport#Trade_by_mode_of_transport_in_value_and_quantity，2023年6月15日访问。

② 数据来源：https://www.trade.gov/maritime-services，2023年6月15日访问。

而，国际航空运输协会（International Air Transport Association，IATA）于2023年2月发布的《航空货运市场分析》报告表明，由于全球经济正经历着前所未有的不确定性，一方面，全球空运货物的需求量（吨/千米）有所下降，2022年较2021年下降8.0%；另一方面，全球空运货物的运力（吨/千米）有所增长，2022年较2021年增长3%。除了柴油机动车辆之外，航空是污染程度最高的承载旅客和货物的运输方式，因此在其迅速发展的同时，也对环境造成重要的影响（IATA，2023）。国际民航组织（International Civil Aviation Organization，ICAO）于2016年通过了"国际航空碳抵消和减排计划"（CORSIA），旨在通过采用可持续航空燃料、新型飞机技术以及开发新的零碳能源（如电能和氢能）等方法来减少二氧化碳排放。

在局部区域范围内，各种运输模式的重要性有显著差异。共享陆地边界国家的陆运贸易份额更大。2019年欧盟的陆路运输（不包括管道）大约为2300亿吨/千米，其中，公路运输占比76.3%，铁路运输占比17.6%（Kraciuk et al.，2022）。研究表明，在2014年全球燃料燃烧产生的二氧化碳排放中，交通运输部门占23%，其中道路运输占20%（Santos，2017）。有学者发现陆路运输的碳氧化物排放量远高于海运运输，的研究也证实了这一发现（Nusa and Kodak，2023）。部分区域贸易协定环境评估如北美自由贸易区的评估，已经突出强调了国际贸易中陆路运输导致的温室气体排放量增加。

此外，农业贸易开放也可能会增加温室气体排放。例如，有学者采用全球贸易分析模型（Global Trade Analysis Project）和全球环境综合评估模型（Integrated Model to Assess the Global Environment）评估了消除所有农业贸易壁垒，特别是畜牧部门的贸易壁垒的情况下全球温室气体排放的长期变化（Verburg et al.，2008）。结果发现在基准情景下，相比于2000年，2050年二氧化碳（CO_2）、甲烷（CH_4）和一氧化二氮（N_2O）排放量将分别提高63%、33%和20%。Verburg利用LEITAP-IMAGE模型（Landbouw Economisch Instituut Trade Analysis Project-Integrated Model to Assess the Global Environment）分析发现，与2015年的参考情景相比，农业贸易自由化使得全球温室气体排放增加约6%。有学者以1995—2014年"一带一路"沿线5个区域48个国家的面板数据为样本进行实证分析。研究发现碳排放量会随着沿线国家农产品贸易开放度的提高而不断增加（杨桔与祁春节，2021）。

3.2 气候变化的物理效应对国际贸易的影响

气候变化产生的物理效应会对国际贸易带来影响。首先，气候变化诱发的气象改变（如气温、降水等改变）、生态资源变化（如资源数量、资源质量和资源分布等改变）将会改变一个国家在国际贸易中原本的比较优势，这将对已成型的国际贸易格局产生撼动。其次，随着气候变化而来的极端天气事件增加了跨国运输的风险性，拉高了国际贸易成本。最后，气候变化造成的气象灾害事件的发生频率和强度不断上升，会对劳动生产率、劳动人口流动产生显著的负面效应，对国际贸易的经济效益产生间接影响。

3.2.1 比较优势

比较优势受气候变化影响较大的产业主要是那些依赖于自然环境的产业，如农业和旅游业。

气候变化对农业的影响主要体现在农产品的出口数量、质量和种植成本等方面。低纬度国家和地区的农业生产力可能会因为温度持续上升、降水模式改变等而被削弱，进而导致玉米、小麦、水稻等主要粮食作物的产量下降。2021年IPCC发布的《气候变化2021：自然科学基础》指出，全球气温升高2℃或更高将会减少热带和温带地区的玉米、水稻等农作物的产量（IPCC，2021）。随着复合极端天气事件在全球发生得更加频繁，主要依赖农作物出口的国家和地区将会大大减少其出口量。值得注意的是，气候变暖对于出口的影响并不总是负面的，因为它可能会提高一些高纬度国家和地区的农业生产率。例如，俄罗斯、乌克兰等地区的农作物产量会随着气候变化而增加（Swinnen et al.，2017；Belyaeva and Bokusheva，2018）。同时，由于气温不断升高，农作物病虫害在温带产粮地区呈现频发重发态势，这给低纬度国家的粮食安全带来了更大的风险（Deutsch et al.，2018）。这些重大的转变表明，农业的比较优势因受气候变化的影响，实现从低纬度国家和地区向高纬度国家和地区的转移，从而将对低纬度地区的低收入农业国造成严重的损害。

很多国家将旅游业视为支柱产业之一，凭借海滩、清澈的海洋、温和的气候或充足的降雪等独特自然资源来吸引度假者。然而，随着全球气温的上升，高山雪线和海平面也在不断上升，这将分别对滑雪时间和海滩范围等产生不同程度的负面影响。一些国家的自然资源优势正在被这些情况削弱，国际旅游服务贸易格局也随之发生改变。全球变暖会大幅刺激游客对低温地区或滨海地区的旅游需求，促进英国、德国、爱尔兰等国家的游客流量提升（Hamilton et al., 2005；Coombes and Jones, 2010）。此外，气候变化为北极的旅游业发展创造了新契机。随着全球气候变暖与北极放大效应引发生态环境变化，北极旅游资源开发利用的可行性和可达性显著提高，可能会出现各国合作开发北极旅游资源的情况（Demiroglu and Hall，2020；张丹等，2021），这将引起旅游流向和旅游服务贸易格局的改变。

3.2.2 国际贸易运输

气候变化可能会进一步加剧国际贸易所依赖的供应、运输和分销链的脆弱性（赵玉焕，2010），部分国家的贸易运输成本大幅提高，致使国际贸易发展遭受严重阻碍。IPCC第六次评估报告指出，大幅上升的海平面及更多更严重的风暴已经对港口活动、基础设施和供应链造成影响，大大降低了国际货物和服务运输的可能性，严重影响全球供应链和海上贸易（IPCC，2021）。多年冻土地区的运输路线会受到全球气温上升所带来的不利影响，不仅会缩短冬天道路允许通行的时间，而且易产生滑坡和坍塌等危险，有可能导致冻土地区的运输线中断（崔鹏等，2019）。沿海基础设施和配送设备则容易受到洪水灾害的破坏。通过内陆水道进行的散装货物运输，可能在旱季被迫中段。气候变化对供给、运输和分销链所产生的破坏作用将会推高国际贸易的成本。发展中国家对国际生产链的依赖程度比发达国家更大，更容易受到气候变化带来的不利影响。另外，随着全球气候变暖，北冰洋全年各月海冰厚度和范围不断减少，这使得北极航线成为连接欧洲、亚洲、美洲大陆的一条具有巨大潜力的新航线。据北极科考数据显示，北冰洋冰层融化速度的加快极有可能推动北极航线在2040年或之前完全开通。一旦北极航线通航，国家间的贸易距离将会有效缩短，现有海上贸易格局也将发生改变（邹志强，2014）。

3.2.3 国际贸易经济效益

气候变化将通过影响一个国家和地区的劳动生产率，进而对该国的经济效益产生影响。只有在适宜的气候条件下，劳动者才能达到最高的工作效率。然而不同地区的气候环境各异，因此同样的温度变化幅度对不同地区劳动者生产效率的影响并不相同。例如，有学者发现在21.9℃

至28.5℃的温度范围内,劳动生产率会随着室内温度的提高而下降,而在气温超过25℃的情况下,劳动生产率的下降速度将更加惊人(Niemelä et al.,2002)。有学者通过分析1998—2007年间50万家中国制造工厂的生产数据,发现高温会使工人感到身体不适、疲惫并产生认知障碍,从而降低劳动生产率(Zhang et al.,2018)。气温与全要素生产率之间存在一个倒"U"型关系,当气温超过32℃时,会导致全要素生产率下降0.56%。有学者利用1960—2014年174个国家的面板数据发现,气候变化引起的平均温度变化会通过降低劳动生产率影响一个国家经济的长期发展(Kahn et al.,2021)。也有学者分别以美国和印度为研究对象,也得出了相同结论(Graff and Neidell,2014;Somanathan et al.,2021)。此外,气候变化不仅会引发劳动力在国内不同地区之间的转移,而且可能导致国家间的劳动力流动,从而对国际贸易产生影响。例如,有学者研究发现,在美国,与异常寒冷有关的死亡人数占总死亡人数的1.3%,因此部分劳动者会选择从寒冷的美国东北部迁移到温暖的美国西南部,以延长他们的健康预期寿命(Deschênes and Moretti,2009)。有学者对孟加拉国1994—2010年间的外移人口数量进行了深入研究,并探讨了其与气候变化之间的关系。研究发现,尽管洪水可能对部分劳动力产生适度的迁移效应,但由异常降雨造成的农作物歉收可能会造成大规模的人口迁移(Gray and Mueller,2012)。有学者发现天气变化与142个国家向19个OECD国家的移民流动呈现显著的正向关系(Backhaus et al.,2015)。有学者则发现,气候变化推动了劳动力从低纬度地区向高纬度地区的迁移,并预计在21世纪将会引导6200万名适龄劳动者自愿或被迫进行永久迁移(Burzyński,2019)。

3.3 气候政策与国际贸易规则的冲突与协调

进入新世纪以来,国际贸易体系和气候体系的不同规制领域和目标决定了二者间潜在的冲突性,这在以保护气候为目的的贸易限制政策(如碳关税、能效标准、排放权交易体系等)上表现得尤为明显。随着气候变化形势的日益严峻,全球迫切需要谋求气候体系与贸易体系的协调共赢,防止二者冲突对自由贸易和气候保护造成不利影响,并推动全球可持续发展。

3.3.1 国际贸易体系与气候体系的冲突

3.3.1.1 一般性冲突

国际贸易体系与气候体系的首要冲突来源于政策价值取向上的矛盾。以 UNFCCC 为主导的气候变化政策的核心目标是矫正市场失灵，因此政府期望拥有尽可能大的自主权，以便利用经济手段来影响个体行为。相反，贸易自由化政策的目标在于矫正由政府失灵、重商主义和保护主义等造成的贸易扭曲现象。因此，WTO 出台的政策通常以解除或减少政府管制和干预为主要目的。

就气候体系与贸易体系的基本冲突，有人认为在 WTO 规则下，应平等对待具有相同物理特性的产品，不能仅仅因为产品在出口国的生产方式而对其征税（Sampson，2000）。如果不能合理化基于生产方式的限制，WTO 不会在成员国中设置或实施相应的环境标准。显然，对从排放标准低或不履行碳减排责任的国家进口的产品实施贸易惩罚将挑战 WTO 的基本原则。例如，有学者认为惩罚性关税等边境气候政策与 WTO 的功能定位和理论基础相冲突，因此获得 WTO 规则的认同与支持的难度很大（Cosbey and Tarasofsky，2007）。同样，有学者认为美国和欧盟试图实施的与碳排放相关的边境税收调节（Border Tax Adjustments）本质上是一种实现国内产品税收"贸易中性"的政策（Zhang，2009）。有学者认为缓解或适应气候变化的绿色技术规制可能会与 WTO 规制产生冲突（Kulovesi，2014）。虽然 WTO 对贸易商品的消费税、增值税等一些间接税的边境调节留下了一定的余地和空间，但针对碳排放实施的边境调节税是否能够与 WTO 法规相容仍然存在疑问。在 WTO、UNFCCC 或其他国际、区域及双边合作中，各国政府都可以直接影响 WTO 相关规定的应用和解释。因此，那些并非为了达到减排目标而只是以迫使非《京都议定书》缔约国加入协议为目的的措施可能与 WTO 的规则不相容。例如，有学者探讨了欧盟 2009/29/EC 指令中提出的排放许可免费分配（或称"碳公平体系"）与《1994 年关税与贸易总协定》的相符性[①]，认为 WTO 法规并不认为保护

---

① 欧盟 2009/29/EC 指令，又称《改进和扩大欧盟温室气体排放配额交易机制指令》，是对 2003/87/EC 指令的修订。该指令对欧盟排放交易体系（European Union Emission Trading Scheme，EU—ETS）中减排范围、碳配额发放制度、许可制度、履约机制、碳报告与核查机制等事项作出了具体规定，旨在提高和扩展欧盟的排放权交易体系。

国内生产者免于国外竞争是一个合法的政策目标（Ahner，2009）。有学者指出欧盟碳关税与现有WTO规则要求存在冲突（许骞，2022）。欧盟规定在征收碳关税时，需针对不同国家或同类产品采取不同的税率和征收方式，这与WTO规制中的最惠国待遇原则与国民待遇原则相背离。

同时，UNFCCC也没有为国际贸易专门设置相关的环境政策。《京都议定书》则规定应对气候变化的措施不能构成"对国际贸易的变相限制"，缔约国的政策实施须"最小化国际贸易的不良效应"。有学者分析了WTO法规会在多大程度上限制各国通过国内管制措施，如碳排放标准、碳标签、自愿性协议及排放权交易计划等提升应对气候变化的能力，包括WTO对于国内管制的程序限制和与科学证据有关的要求，以及国内管制措施可能与GATT的"国民待遇条款"及《技术性贸易壁垒协定》下的"必要性"或"最小限制性手段"（Least Restrictive Means）等问题的冲突，认为WTO法规为成员国提供了一定的应对气候变化的空间，但也的确限制国内的管制措施（Green，2005）。如果UNFCCC等气候协议的条款设计不当，就可能会与WTO规则相悖。例如，有学者指出，中国作为UNFCCC成员国，为认真履行减排义务，制定和实施了发展风能的气候政策，促进能源部门温室气体排放量的下降。然而，美国等国家则指出中国针对风力发电采取的补贴措施与WTO规则相冲突，并诉诸WTO争端解决机制。这一例子论证了UNFCCC的义务规则与WTO规则之间存在的隐性冲突。根据相关学者的研究，多边环境协定中的措施具有保护本国环境、保护他国环境、保护全球环境等不同的目的。然而，这些公约中的单边措施，无论其目的如何，都可能明显违背WTO规则的基本原则和相关协议（戴瑜，2021）。

此外，虽然WTO与UNFCCC都有关于环境与贸易的条款，但很多条款都具有较强的模糊性，这也导致了WTO与UNFCCC间的冲突。一方面，UNFCCC第三条第5款虽然强调贸易领域的单边措施不应成为国际贸易中的任意或无理的歧视手段或变相的贸易限制，但并未明确这些单边措施的适用条件以及与减排相关的贸易措施；另一方面，WTO的很多环境条款同样存在很大的模糊性，例如，GATT第二十条（b）款"为保护人类、动物或植物的生命或健康所必需的措施……"和（g）款"与保护可用竭的自然资源有关的措施，如此类措施与限制国内产品或消费一同实施……"，其中"所必需的""可用竭的自然资源"等模糊概念的解释可能存在不确定性。这样一来，不仅在判定某项具体环境政策是否符合这些条款时会存在困难，而且很难在裁决争端案件时形成一个统一的概念解释（Henckels，2016）。

对于气候政策制定者来说，一个最基本的问题是如何界定WTO规则在气候政策中的作用。由于WTO规则自身存在的缺漏、环境条款的模糊性，以及立法机构相对弱势（孙嘉珣，2022），WTO在判定环境政策是否符合其环境条款时存在困难，不利于政策条款的实际操作，容易导致气候体系与贸易体系间潜在冲突的增大。有学者认为WTO规则中仍存在歧视性的问题，当判断一项措施达成减缓气候变化的目的时是否采用了与GATT第二十条相一致的方式，如何以及在多大程度上在GATT第二十条的框架内考量这些议题，依然是一个没有解决的问题（Tarasofsky，2008）。其次，WTO的法律体系并不属于普通法体系，不包含也没有遵循先例的原则和惯例（Gao，2018）。例如，一直存在鼓励消费者购买本地产品以减少运输碳排放的倡议，但是如果这些产品是最不发达国家的重要出口产品，那么该如何处理？如果实际减少的碳排放量并不大，而对国际市场的伤害却是显著的，又该如何处理？对于这些问题，WTO目前还不具有相关的支持机构或制度予以解决。但是，WTO的规则和程序对于气候政策是否达到预期结果有着深刻的影响。

隐藏在气候体系与贸易体系冲突背后的是发达国家与发展中国家之间利益诉求的本质分歧。发达国家希望与气候变化有关贸易措施的实施能够迫使发展中国家提高环境保护标准，甚至服务贸易保护主义；发展中国家则认为发达国家的举动是在制造和抬高贸易壁垒，这将严重损害发展中国家作为出口方的利益。有学者参考《蒙特利尔协议》，认为多边环境协议中的贸易措施只有与有效的财政政策和技术转移机制相结合才能正常运行，而UNFCCC和《京都议定书》及其财政机制共同保证的资金水平远不足以满足发展中国家削减排放和适应气候变化的需要，因此发展中国家很难同意后京都气候体系中相关的贸易措施。有学者认为气候体系与贸易体系的冲突可能会将气候变化相关议题置于传统的WTO争端解决机制中，而此类裁决会为发展中国家带来更多障碍，导致其发展成本不断增加，最终影响其利益的有效维护（Keane et al.，2009）。有学者指出中国等发展中国家的出口受到发达国家反倾销、反补贴及技术性贸易壁垒的不利影响，而WTO规则对发展中国家贸易出口的保护力度不足，不利于发展中国家在碳减排方面做出更加积极的行动（Whalley，2009）。有学者指出随着国际经济局势的变化，发展中国家和发达国家之间经济发展差距缩小，引起了发达国家的焦虑和不满，并提出了希望通过改革WTO现行规则取消对发展中国家优惠待遇的提议，这将会导致 WTO 内部成员之间的矛盾变得不可调和（李双双与卢锋，2021）。因此，需准确认识到摆脱贫困是发展中国家需要解决的首要问题。囿于气候变化发展阶段，构建一个符合现实情况并与 WTO 规则相适应的国际气候体系至关重要。

3.3.1.2 边境调节税

边境调节税一直被视为缓解与适应气候变化及其贸易影响的一种手段。税务专家认为，边境调节税是在政府财政政策中实施"目的地原则"的一种手段。根据这一原则，商品征税的环节应对发生在消费国。边境调节税的总体经济目标是通过确保产品的内部税收是"贸易中立的"，来调整纳税的国内产业和未纳税的外国竞争对手之间的竞争环境。根据 GATT 第二条中关于关税减免及关税的规定，进口产品的"边境税"和"边境调节税"存在差异。"边境税"是对进口货物征收的税（或关税），而"边境调节税"是指进口产品在其本国被征收的税需要与"类似"的进口国产品被征收的税对等。根据 GATT 关于边境调节税的工作组 1970 年的报告，边境税收调节包括两种情况：一是对进口产品征收与国内相似产品相同的税款；二是在产品出口时偿还部分国内税收。

(1) 进口产品的边境调节税

进口产品的边境调节税是排放权交易制度、碳税等碳减排机制的拓展，其目的是使进口产品承受与国内产品等同的成本，其中对进口产品征收碳关税、要求购买排放许可证等在此类措施中表现得最为典型（黄志雄，2010）。另外，研究者们还探讨了针对进口商品的反补贴税（"事实补贴"）或反倾销税（"环保倾销"）等限制措施是否有实施的可能性。一些学者认为这些措施不涉及利益，因为没有实施气候政策所节约的成本是可以抵消的潜在的排放补贴（Stiglitz，2006）。然而，另一些学者认为，在 WTO 规则中，要确定一国气候立法是否为"补贴"或"倾销"是十分困难的（Bhagwati and Mavroidis，2007）。此外，对某些国际运输手段征税是边境措施的另一种类型。这种措施旨在推动贸易运输内化其交通工具成本，以更准确地刻画边境措施对维持社会秩序和保护生态环境的实际作用效果，并进一步推动对基于"污染者（使用者）付费"原则的道路基础设施进行征税。

目前，最为典型的边境调节税是"碳关税"，是指发达国家为了减轻先行减排带来的碳泄漏以及保护本国的贸易竞争力和就业，而提出的针对高耗能的进口产品特别征收的碳排放税（Bhagwati and Mavroidis，2007；许英明与李晓依，2021）。碳关税大致可以分为两种类型：一种是本国的碳排放权交易制度应用到进口产品上；另一种则是将国内的碳税直接应用于进口产品。碳关税一经提出，其合法性与有效性就引起了国际社会的广泛关注。

首先是合法性问题。自提出以来，碳关税的合法性问题就一直受到学者和政策制定者的广泛关注，但目前尚未达成一致意见。一方面，支持者认可碳关税合法性的主要理由是：碳关税能够有效解决碳泄漏问题，同时也能消除因征收碳税导致的国内产品劣势，实现公平贸易。例如，有学者的研究聚焦于以能源税的形式实施的边境调节税措施，阐述了该边境调节税解决碳泄漏问题的有效性以及与WTO相关规则的相容性，认为特定能源税的边境调节税具有合法性（Biermann and Brohm，2004）。有学者分析了欧洲和美国制定碳关税的提议，特别是2008年《利伯曼－华纳气候安全法案》，认为只有实施了碳关税，美国和其他国家企业的公平竞争才能实现，并能有效遏制"搭便车"行为，推动全球范围的温室气体减排，故碳关税在WTO框架下具有合法性（Veel，2009）。部分学者也指出边境调节税中的碳定价是应对气候变化的重要工具，能有效应对经济竞争力降低以及碳泄漏等问题，具有合法性（Rocchi et al.，2018）。另一方面，反对者认为碳关税不仅是一种新的绿色贸易壁垒，影响全球贸易秩序，而且还违反了WTO的基本原则，因此不具有合法性。例如，有学者分析认为欧盟的边境调节税与当前国际贸易制度和国际气候制度中的"共同但有区别的责任"原则不相符合，因此缺乏合法性和合理性（谢来辉，2008）。有学者认为碳关税是一种贸易保护手段，实质上是"新瓶装旧酒"，与20世纪60年代欧共体征收的边境调节税本质上相同（Lockwood and Whalley，2010）。有学者指出，碳关税会面临多重税收问题，在一定程度上影响国际贸易秩序（Zhang et al.，2017）。此外，还有一些研究认为碳关税的合法性依赖于具体情况（Bhagwati and Mavroidis，2007；金慧华，2009；Moore，2011）。

虽然在学术界存在着对碳关税合法性问题的争议，但WTO前总干事拉米在接受《费加罗报》采访时曾表示"WTO就碳关税问题目前既没有开绿灯也不是亮红灯"[①]。政策工具的合法性来源于遵守既定规则。因此，碳关税的合法性主要取决于其是否符合 WTO 的法律框架。

GATT 详细规定了边境调节税的范畴和实施细则。根据 GATT 第二条第 2 款（a）项的规定，对与国内产品相类似的进口产品征收边境调节税是被允许的。具体又分两种情况。前者是指对与国内的家用燃料"类似的"进口燃料征收的费用；后者是指对特定进口产品生产中的能源投入和燃料使用征收的费用。然而就第二种情况下，在多大程度上可以认为"进口产品已全部或部分生产"？一些研究者建议将 GATT 第二条的适用条件限制为实质投入或成为最终产品的组成部分，这样将最大程度地压缩对产品生产过程中使用的能源或化石燃料进行税收调节的空间（Cendra，2006）。

GATT 第三条第 2 款只允许对"直接或间接类似于国内产品"的进口产品实施边境税收调节。有学者认为"间接"一词可解释为允许对特定产品生产过程中投入的成本或税收进行边境税收调节。这就是说，对生产过程中使用的能源、燃料或排放的二氧化碳进行征税都是间接税收的体现（Biermann and Brohm，2004）。有学者认为，碳税和能源税是一种特殊类型的间接税，并且属于"隐性税收"（Lodefalk and Storey，2005）。1970 年 GATT 关于边境调节税的工作组将"广告、能源、机械和运输"税归在此类下。目前研究者们对于"隐性税收"调整的适用条件持不同意见。一些研究者认为 GATT 工作组所定义的"隐性税收"在《补贴与反补贴措施协议》（Agreement on Subsidies and Countervailing Measures，SCM Agreement，以下简称"SCM 协定"）中已得到确认，SCM 协定允许对不超过国内类似产品"生产和分销"相关的间接税进行边境税收调整，其中可能包括运输税（Hoerner and Müller，1996）。

碳关税是否符合 GATT 第二十条基于环境保护的"一般例外"条款是判断其合法性成立与否的一个关键依据。一方面，应先检验碳关税是否满足 GATT 第二十条下的具体条款。由于碳关税与人类、动植物生命健康和环境保护密切相关（董京波，2022），GATT 第二十条（b）款和（g）款被普遍认为是审查碳关税合法性的主要条款。其中（b）款要求"为保护人类、动植物的生命或健康所必需的措施"。"欧盟石棉案""巴

[①] 中国气象报社. 拉米表示世贸组织尚未向碳关税开绿灯. （2009-09-15）[2023-06-27］. https://www.cma.gov.cn/2011xwzx/2011xqhbh/2011xdtxx/201110/t20111029_142740.html.

西翻新轮胎案"等作为援引该条款成功的案例[①][②]，为论证碳关税合法性提供了参考。因此，援引 GATT 第二十条（b）款论证碳关税需从为达到"保护人类、动植物的生命或健康"的目的以及是实现相关目标"所必需"的措施两方面来证明其合法性。例如，有学者以新西兰是否可以单边限制不可持续生产的进口生物燃料为例，探讨了单边贸易措施与 WTO 规则的一致性可能（Puddle，2007）。研究认为，如果新西兰以保护气候体系为必要措施的理由援引 GATT 第二十条（b）款，其争辩成功率会更高。另外，(g)款规定"与国内限制生产与消费的措施相配合，为有效保护可能用竭的天然资源的有关措施"。早期的"海龟/海虾案"中 WTO 专家组就条款中涉及的"天然资源""可能用竭"等概念进行了解释[③]，且美国汽油案作

---

① 石棉含有可致癌的有害物质，可能对人体健康构成威胁。为保护工人和消费者的健康，法国政府于 1996 年 12 月颁布了第 96-1133 号法令，并于 1997 年 1 月 1 日正式生效。该法令要求禁止生产、加工、进口、运输和销售任何石棉纤维和含石棉纤维的产品。同时，对于缺乏可替代品并能够证明有安全技术保障的含有石棉的材料、产品及设备等做出了例外规定。这一举措对世界第二大石棉生产国和第一大出口国加拿大造成了巨大压力。加拿大认为该法令因改变了法国产石棉和进口石棉间的竞争条件，是一项贸易限制措施，严重违反了《贸易技术壁垒协议》第二条、《动植物卫生检疫措施协议》第二条和第五条以及 GATT 第三条和第十一条的规定。而法国则引用 GATT 第二十条证明该法令是为保护工人和消费者健康的必需措施，具有合法性。由于多次与欧盟协商未果，加拿大最终向 WTO 提起诉讼。参见 EC-Measures Affecting Asbestos and Asbestos-Containing Products，WT/DS135/AB/R，2002-9-18. https://www.wto.org/english//tratop_e/dispu_e/135r_a_e.pdf.

② 巴西政府认为废旧轮胎在燃烧时会释放有毒的化学气体，易引起蚊虫滋生并造成疾病传播，对人类的生命健康构成威胁。为保护环境和公众健康，巴西政府于 2000 年下令禁止签发翻新轮胎的进口许可证。同时，对于进口轮胎在国内的销售、运输、存储和保管处以每单位 400 雷亚尔的罚金。该措施对欧盟及其他出口国的翻新轮胎生产厂商造成了严重影响。欧盟质疑巴西限制向其进口翻新轮胎的措施是为保护巴西国内轮胎翻新行业，违反了 GATT 第一条第 1 款、第三条第 4 款、第六条第 1 款以及第八条第 1 款的规定。而巴西则援引了 GATT 第二十条（b）款寻求其措施的合法性。鉴于两国间在此事件上的分歧，欧盟最终向 WTO 提出了申诉。参见 Brazil- Measures Affecting Imports of Retreaded Tyres，WT/DS332/AB/R，2007-12-3. https://www.wto.org/english/tratop_e/dispu_e/332abr_e.pdf.

③ 为避免拖网虾船在规定地域捕虾时意外伤害海龟，美国政府于 1973 年制定了《濒危物种法》，要求所有拖网虾船使用批准的海龟驱逐装备，以保证海龟的生存。随后，美国在 1989 年增设了《濒危物种法》第 609 条款，规定所有未安装海龟驱逐装备的拖网捕虾渔船所捕获的海虾及其产品均被禁止进入美国市场。这一规定对印度、巴基斯坦、马来西亚和泰国对美国海虾出口贸易造成了严重影响。这四个国家先后与美国协商无果后，联合向 WTO 提出申诉，指控美国的禁令严重违反了 GATT 第一条、第十一条和第十三条。参见 United States - Import Prohibition of Certain Shrimp and Shrimp Products，WT/DS58/RW，2001-6-15. https://www.wto.org/english/tratop_e//dispu_e/58rw_e.pdf.

为第一起援引GATT第二十条（g）款的成功案例①，为条款的要求作出了更宽泛的解释。据此，想要成功援引（g）款论证碳关税合法性需满足"必须是会被用尽的天然资源"的对象、"为了养护可能用竭资源"的目的以及"与限制国内生产或消费的措施一同实施"的要求。部分学者认为碳关税符合GATT第二十条（g）款的规定范围，因为碳关税作为减少二氧化碳排放的政策，其保护对象是"未受二氧化碳污染的大气"（Brink，2010），且能够通过防止化石燃料的用尽、助力发展中国家实现"脱碳"目标（Hillman，2013）、减少温室气体排放浓度等途径，以达到保护环境的目标。另一方面，在判断碳关税满足某一具体条例的基础上，还需审查碳关税是否符合GATT第二十条前言的规定。在美国汽油案中，委内瑞拉就美国对其进口汽油实施美国的《汽油与汽油添加剂规则——改良汽油与普通气候标准》限制上诉至WTO，经调查取证后，上诉机构认定美国的做法符合GATT第二十条（g）款，但并不能够满足GATT第二十条前言，因此不予支持。可见，前言在防止例外条款滥用方面发挥了不可替代的约束作用，分析一项边境调节税是否符合WTO规定时需重视其与前言规定的相容性。

碳关税是否遵循WTO/GATT规则中的非歧视待遇原则，包括国民待遇原则和最惠国待遇原则，也是论证其合法性的重要凭据。一方面，根据GATT第三条的规定，成员国在本国产品和外国同类产品之间不应存在歧视。因此当气候变化监管措施对国内和国外生产者的效力不同时，国民待遇原则就尤为重要。GATT第三条第2款涉及的进口税收或费用需要直接或间接适用于国内的相似产品。如前所述，这里的关键问题是对生产过程中释放的二氧化碳所征收的税费是否应被视为产品的间接税。

---

① 根据1990年修订的《清洁空气法案》，美国环境保护局于1993年12月15日发布了《汽油与汽油添加剂规则——改良汽油与普通汽油标准》（即《汽油规则》），要求所有在美国销售汽油的炼油厂必须生产符合新清洁度标准的汽油。《汽油规则》还设定了两种不同基准来衡量国内外炼油厂汽油清洁度：一种是对于1990年经营6个月以上的国内炼油厂必须满足企业单独基准，该基准将国内炼油厂生产的汽油清洁度与1990年炼油厂本身生产的汽油清洁度进行比较；另一种是对于1990年经营不足6个月的国内炼油厂及国外炼油厂必须达到法定基准，该基准是基于1990年美国所售汽油的清洁度标准。这一规则对委内瑞拉、巴西对美国的汽油出口贸易造成了严重影响，两国指出美国的汽油规则严重违反了GATT第一条第3款、第三条第4款和TBT第二条，并分别于1995年1月24日和1995年4月10日向WTO提出申诉。而美国则解释汽油规则的实施是为了保护可耗竭的环境，减少汽油燃烧后对大气的污染，因此符合GATT第二十条（g）款的例外规定。参见United States – Standards for Reformulated and Conventional Gasoline，WT/DS2/AB/R，1996-4-29. https://docs.wto.org/dol2fe/Pages/SS/directdoc.aspx?filename=Q:/WT/DS/2ABR.pdf&Open=True.

如果对进口产品征收的税费与GATT第三条第2款的规定相一致，则不应对国内类似产品过量征税。此外，根据GATT第三条第2款的第二句和附注，"直接竞争的或可替代性的"进口产品和国内产品应征收类似税费，以避免保护国内生产。然而，多数学者现认为碳关税与国民待遇原则的要求相违背。例如，有学者的研究表明，碳关税政策违背了WTO的国民待遇原则，因为其可能会给机械制造业和中国国内就业带来较大冲击（沈可挺与李钢，2010）。也有学者则强调在美国碳关税制度下，美国进口产品的待遇要远远低于国内产品，这违反了国民待遇原则（朱鹏飞，2011）。有学者同样认为，碳关税根据同类产品设置不同的差别税率，违反了国民待遇原则（高萍与林菲，2022）。

另一方面，根据最惠国待遇原则，WTO成员不得歧视来自不同贸易伙伴的相似产品。GATT第一条第1款规定，对于进出口产品所具备的"优惠、特权或豁免待遇"，应当无条件地赋予所有进出口其他缔约方的相同产品。本条款的适用范围还包括GATT第三条第2款和第4款所述的所有事项。此外，其他的WTO协定，包括《服务与贸易总协定》第二条和《技术性贸易壁垒协定》第二条等，也都包含了最惠国条款。而就当前研究成果来看，碳关税与最惠国待遇原则不可兼容。例如，有学者指出碳边境调节税是一种典型的生产过程和加工标准（Processing & Product Method，PPM）环境贸易措施，其特点是针对不同WTO成员或同类进口产品采取不同的碳排放征收方式，这使得碳边境调节措施与最惠国待遇原则发生冲突（黄志雄，2010）。有学者以欧盟碳边境调节税为例，认为其对无法充分确定实际碳排放强度的企业采取的征收方式，如针对不同国家的不同行业采取不同的碳排放值，或者采用欧盟同行业中排放水平最高的10%的企业平均排放强度等的做法，明显违背了WTO的最惠国待遇原则（刘斌与赵飞，2021）。有学者也指出，由于不同国家之间生产方式存在较大差异，对碳关税征收额度自然会有很大的区别，因此势必会直接与最惠国待遇原则相冲突（李鑫等，2023）。

对于GATT第一条和第三条所规定的非歧视原则在国际贸易中的适用性，一个须重点关注和解决的核心问题是如何准确界定国内产品和进口产品之间的"相似性"。当国内产品和进口产品被视为"相似"时，针对这两类产品的政策就必须遵循国民待遇原则和最惠国待遇原则。在实践中，一些争端解决案件已对界定"相似性"的问题进行了处理。正如上诉机构在欧盟石棉案中所明确指出的那样，他们主要根据相关产品可能共同具备的四类"特征"来判定产品之间是否构成实质性相似：一是产品的物理性质；二是产品最终用途的相似程度；三是消费者认为这些产品能够替代其他产品实现特定功能和满足特定需求的程度；四是关税产品的国际分类。不过，上诉机构也指出，这四个标准仅仅是用于协助分类和审查相关证据的工具，而不是确定产品法律特征的标准清单。另外，在气候变化措施中应用上述四个标准仍然存在一个问题，即当产品的物理特性相同但生产方式不同时，产品是否应被视为"不相似"，依据该标准无法断定。

最后，若将碳关税作为一种软约束，则欲采取此类措施的国家必须保证它们不与 GATT 的最惠国待遇原则相违背，而且此类措施可能会导致一个国家刻意增加排放以获取政策优惠。若将碳关税作为硬性政策，则必须使其严厉到一定程度以保证有效性，但这样的严厉性又将会导致其很可能违反 WTO 法规并很难符合 GATT 第二十条的规定。因此，无论是单边还是多边贸易措施在合法性上都面临着很大的不确定性和困难。

在有效性问题上，一部分研究者认为碳关税能够通过贸易流将碳定价转移至当前仍拒绝实施任何减排政策的地区，有助于缓解不对称减排带来的碳泄漏、保护国内高耗能企业的国际竞争力、提升全球效率和增加社会福利（Gros et al., 2010）。例如，有学者采用多区域和多部门的 CGE 模型模拟发现边境调节税能够有效处理和解决单边气候政策的竞争力和碳泄漏等问题（Ghosh et al., 2012）。有学者认为碳关税能够有效缓解跨国碳价差异所造成的扭曲现象，有利于达到帕累托最优（Michael and Christos, 2014）。

而其他研究者则认为碳关税的减排效果甚微，而且可能会造成新的贸易壁垒，给各国国内经济和国际贸易带来难以估量的风险与损失。

第一，碳关税会给企业带来额外的成本，削弱企业的国际竞争力，进而不利于企业生产水平的提高和投资决策的实施。波士顿咨询公司 2021 年发布《欧盟碳关税如何颠覆世界贸易》的分析报告，指出碳关税可能会对一些重点行业的利润造成高达 40% 的损失，同时，也可能将由生产成本增加带来的不利影响扩散至整个产业链上的企业。一方面，碳关税形成的绿色壁垒影响新建企业的选址策略和现有企业的绿色转型，进而可能会增加企业的生产成本和经营成本，压缩经营收入和利润空间；另一方面，在碳关税的影响下，清洁技术能力相对不足的企业由于难以承担减排责任将在全球市场中的竞争优势逐渐弱化。

第二，碳关税会对发展中国家的社会经济发展造成阻碍，不利于激励发展中国家参与到国际减排合作中，甚至会引发其对国际气候治理的抵触。虽然碳关税从名义上来说是减少碳泄漏、提高产品国际竞争力的政策工具，但在实践中容易变成一种恶性竞争的工具，演变为发达国家依靠先发优势向后发国家转移碳减排成本的手段，对发展中国家的出口、福利、就业等社会经济发展的主要方面产生显著的负面影响（Böhringer et al.，2018）。例如，清华大学和德国智库阿德菲（adelphi）2021年联合发布《欧盟碳边境调节机制与中国：政策设计选择、潜在应对措施及可能影响》，指出欧盟的碳边境调节机制将对中国对欧盟出口产生较大的影响，影响程度取决于碳关税的具体设计。根据世界银行的研究报告，一旦边境调节税在全球范围内普遍推行，在国际市场上，"中国制造"面临的平均关税水平将达到26%，将使中国的出口产品的价格竞争优势受到影响，出口量因此可能下滑21%。有学者指出如果碳关税税率设定为每吨二氧化碳当量50美元，中国对欧盟的出口额将比2011年降低接近22%，其中，水泥、化工橡胶、钢铁、矿产品开采与生产等行业的出口受影响较大（Helm et al.，2012）。有学者通过模拟发现欧美的碳关税政策将会使中国的国民收入降低，且不利于中国碳排放效率的提升（Bao et al.，2013）。有学者利用中美两国的贸易和关税数据研究，发现在30/60美元碳关税税率情境下，中国对美国出口在短期内将下降1.38%～6.44%，从长期来看，这种冲击将会有所加剧，出口会下降8.69%～40.54%（王有鑫，2013）。根据"绿色创新发展中心"预测，如果欧盟按照50欧元每吨二氧化碳当量的标准设定边境调节税，那么首当其冲的就是中国钢铁和铝行业，将分别面临11%～12%和29%～33%的碳关税税率。有学者以医疗器械等14个部门为例，研究发现在税率为25欧元每吨二氧化碳当量时，中国的出口贸易损失将达到6.8%～11.6%（Kuusi et al.，2020）。由于大多数发展中国家并没有参与碳关税的制定和谈判过程中，在面对自身利益受损和承担减排责任的双重经济风险下，其往往会做出拒绝合作或者抵制的抉择。此外，有学者认为气候政策措施，如碳关税和清洁能源补贴等，可能会显著降低长期化石能源的价格（Sinn，2007）。然而，如果资源所有者事先预见到未来的化石能源价格将持续走低，他们可能会基于自身利益最大化的考量，加快开采和销售化石能源的速度，短期内会加剧碳排放和环境污染。

第三，碳关税可能会加剧全球贸易摩擦，致使相关国际合作陷入僵局，无益于全球可持续发展。英国石油公司发布的《世界能源统计年鉴》（第70版）显示，2020年，亚太地区的碳排放量在全球总排放量中所占比例高达52%，相比之下，欧洲和北美地区的碳排放量占比仅为

27.7%。各国之间碳排放量存在的明显差异致使碳关税被认为是一种贸易保护主义的做法，会大大增加国家间的贸易摩擦。碳关税使用发达国家现行的碳标准作为衡量尺度，评估发展中国家在碳减排工作方面所取得的实际效果。然而，这种做法在某种程度上无视了不同国家"处于不同的历史发展阶段"这一事实，在发达国家和发展中国家之间人为制造"气候剪刀差"，导致发展中国家的社会福利降低，并影响国际贸易的正常发展，由此导致双边或多边贸易摩擦日益增多（林伯强与李爱军，2012）。欧盟的碳关税计划就遭到了委内瑞拉、俄罗斯、土耳其及中国等国家的明确反对（王谋等，2021）。有学者以中国为例，指出碳关税的实施可能导致中国的高碳成业成为主要的受攻击对象，这是因为碳关税的出台可能会带来征收数量、征收品类和征收区域确定等问题上的示范效应与扩散效应，引发前所未见的贸易摩擦（黄晓凤，2010）。有学者采用一般均衡模型分析发现，在欧盟对经济、就业和技术产品的进口设立碳关税后，其主要贸易伙伴包括中国、美国和印度等会遭受 4 亿美元至 14 亿美元的出口损失（Fouré et al.，2016）。因此，欧盟碳关税极有可能招致贸易伙伴的报复性措施，加剧国家间的贸易摩擦。有学者则认为发达国家单边征收碳关税不仅不能解决碳泄漏和竞争力问题，而且还会导致各国的碳排放量上升，进一步提高碳泄漏率，最终阻碍贸易自由化的实现（杨曦与彭水军，2017）。

第四，边境调节税的实施存在许多实际困难，特别是评估产品的碳排放和碳价的波动。评估产品碳排放的困难主要是生产过程中的温室气体排放可能会因产品、公司和国家的差异而不同。产品的碳强度取决于所使用的燃料数量和类型以及来源、产品的实际生产过程、生产过程中的能量转化效率等。如果这些要素在最终产品中不可识别，那么仅仅在边境检查产品将不可能计算税费，需用通过替代方法来评估进口产品（Genasci，2008）。目前，以下两种方法受到普遍关注。一是进口国要求进口产品附带生产过程等方面的某种认证或标签。但是，这种方法也存在许多实际问题。例如，如何评估特定产品生产过程中的碳排放量以及生产者可能不愿意披露有关产品的资料（Ismer and Neuhoff，2004）。在这个问题上，1998 年的奥托昆普公司（Outokumpu）案例经常被用作参考。在该案例中，芬兰政府拟根据进口电力的生产方式对其征收不同比率的税费。由于进口电力进入分销网络后就难以确定它是如何产生的，因此芬兰对进口电力征收的税率接近国内的平均税率。电力进口商奥托昆普公司则认为该税率违反了禁止直接或间接歧视进口产品的欧盟协议。

欧洲法院对该说法给予了肯定，认为芬兰法律并没有给予进口商机会。法院还认为如果税收差额是基于客观标准并适用于国内和国外产品，那么成员国可能会对相同或类似产品征收不同的税费。二是进口贸易的征税假定按照进口国的情况确立，进口产品的生产遵循进口国采用的主要生产方法和最佳可用技术来完成。所选择的"最佳可用技术"应该具有一定的世界市场份额。为确保可信度，应当委托具备获取相关行业必须信息能力的独立机构来制定最佳可用技术标准（Ismer and Neuhoff, 2004）。碳价的波动、不同行业和企业的配额和补贴的差异导致建立边境税收调节基准十分困难。此外，还可能会出现的困难是进口产品在原产地已经受到其他气候政策的约束，如技术规则和燃料效率标准等，而这些约束的成本是难以评估的。

最后，碳关税对减少碳泄漏的有效性仍然存在较大争议。大量研究均表明碳关税在避免碳泄漏和维持发达国家的国际竞争力中的作用十分有限（Peterson and Schleich, 2007；Weber and Peters, 2009；Dong and Whalley, 2011；Antimiani et al., 2013）。此外，当国外收入指数、相对价格指数及汇率指标发生变化时，国内产品出口需求的价格弹性也会随之发生相应变化。因此，从一个较长远的视角来看，碳关税将如何影响进出口贸易和社会福利还是一个有待回答的问题。因此，碳关税并不能解决发达国家担心的所谓"竞争力损失"问题。

（2）出口产品的边境调节税

出口产品的边境调节税是促进出口的重要贸易政策工具，是指出口国退还或减免出口产品已缴纳的部分或全部增值税和消费税等碳成本，旨在降低出口产品的成本和价格（Mah, 2007），增强其在国际市场上的竞争力，以避免出口产品运到目的地国家时遭遇双重征税的问题（Cosbey et al., 2019）。需要注意的是，尽管GATT允许对进口和出口产品的税收进行边境调节，但出口产品碳税的调节仍然是一个悬而未决的法律问题。这主要是因为对碳税是属于直接税（指对生产要素征收的税，如所得税）还是间接税（指对消费征收的税，如增值税）存在较大分歧。根据1970年GATT边境调节税工作组的指导意见，如果将碳税视为直接税，则在出口时进行调节将构成出口补贴而这是GATT所禁止的；但如果将其视为间接税，则此类调节是合法的。但该工作组无法就某些税种的分类达成共识，包括对生产过程中输入物品（如机器、广告或能源）征收的税。因此，碳关税可能属于这方面法律的灰色地带。

也有部分学者明确指出碳税不属于直接税范畴。根据 SCM 协定，直接税被定义为"对工资、利润、利息、租金、版税以及其他形式的收入征税，以及对不动产所有权征税"的税种，而间接税被定义为"销售税、消费税、营业额税、增值税、特许税、印花税、转让税、库存税和设备税，边境税以及除直接税和进口收费之外"的所有税种。出口产品的边境调节碳税的规范对象主要是生产过程中消耗的化石能源所排放的二氧化碳。那么，根据上述定义，碳税不是直接税，而是一种间接税，是可以进行调节的。出口产品的边境调节税一经 WTO 规则允许，许多国家便采取了该手段（Cadot et al.，2003；Lahiri and Nasim，2006；Ayob and Freixanet，2014），其合法性与有效性同样也引起了国际社会的广泛关注。

在合法性方面，WTO 成员国在执行碳税时可能会涉及补贴与反补贴问题。如果一个国家在实施碳税的过程中对某些出口产品减免或免除税款，那么这可能会被视为对该出口产品的企业或行业的补贴。政府放弃应收税款的举动可能会使企业和行业受益，构成可诉补贴，因此这一举动可能会被视作政府对企业或行业进行的财政资助。总的来说，免除出口产品的国内税。

第一，出口产品的边境调节税与 GATT 规则。根据 GATT 第六条第 4 款规定，任何缔约方领土上生产的产品，当进口到其他缔约方领土时，不得因为该产品在原产国或输出国用于消费时所须完纳的税捐或因这种税捐已经退税，而对它征收反倾销或反补贴税。换句话说，用于国内消费的产品，可能还需要缴纳增值税或消费税等国内税，然而，如果这类产品在出口时已获得此类国内税的减免或退还，那么进口国不能找任何理由或借口对该产品征收反倾销或反补贴税。有很多案例援引该条例，其中一起成功援引的典型案例是 1977 年日本向 GATT 提出申诉，要求解决美国中止海关清关的问题。经审查后，上诉机构指出日本政府免除出口产品国内消费税的做法完全符合 GATT 第六条第 4 款的规定，因此日本的申诉解释原因和实践做法都是合法的（朱榄叶，1995）。而在"欧共体管道配件案"中，巴西主张欧共体的措施违反 GATT 第六条第 4 款，经专家组综合审理后，认为欧共体的资金偿还并没有被证明为内部税，因此不支持巴西的主张。

另外，GATT 第十六条第 1 款也针对出口产品的边境调节税作了一般规定，任何缔约方在给予或者维持任何形式的补贴（包括收入、价格支持等）时，都应当通过书面的方式告知其他缔约方有关这项补贴的必要性、性质和实施范畴等信息,并且说明补贴对于输出、输入的产品数据可能产生的影响,只要该项补贴会通过直接或者间接的方式增加从其领土出口的某种商品(或者减少其领土的某种产品)。该条例为众多争端解决案例中对判定补贴和反补贴等合法性问题提供了重要的法律依据。例如,在 2010 年中国与美国风能设备措施案中,美国就中国有关风电设备补贴措施提起磋商请求,认为中国未通报该项补贴措施,且未提供该措施的任何 WTO 官方语言翻译版本,因而违反了 GATT 第十六条第 1 款。

第二,出口产品的边境调节税与 SCM 协定。SCM 协定对出口产品的边境调节税进行了进一步的补充规定。首先,SCM 协定注释 1 明确规定,在与 GATT 第十六条和本协定附件 1 至附件 3 的有关规定保持一致的前提下,对于出口产品,应当免除其同类产品在供国内消费时所缴纳的关税和国内税,或者按照不超过已征税额的金额退还此类关税或国内税。这项规定再次引发了一个问题,即"税负由产品承担"是什么意思(Trachtman,2017)。此外,这项规定的主要目的便在于,在满足特定条件的情况下,出口产品所缴纳的关税或退还的国内税均不应被视为补贴。简而言之,对于主要依赖于间接税的国家,为避免本国产品在出口至他国市场时再次被征收进口增值税而引发双重征税问题,通常会采取退税等措施来减轻本国产品出口的税收负担。而对于主要依赖于直接税的国家,这项规定则不太适用(孙南申与彭岳,2007)。在实践中,这项规定为国际上普遍存在的出口产品的税收补贴政策提供了法律依据。例如,2004 年美国诉中国集成电路的增值税退税措施案和 2007 年美国诉中国减免和返还税收及其他支付的措施案均是界定并解释补贴与反补贴问题的适用规则。

其次,在 SCM 协定的附件 1 中,所附的解释性清单对有关出口产品的边境调节税的措施进行了更为明确的阐述和解释。其中,与出口产品的税收补贴相关的规定主要有三款:(e)款、(g)款和(h)款。根据 SCM 协定附件 1 的出口补贴清单,(e)款规定将对直接税的减免、返还或退让等优惠措施视为出口补贴,这类补贴是被明确禁止的(李丰,2008)。另外,(g)款明确规定:"对于出口产品的生产和分销,间接税的免除或减免超过对于其供国内消费的同类产品的生产和分销所征收的间接税,构成出口补贴。"换言之,在出口产品的生产和分销过程中,如果其间接税的免除或退还低于对其供国内消费的同类产品的生产和分销所征收的间接税,那么这种情况就不应被视为出口补贴,且该条例中提到的生产暗示着即使是一种基于产品制造过程的税也是符合条件的（Trachtman，2017）。有学者提出，如果出口产品的边境调节税符合（g）款要求，且仅向那些根据其出口业绩被认定为能源密集型贸易暴露行业的企业提供，那么该出口补贴调节税也有可能被视为出口补贴（Holzer，2014）。除此之外，（h）款规定，如果对用于生产出口产品的货物或服务所征收的前阶段累积间接税的免除、减免或递延超过对用于生产国内消费的同类产品的货物或服务所征收的前阶段累积间接税的免除、减免或递延，那么这种情况就被视为补贴；但是，如果前阶段累积间接税的征收对象是生产出口产品过程中消耗的投入物，则对出口产品征收的前阶段累积间接税也可予以免除、减免或递延，即使当同类产品销售供国内消费时前阶段累积间接税不予免除、减免或递延。这意味着，对于"生产同类产品所使用的货物或服务"所征收的先前阶段累积间接税的减免可能成为出口产品的边境调节税的对象（Holzer，2014），而能源税是否符合前阶段累积税的规定尚不清楚，仍需进一步探讨（Hoerner，1998）。

在有效性方面，目前的研究主要从以下几个方面对出口产品的边境调节税的有效性进行了讨论。

第一，出口产品的税收补贴有利于扩大国内生产规模，并促进出口产品数量的增长。出口退税政策被视为政府推动出口贸易的重要政策工具，在中国、巴西、孟加拉共和国等发展中国家得到广泛运用。有学者结合局部均衡模型的测算结果发现，关税退还可以有效地拉动国内产出总量的增长、促进产品出口水平的提升，并增强外国供应商对中间产品的定价能力（Liu and Weng，1998）。有学者通过构建一般均衡模型发现出口产品边境调节税对中国的出口增长具有显著的积极作用（Chao el al.，2006）。有学者以中国为例，发现在2003年之前，出口退税政策能够有效促进出口和增加外汇储备（Song et al.，2015）。有学者使用2002年起5年间的出口数据实证检验了退税这项贸易调控政策对于出口稳定性和可持续性的影响，发现退税率与出口产品数量和企业出口额之间有显著的正相关关系（袁劲与刘啟仁，2016）。

第二，出口产品的税收补贴有助于提高企业的全要素生产率水平，进而提升其国际竞争力。企业全要素生产率水平被视为衡量国际竞争力最准确和最具说服力的指标。已有研究证明，出口可以通过学习型的出口知识溢出效应来推动全要素生产率水平的提高（Hu and Tan，2016）。出口退税作为一种替代性的财务资源，可以增加出口活动，使得企业更容易获得新技术，以提高全要素生产率水平（Chandra and Long，2013）。有学者利用2007—2015年中国大型制造业企业的面板数据，评估了出口退税对企业全要素生产率水平的影响，发现两者之间存在显著正向关系，且出口退税通过增加出口量和获取外国专利促进了企业全要素生产率的提高，特别是对高污染和低资本密集型行业企业的影响更加显著（Zhang，2019）。

第三，出口产品的税收补贴对改善国家福利水平具有显著影响。最优出口退税理论指出，应该将出口退税政策与国家福利水平联系起来，通过设置合理的退税率来实现国家福利最大化，同时寻求国际贸易的效益最大化。有学者指出，通过向国内企业提供出口补贴，可以将部分外国企业的利润转移给国内企业，从而提高国家的福利水平（Brander and Spencer，1985）。有学者的研究表明，出口补贴可以改善古诺寡头垄断情境下出口国的福利水平（Yomogida and Tarui，2013）。有学者的研究结果也表明，出口退税是在经济危机时期刺激出口贸易的有效工具，能够有效提升国家的福利水平（薛德余，2013）。另外，有学者认为，如果只实施进口边境调节税而不实施出口边境调节税，则国家的福利水平将会大大降低（Böhringer et al.，2014）。

第四，出口产品的税收补贴可有效解决碳泄漏问题，促进环境质量提升。有学者使用详细的水泥产业空间模型，对两种二氧化碳化合物的边境调节税进行比较分析，发现出口退税有助于减少全球碳泄漏（Demailly and Quirion，2006）。有学者进行的一项荟萃分析发现，出口产品的边境调节税在减少碳泄漏方面起着重要作用（Branger and Quirion，2014）。

最后，尽管出口产品的税收补贴可以消除竞争劣势或提高当地企业的收益和社会福利，但这种补贴也可能会带来一系列负面影响。例如，有学者利用阿明顿模型（Armington Type Model）分析发现，出口补贴及其补贴率的增加不利于环境质量的提升（Leetmaa et al.，1996）。有学者基于一般均衡模型的研究发现，出口退税政策可能会导致失业率上升、税收收入下降以及消费者剩余水平降低等问题产生（Chao et al.，2001）。

3.3.2 协调

3.3.2.1 气候变化对国际贸易的有益影响

气候变化增加了对气候友好型商品和服务的需求，为部分国家提供了新的贸易增长点。同时，气候变化也促进了绿色低碳技术的开发和利用，影响了国际绿色贸易的发展。

(1) 气候变化对气候友好型商品和服务的影响

气候变化促进了气候友好型商品和服务（指的是那些在其生产、消费和销售等生命周期中，致力于在某个或某些阶段实现减缓气候变化和遏制碳排放等目标的产品和服务）的产生和发展。其涵盖范围的扩展和自由化不仅可以为部分国家提供新的贸易增长点，为企业转变经营模式、开发利用新技术提供动力，也可以降低这些国家实施温室气体减排的成本或者减少温室气体排放量的增长。在全球积极应对气候变化的大背景下，对气候友好型商品和服务的需求逐步扩大，推动了符合节能低碳、绿色环保等要求的产品的大规模生产。

气候友好型商品和服务的发展可以改善传统对外贸易的产品质量和结构，促进节能环保等新兴产业发展，推动外贸转型和升级。劳动力集约型、资源消耗型和高强度碳排放型行业长期以来是发展中国家的传统优势产业，其技术含量、工业附加值普遍偏低。随着近年来全球各国相继推出应对气候变化的政策措施，国际社会整体形势已形成了一种倒逼机制，驱使发展中国家进行对外贸易转型升级。国内的环境门槛也随之提高，对低能耗、低排放产业的需求也相应增加，并通过出口导向型经济将该需求逆向传递给国民经济各部门。在此基础上，通过比较优势产业的转变，推动气候友好型商品和服务行业的快速发展，实现产业结构的转型，并进一步促进对外贸易结构的优化调整。中国企业应积极开拓绿色市场，通气候友好型商品的生产提高产品附加值和提升产品质量，推动国际贸易结构的提质升级。

(2) 气候变化对绿色低碳技术的影响

积极应对气候变化推动了全球绿色低碳技术的研发与创新。随着各国对气候变化关注程度的提高和气候谈判的推进，绿色低碳技术的开发和利用得到了促进。当前，欧盟、美国以及主要的发展中国家已经把绿色低碳技术作为未来发展的重点领域，形成新的经济增长点。欧盟委员会于2019年发布《欧洲绿色新政》(European Green Deal)，将绿色低碳技术应用范围扩大至所有应对气候变化的技术，包括核能、碳捕获与存储、废弃物管理、无毒化材料研发等，促进技术类型更加多样化。包括美国、德国、日本在内的七国集团于2022年宣布将建立一个国际"气候俱乐部"，采用共同投资项目、共享技术等方式来共同应对全球变暖。美国联邦政府2022年启动了"清洁采购"(Buy Clean)计划,鼓励在政府采购中优先购买低碳、清洁技术。①

在全球气候变化的背景下,中国的主要贸易伙伴国以解决气候变化等问题为由,设定了新的、高标准的"环境门槛",对低碳清洁能源及节能低碳技术产生了强烈的发展需求。应对气候变化的政策与措施有利于各国充分利用自身比较优势,积极开发利用新能源、新材料等绿色环保技术,促进技术上的创新进步。这将有助于全面吸收借鉴世界各国的丰富成果和经验,有效抑制国内生产的污染物排放,并着力推进各国之间的绿色低碳技术的合作共享,推动绿色生产工艺、污染防治新科技、节能环保产品和服务的成果传播和扩散,服务国际市场发展的新形势与新需求。目前,大量减缓气候变化的技术正在或已经进行产业应用和商业开发,推动绿色低碳技术在各国之间以更低的成本传播和扩散,有助于加强国家间的技术交流与合作,从而促进国际贸易的可持续健康发展。

3.3.2.2 WTO对气候友好型技术开发的促进

气候友好型技术的开发和推广是国际社会应对气候变化的重要举措,使各国能够获得更多高能效的产品和服务。WTO的《技术性贸易壁垒协定》对此有着良好的支持作用。

(1) 非歧视原则

所谓的"非歧视原则",是指针对从其他WTO成员国进口的产品的标准、合格评定程序和技术法规不应当低于本国同类产品(国民待遇原则),也不得低于来自任何其他国家同类产品所享受的待遇(最惠国待遇原则)。此外,技术法规、标准和合格评定程序无论是在制定目的,还是实施效果方面均应避免对国际贸易造成多余的干扰。值得注意的是,《技术性贸易壁垒协定》承认成员国有权利采取监管措施以促进欺诈行为防范、公共健康维护、生物多样性保护和社会安全稳定等多维度目标的实现。《技术性贸易壁垒协定》还制定了一些准则以避免"不必要"的贸易障碍。比如,技术法规对于贸易行为的限制不能超过实现合法目标所必

---

① The White House. Fact Sheet: Biden – Harris Administration Advances Cleaner Industrial Sector to Reduce Emissions and Reinvigorate American Manufacturing. (2022-02-15) [2023-07-02]. https://www.whitehouse.gov/briefing-room/statements-releases/2022/02/15/fact-sheet-biden-harris-administration-advances-cleaner-industrial-sector-to-reduce-emissions-and-reinvigorate-american-manufacturing/.

需的程度，否则技术法规将会成为贸易过程的一种阻碍。同样地，合格评定程序不应比确保产品符合技术规则和标准所必需的程度更严格。

（2）协调性原则

不同的能效标准和法规及其相关合格评定程序使得信息成本被拉高，增加了产品出口到其他国家和地区的困难程度，因此有必要提倡通过WTO成员国的共同努力协调标准、合格评定程序和技术法规的建立。《技术性贸易壁垒协定》提出了三种协调方法：①WTO成员国应像对待本国规则那样积极考虑接受其他成员国的技术规则，以达到相同的最终目标；②鼓励各国承认其贸易伙伴用于评估遵守协定的程序；③主张WTO成员国使用的国际标准是其自身技术法规、标准和合格评定程序的重要基石，除非在实现合法目标过程中证明这些国际标准是无效或运用不当的手段。为了鼓励成员国根据国际标准制定规章，协定包含一项"可反驳的推定"，也就是说，任何以相关国际标准制定的技术法规都不会被视作对贸易的不必要障碍。该协定还要求成员国在其资源范围内充分参与国际标准制定。

（3）透明度要求

在《技术性贸易壁垒协定》中，WTO成员国需要分享关于可能对贸易产生影响的任何技术法规草案和合格评定程序的信息，这样可以为避免不必要的贸易障碍和为成员国影响其他成员国拟议各项规章条例创造条件。并且，由各成员国的代表组成的WTO技术性贸易壁垒委员会，每年会召开三到四次会议，成为WTO成员国讨论缓解气候变化的技术要求的重要论坛。近年来，一些涉及降低某些设备排放或提高电器能源效率的措施已在技术性贸易壁垒委员会中被广泛讨论并通知其他成员国。例如，2007年，巴西公布了一项技术法规草案，规定了非电热水器的最低能效标准[1]；2008年，欧盟公布了制定新客车二氧化碳排放性能标准的法规草案[2]；同年，新加坡公布了一项规定，要求机动车必须注册并贴上标签以提供其燃料消耗和二氧化碳排放水平的信息[3]；中国也于

---

[1] WTO, Regular notification, G/TBT/N/BRA/240, http://tbtims.wto.org/en/RegularNotifications/View/87303.

[2] WTO, Regular notification, G/TBT/N/EEC/194, http://tbtims.wto.org/en/RegularNotifications/View/106858.

[3] WTO, Regular notification, G/TBT/N/SGP/5, http://tbtims.wto.org/es/RegularNotifications/View/101518.

2008年公布了几项涉及蓄电热水器、复印机和计算机监视器的能源效率和节能的技术法规[1][2][3]。美国于2015年和2023年分别公布了高强度放电灯以及吊扇的节能标准[4][5]；2020年，日本公布了一项涉及燃气热水器和燃油热水器的能源利用标准[6]；2023年，乌克兰公布了一项技术法规草案，规范了家用洗衣机和家用烘干机的能源标签要求，并向消费者提供相关能源消耗效率水平的信息[7]。

（4）技术援助条款

《技术性贸易壁垒协定》具有向发展中国家和最不发达国家提供技术援助的强制性规定。这些条款包括两种义务：一是在某些问题上向其他成员国，特别是向发展中国家成员提供咨询意见的义务；二是向它们提供技术援助的义务。具体包括：①根据共同商定的条款，成员国有义务向发展中国家成员提供咨询并向其提供关于建立国家标准化机构和参与国际标准化机构的技术援助；②如果发展中国家希望获得发达国家成员的政府或非政府机构管理的合格评定制度，那么发展中国家应该采取相应的程序；③建立能够使发展中国家成员履行成员义务或参与国际或区域合格评定制度建构的机构和法律框架。此外，WTO成员国还有义务鼓励其领土内的监管机构和合格评定系统的成员或参与者向发展中国家成员提供建议咨询，并就建立监管机构或合格评定系统给予技术援助。

---

[1] WTO, Regular notification, G/TBT/N/CHN/332, https://eping.wto.org/en/Search?documentSymbol=G%2FTBT%2FN%2FCHN%2F332&viewData=G%2FTBT%2FN%2FCHN%2F332.

[2] WTO, Regular notification, G/TBT/N/CHN/331, https://eping.wto.org/en/Search?documentSymbol=G%2FTBT%2FN%2FCHN%2F331&viewData=G%2FTBT%2FN%2FCHN%2F331.

[3] WTO, Regular notification, G/TBT/N/CHN/330, https://eping.wto.org/en/Search?documentSymbol=G%2FTBT%2FN%2FCHN%2F330&viewData=G%2FTBT%2FN%2FCHN%2F330.

[4] WTO, Regular notification, G/TBT/N/USA/800/Add.4, https://eping.wto.org/en/Search?distributionDateFrom=2015-01-01&distributionDateTo=2015-12-31&viewData=G%2FTBT%2FN%2FUSA%2F800%2FAdd.4.

[5] WTO, Regular notification, G/TBT/N/USA/1062/Rev.1, https://eping.wto.org/en/Search?&viewData=G%2FTBT%2FN%2FUSA%2F1062%2FRev.1.

[6] WTO, Regular notification, G/TBT/N/JPN/682, https://eping.wto.org/en/Search?distributionDateFrom=2015-01-01&distributionDateTo=2020-12-31&viewData=G%2FTBT%2FN%2FJPN%2F682.

[7] WTO, Regular notification, G/TBT/N/UKR/261, https://eping.wto.org/en/Search?&viewData=G%2FTBT%2FN%2FUKR%2F261.

3.3.2.3 贸易体系与气候体系的相互支持

当前，WTO 规则并未完全支持缓解气候变化的政策与措施，这已成为发达国家的普遍共识。基于此，发达国家强烈要求对 WTO 规则进行一系列修订。它们不仅希望在 WTO 的规则之下避免自身利益受到来自其他国家采取的贸易措施的干预和影响，还希望自身力推的单边贸易措施能够成为 WTO 所接受和承认的规则。发展中国家则将发达国家视作气候变化应对的主要责任方，认为发达国家单方面采取的贸易措施构筑了一种新型的绿色贸易壁垒，其实质是一种贸易保护主义。因此，发展中国家反对以保护气候环境为由做出修改现行规则的决策。综上，WTO 在自由贸易与应对气候变化之间难以做出正确的取舍以及平衡。

贸易体系与气候体系的协调有助于实现贸易自由化与气候变化的双赢，而缺乏有效的协调可能导致 WTO 规则与气候政策之间的相容并存展现出明显的不确定性，甚至可能加剧二者的紧张关系。因此，为进一步加强贸易自由化与气候保护政策的协调，采取更多有效的手段和行动来增强 WTO 规则和 UNFCCC 规则的作用显得十分必要。

实际上，WTO 规则与 UNFCCC 规则之间虽然存在冲突，但并非不可调和。"可持续发展"原则以及"共同但有区别的责任"原则就是在二者之间实现协调的可能桥梁（姚天冲与于天英，2011）。WTO 规则框架中与环境保护有关原则的突出表现是"可持续发展"这一核心原则，该原则强调未来发展的延续性，承认环境对经济发展的价值。"共同但有区别的责任"原则强调发达国家和发展中国家在全球环境保护领域的"共同责任"，同时在充分考虑各国环境保护能力差异的基础上，有针对性地对发达国家规定了"区别责任"。发展中国家不被要求承担强制减排义务，但可以在金钱、技术以及相关治理经验方面接收来自发达国家的帮助。

此外，WTO 应当遵循以下四项原则来正确处理贸易与环境保护的关系：①在处理环境问题上的职责是有边界的，而这一边界的设定来自 WTO 组织目标和职能的约束，也就是说，贸易组织无法也无意图成为环保组织，它的职责仅限于协调贸易与环境领域的交叉部分，如制定具备环境约束力的贸易政策等；②愿景仍然是持续推动贸易自由化，因为避免环境政策形成贸易壁垒以及避免贸易规则损害环境保护这两项工作应当是 WTO 的重点任务；③形成的规则允许各国在遵循非歧视原则的基础上，制定和实施气候政策或措施；④需要从国家层面进一步加强对贸易与环境政策之间的协调,因为各国贸易与环境部门间缺乏有效的协同是导致国际贸易协定与国际气候协议间产生部分冲突的原因之一。

具体来说,国际社会可以从以下几个方面加强国际贸易体系与气候体系的协调。

第一,在现有 WTO 规则和 UNFCCC 规则下,借助国际贸易谈判和全球气候谈判的手段,推进低碳产品贸易和低碳服务贸易的自由化进程。目前,低碳产品的市场潜力和贸易潜力不容小觑,需要进一步挖掘。铲除低碳技术和低碳产品在贸易中的潜在壁垒,不仅可以显著降低减排成本,打通低碳技术和产品在全行业的流通,有效降低碳排放,还能激励生产和出口结构于规模的调整,推动发展中国家实现经济的规模化扩张和多样化发展。因此,很多研究者都强调低碳贸易自由化的优越性,认为其可以有效取得自由贸易与气候保护双赢的结果(Kemfert,2002)。为了促进低碳产品的自由贸易,有学者提议 WTO 启动一轮"绿色回合"谈判,寻求合作铲除低碳产品和服务贸易壁垒的可能机会(Hufbauer and Kim,2010)。有学者强调,可再生资源贸易的治理应当成为 WTO 的重点工作,这是实现全球可再生能源发展目标的可靠途径之一(Leal-Arcas,2014)。世界银行于 2008 年发布了一份名为《国际贸易与气候变化》的研究报告。该报告以 WTO 的《信息技术协议》谈判经验为基础,着重强调了未来低碳产品贸易谈判应关注以下三个核心方面:①阐明低碳产品可以满足的消费领域或可应用的领域,指明用于对其进行归类和标识的特定海关编码,并提供关于商品的详细信息描述;②以清洁发展机制项目为基础的产品和服务贸易可优先考虑向市场开放;③发达国家可以利用自身的技术、资金等优势,向发展中国家提供有针对性的援助,以积极推动这些国家加快开放低碳产品和服务市场的进程。此外,低碳产品和服务贸易的自由化之路不能没有气候保护问题的磋商和解决。反过来说,将贸易自由化谈判融入气候谈判中,以推动二者的共同发展,实现双赢。

第二,完善多边贸易制度和气候制度,促进二者的协同。WTO 的规则调整主要通过条款解释(interpretations)、条款修改(amendments)以及义务免除(waivers)这三种方式来完成。有学者指出,在成员国之间对于气候政策的偏好存在显著分歧的情况下,条款解释在解决此类问题中扮演着不可或缺的角色。相比之下,通过条款修改来支持气候政策的可能性相对较低(Buck and Verheyen,2001)。即便如此,他们仍主张通过修改 WTO 条款使某些减排措施不受 WTO 规则的限制,或者豁免成员国因与减排政策相冲突而产生的特定 WTO 义务。有学者提出应该对 SCM 协定中的补贴条款进行修订,并厘清在各种减排补贴中哪些是不可诉的(Charnovitz,2003)。有学者提倡在平衡贸易利益和环境代价过程中增强 WTO 的透明度,并主张通过提高非政府组织(Non-Governmental Organizations,NGO)参与度等途径来推动 WTO 争端解决机制的完善(Green,2005)。有学者提议 WTO 成立一个新的专门工作组,该工作组的主要任务是制定一套国际通用程序,用于检验各种形式的"碳标签"是否存在歧视进口产品的倾向(Hufbauer and Kim,2010)。另外,鉴于目前多边气候协议中涉及贸易措施的条款数量较少且规定较不明确,贸易体系与气候体系的协调还应完善多边气候协议。例如,许多研究者指出,在多边气候协议中涵盖严格且有针对性的国际技术标准是有效化解与减排相关的技术性贸易措施和 WTO 规则之间存在的潜在冲突的可能思路(Charnovitz,2003)。也有学者提出,面对当前亟待解决的贸易政策、气候政策和发展政策之间的相互适应性问题,对 UNFCCC 中有关贸易措施的规定进行补充和完善显得尤为重要,而不是将关注点聚焦于繁冗复杂的 WTO 条款修订程序(Zhang and Assunção,2004)。有学者同样强调,有必要进一步厘清和解释多边气候协议中的贸易条款,并且辅之以额外的法律条款和制度安排,为确保以及安排相关的贸易政策和 WTO 规则之间的政策一致性打牢基础(Gros et al.,2010)。

第三,在规则协调的基础上,加强 WTO 与 UNFCCC 之间的机构合作也有助于推动二者的协调。虽然目前 WTO 和 UNFCCC 存在一些机构层面的互动,但还远远不够,加强以推动贸易体系和气候体系的深度融合为目标的机构合作已变得日益重要。WTO 与 UNFCCC 之间的机构互动不应仅停留在表面的合作形式中,而应当置于国际法的大背景之下去看待和推动。通过多方机构的整合实现二者之间的协调合力,解读和履行协议的强制性责任,使得气候变化和贸易规则成为融洽而不对立的整体,并在此基础上相互协作、相互配合。

第四,纵然在保持 WTO 规则或多边气候协议不变的情况下,WTO 争端解决机构在解释规则时仍会受到各国采取单边行动的影响,从而使得减排措施在一定程度上能够免受 WTO 规则约束。这也是推动全球贸易体系与气候治理体系融合最切合实际的途径(彭水军与张文城,2011)。例如,部分研究者认为,对边境调节税进行更为精准的设计和实施,有助于该政策在 WTO 规则层面得到认可(Ismer and Neuhoff,

2004；Biermann and Brohm，2004）。有学者认为，在采取与减排相关的贸易政策之前，确保满足国际减排合作要求的最低限度努力应当是减少WTO规则与气候变化政策冲突的重要前提（Buck and Verheyen，2001）。因为从目前已有的WTO案例情况来看，如果一国在采取会对国际贸易造成扭曲效应的单边气候政策之前，已经积极寻求过国际合作，并且在合作失败之后才采取这些措施，那么会更有可能得到WTO争端解决机构的认可。不过，这种协调方式的出发点是某个国家的利益，其他国家和国际社会的福利并没有被纳入考虑，因此仅是一种权宜之策。

总而言之，由于WTO规则的解释尚未随着国际气候体系的快速发展而演进，导致很多涉及气候变化的贸易政策的合法性尚存在较大争议。因此，当前的首要任务是制定更为详细的规则和解释，以确定如碳关税等贸易措施的合法性以及其合法的适用情境等问题。在这个过程中，需要保证每个国家都能拥有公平和民主地参与国际决策的权利。而这种新的规则无论是在WTO框架内，还是在UNFCCC框架内，都需要双方共同谈判并达成一致。只有这样，国际气候体系与贸易体系才能进一步协调发展而不至于引起贸易摩擦损害各国利益。

随着经济全球化的不断发展，国际贸易与气候变化的相互影响已成为全球气候治理中的热点问题。但由于数据、方法以及复杂性等问题，目前各方面的研究结果都存在较大的不确定性。比如，就"污染避风港假说"与"要素禀赋假说"的争论来看，的确没有一种理论可以普遍解释比较优势的分配问题。再比如，只有当基于消费的碳排放核算与生产性碳排放核算一样普遍与成熟时，它才可能作为新的国际规则的制定依据。就目前最具有代表性和争议性的碳关税问题来看，绝大多数的观点认为碳关税的实际有效性较差，即使理论上对降低碳泄漏和保护国内工业是有效的，但在实际中这些方法很可能招致报复性的贸易措施。而一旦因此引发假借应对气候变化之名进行的全球性贸易战争，对任何一个国家都是非常不利的。碳关税的问题进一步引发了关于全球气候体系与贸易体系冲突与协调的思考。而美国提出碳关税政策构想后紧接着对中国又启动了"清洁能源301调查"[①]，使得基于气候治理的传统贸易争端进入新能源这个本身就是为削减排放而产生的经济领域，进一步复杂化了气候体系与贸易体系的关系问题。在此背景下，首先，对于清洁发展

---

① 301条款是指美国为保护其在国际贸易中的权利，可对被认为贸易措施"不合理""不公平"的其他国家进行调查继而进行报复。

机制，此类项目是能够使双方国家互惠互利的，应予以进一步发展；其次，WTO应加强涉及环境问题的法规条款的解释以进一步明确相关措施的合法性；最后，UNFCCC与UNEP等机构应与WTO进一步加强合作与沟通，对需要共同面对的问题进行磋商。关于贸易行动的国际协议应该在气候谈判中进行而不是在WTO中，否则发展中国家将仍然容易受到贸易行动的损害。这不仅使发展中国家能从国际气候合作中得到的收益变得不确定，而且还可能损害大气环境并因此损害国际合作的前景。

在减排努力失衡的情况下，发展中国家的行动越少，美国和欧盟采取单边贸易措施保护其工业的可能性就越大，这将破坏全球合作应对气候变化的努力。因此，最理想的解决方案仍然是拓展气候协议以便尽可能多地激励国家和行业参与。此时，全球需要达成一个同时考虑经济效率（发展中国家的低成本减排）以及分配公平（发达国家对其历史排放负责）的气候行动架构。

3.4 碳排放权的国际贸易

温室气体排放所带来的外部效应是世界性的，一个地区的温室气体排放会通过大气流动影响全球所有地区的生产生活。面对全球变暖的情形，世界各国如何控制碳排放的总量，建立一个公平合理的碳排放权分配方式，以使各国利益和成本达到均衡，成为一个关键问题。排放权交易是指政府可以将污染视为一种产权配置给生产企业，并且这种权利在生产企业之间是可以交换的，那么通过市场机制的方式就可以提高环境资源的利用率。目前，很多国家都已进行了碳排放权市场交易的尝试，其中，欧盟排放权交易体系（EU Emissions Trading System，EU ETS）是世界范围内规模最大、最成熟的温室气体排放权交易体系，欧盟的温室气体减排目标和应对气候变化方式在全球也处于领先地位。此外，美国、新西兰、澳大利亚、韩国等国家都已开展了碳排放权交易的具体实践，我国也于2021年7月16日启动了全国碳排放权交易市场。

3.4.1 欧盟排放权交易体系

2005年2月16日，《京都议定书》正式获得批准并生效，有关的各国政府都陆续参与到减排行动当中。欧盟承诺在2008—2012年期间将温室气体排放量比1990年水平减少8%。

2003年，欧盟成员国通过了一项跨国排放交易计划，即 EU ETS（DIRECTIVE 2003/87/EC）。[①] 该体系是欧盟减少温室气体排放的关键政策工具，对各成员国具有强制性约束力。EU ETS 是世界上第一个多国温室气体限额与交易体系，也是全球最大的碳排放权交易市场，覆盖了欧盟约 40% 的温室气体排放，被视为全球二氧化碳排放交易体系的典范。

EU ETS 遵循总量控制交易原则。总量交易市场的运行原理是在确定市场全部碳排放量的前提下根据分派方法进行发放，由此来限制参与减排企业的温室气体排放量。该体系为相关企业设定了温室气体排放的总量上限，且随着时间的变化逐渐降低排放上限，从而实现总排放量的减少。

EU ETS 的发展可分为四个阶段。

第一阶段为 2005 年至 2007 年。EU ETS 于 2005 年 1 月 1 日正式启动。这一阶段，欧盟努力探索有效的碳排放权交易方式，为第二阶段实现其在《京都议定书》中承诺的目标做准备，届时 EU ETS 需要发挥稳定的作用。欧盟成员国需要依据历史排放数据，制定详细的国家碳排放权分配方案（National Allocation Plans，NAPs），NAPs 中需要列出本国的减排目标及参排企业名单，欧盟委员会将评估所有国家的 NAPs，确保其符合欧盟排放权交易体系法令规定的标准，然后进行排放量配额（European Union Allowances，EUAs）的分配（彭峰与邵诗洋，2012）。EU ETS 的评估与认定标准较为宽松，对碳排放总量的设定较为慷慨，并且市场交易仅限于欧盟成员国内部。由于处在排放权交易的探索阶段，各参与国实际分得的排放量配额主要基于历史申报数据计算得出。这一时期，排放权交易仅涵盖电力和能源密集型行业的二氧化碳排放，95% 的配额都是免费发放给企业，仅有 5% 的配额用于拍卖。免费的配额分配方式减轻了各国政府及参与减排企业的经济压力，提高了各个主体参与温室气体减排的积极性。减排能力较强的企业如果排放配额未使用完，也可在碳交易市场中将剩余部分进行出售，但如果企业排放量超过配额上限，则需缴纳每吨 40 欧元的罚款，并且会在次年的排放额度中相应扣减本年度超出的额度（卫志民，2015）。根据世界银行的年度碳市场报

[①] EUR-Lex. DIRECTIVE 2003/87/EC of the European Parliament and of the Council. (2003-10-13) [2023-6-10]. https://eur-lex.europa.eu/legal-content/EN/TXT/?uri=CELEX:32003L0087.

告，在第一阶段，EU ETS 的交易量从 2005 年的 3.21 亿配额增加到 2006 年的 11 亿和 2007 年的 21 亿。[①] 但该体系的运行同样存在着一些问题。例如在缺乏前期排放数据的情况下，第一阶段的排放总量上限是通过估计确定的，因此，发放的配额总量超过了实际排放量。2007 年底，欧盟排放权交易体系的现货价格接近于零。

第二阶段为 2008 年至 2012 年。这一阶段是 EU ETS 的过渡期，时间周期与《京都议定书》的第一承诺期相吻合。这一时期，一氧化二氮（N_2O）和航空业都被纳入排放权交易体系，冰岛、列支敦士登和挪威三个国家也加入其中。这一阶段，各成员国免费排放额度降低至 NAPs 申请额度的 90%，用于拍卖的配额比例上升，意图通过市场自主配置促进碳排放配额的价格合理性以及碳排放权交易体系的可持续性。与第一阶段不同，这一阶段 EU ETS 引入了《京都议定书》中提出的清洁发展机制与联合履约机制，履约企业可以通过购买第三方国家的减排项目的核证减排（Certified Emission Reduction，CER）获得抵消。清洁发展机制项目的供应方来自无减排义务的发展中国家，如中国、巴西、印度等国，而联合履约机制项目的东道国则是以俄罗斯、乌克兰等国为代表的非 EU ETS 欧洲国家（苏蕾等，2012）。两项市场机制的引入扩大了 EU ETS 的交易范围，与国际碳市场初步接轨，为各成员国以及参与减排的企业提供了多样的减排选择，但由于制度限制，国际认证程序繁琐且时间周期较长，清洁发展机制和联合履约机制的市场规模始终非常小（陈晓红与王陟昀，2012）。同时，经过第一阶段的试验，为了更加有效地避免超额排放，各成员国违规罚款的数额被提高至每吨 100 欧元。由于第二阶段可以获得第一阶段试验所得的年度排放数据，因此，EU ETS 根据实际排放量降低了第二阶段的配额上限。EU ETS 在这一时期成为国际碳市场的主要驱动力量。数据显示，2010 年，欧盟配额占全球碳市场总价值的 84%，交易量从 2008 年的 31 亿美元猛增至 2009 年的 63 亿美元。到 2012 年，交易量已达到 79 亿美元。[②]

第三阶段为 2013 年至 2020 年。这一阶段，EU ETS 覆盖的行业进

---

① 数据来源：https://climate.ec.europa.eu/eu-action/eu-emissions-trading-system-eu-ets/development-eu-ets-2005-2020_en#phase-2-2008-2012，2023 年 4 月 14 日访问。

② 数据来源：https://climate.ec.europa.eu/eu-action/eu-emissions-trading-system-eu-ets/development-eu-ets-2005-2020_en#phase-2-2008-2012，2023 年 4 月 14 日访问。

一步扩展，纳入了交通、农业及制造业等碳排放量较大的行业。同时，EU ETS 对配额分配制度进行了改革，排放权交易的框架系统较前两个阶段发生了很大的变化。一方面，排放总量的设定不再遵循各国历史排放数据，而是依据《京都议定书》中承诺的减排目标以及行业基准进行重新评估。另一方面，配额分配形式也不再采用大比例的免费发放，而是以拍卖作为主要的分配方式，极大地提升了排放权交易市场的活跃度。以拍卖作为配额分配方式不需要政府选取复杂的指标来免费分配碳排放的配额，减少了政府的工作难度和强度，并且政府可以将拍卖收入重新投入节能减排项目建设中，以此获得温室气体减排的良性循环效应。但是，以拍卖作为主要的配额分配形式加大了企业的减排成本，企业的减排积极性会受到影响，严重时会出现对 EU ETS 的抵触，不利于排放权交易体系的稳定发展（胡东滨与肖晨曦，2016）。

第四阶段为 2021 年至 2030 年。这一时期，EU ETS 的制度不断成熟，相关配套机制也将逐渐完善。2015 年 7 月，欧盟委员会提出了一项立法提案，旨在修订 2020 年后的欧盟排放交易系统。经过充分的谈判，欧洲议会和理事会于 2018 年 2 月正式支持修订，修订后的 EU ETS 指令［DIRECTIVE（EU）2018/410］于 2018 年 4 月 8 日生效。2021 年 7 月 14 日，欧盟委员会审核通过了各种各样的立法提案，提出了到 2030 年使欧盟温室气体排放量相较 1990 年至少下降 55%，并且将于 2050 年前实现碳中和的目标。为了实现该目标，EU ETS 所涵盖行业的排放量必须比 2005 年减少 43%。为了加快减排步伐，自 2021 年起，欧盟排放配额总数将以每年 2.2% 的速度下降。[①] 为了减少碳市场的排放配额盈余和提高 EU ETS 对未来冲击的抵御能力，欧盟建立了市场稳定储备机制（Market Stability Reserve，MSR）。2019 年至 2023 年间，储备的排放配额将翻一番，达到流通配额的 24%，到 2024 年将恢复 12% 的正常比例。此外，欧盟也建立了低碳融资机制，为能源密集型工业部门和电力部门提供资金支持，以更好地应对低碳转型的挑战。其中包括两个新的基金：一是创新基金，该基金支持创新技术的示范和产业突破性创新，企业可获得的最高资金数额将相当于至少 4.5 亿吨排放配额的市场价值；二是现代化基金，该基金支持对电力部门和更广泛的能源系统进行现代化投资，提高能源效率，并促进 10 个低收入成员国逐渐完成产业转型，摆脱

---

① 数据来源：https://climate.ec.europa.eu/eu-action/eu-emissions-trading-system-eu-ets/revision-phase-4-2021-2030_en，2023 年 4 月 14 日访问。

对高能耗行业的依赖。

截至目前，EU ETS涵盖的气体包括来自电力和热力行业、能源密集型行业（如钢铁、水泥、石灰、玻璃、陶瓷、造纸等产业）、欧盟范围内的航空业所产生的二氧化碳，以及部分行业中的一氧化二氮和全氟化碳。经过多年的发展与实践，EU ETS已经成为一种有效的减排工具，数据显示，各国政府及参与减排的企业在2005年至2021年期间减少了约35%的排放量。① 研究表明，EU ETS刺激了相关企业大约10%的低碳创新。企业管理人员认为，EU ETS的建立与发展影响了企业的长期投资战略（Genovese and Tvinnereim, 2019）。同时，欧盟也努力促进EU ETS与其他国家的排放权交易体系进行交流与融合，持续激励着其他国家和地区排放权交易市场的发展。2017年，欧盟和瑞士签署了一项协议，将其排放权交易体系联系起来。该协议于2020年1月1日生效，并于当年9月开始运营。

3.4.2 我国碳排放权交易体系

2011年10月，国家发改委印发《关于开展碳排放权交易试点工作的通知》，批准北京、上海、天津、重庆、湖北、广东和深圳等七省市率先成为碳排放权交易试点区域。这是我国首次在国内尝试构建碳排放权交易市场，在此之前，我国企业仅能通过参与《京都议定书》中提出的清洁发展机制间接参与国际碳排放权交易市场活动。发达国家购买我国CDM项目产生的核证减排量，同时为我国企业提供资金及减排技术支持，以帮助我国更好地减少温室气体排放。这一阶段我国参与国际碳排放权交易市场的经验为国内碳排放权交易市场的建立提供借鉴，也为中国碳排放权交易制度的设计奠定了良好基础。2013年6月18日，深圳率先建设了中国首个碳排放权交易市场，其碳排放权交易平台在首日共完成了8笔交易，成交总量超过了2万吨，总成交金额达到了61万元（卫志民，2015）。截至2014年6月，获批的7个试点省市的碳排放权交易市场建设工作已全部完成。2016年，非试点地区四川省、福建省也相继建立碳排放权交易市场。

2020年12月31日，生态环境部发布了《碳排放权交易管理办法（试行）》，提出要建设全国碳排放权交易市场。2021年7月16日，全国

---

① 数据来源：https://climate.ec.europa.eu/eu-action/eu-emissions-trading-system-eu-ets_en，2023年4月14日访问。

碳排放权交易市场启动上线交易，纳入重点排放单位 2162 家，成为全球覆盖温室气体排放量规模最大的市场。① 首个进入碳排放权交易市场的行业部是发电行业，此后石油、化工、建材、钢铁、有色金属、造纸和民航等行业也陆续加入了碳交易市场。截至 2022 年 7 月 15 日，全国碳排放权交易市场排放配额累计成交量达到 1.94 亿吨，累计成交额接近 85 亿元。② 在首个运营周期内，该市场运行平稳，取得了里程碑式的进展。

《碳排放权交易管理办法（试行）》对全国碳排放权交易市场的构建进行了明确规定。生态环境部在充分考虑各种因素后，编制了碳排放配额总量控制与分配方案。该方案在初始阶段主要采取免费分配的方式，并可根据实际情况和发展需要，在后期适当引入有偿分配。此外，温室气体排放单位的认定条件主要有两个，满足其一即可：一是行业归属，即是否处在全国碳排放权交易市场覆盖范围之内的行业当中；二是排放量指标，即年度温室气体排放量达到 2.6 万吨二氧化碳当量。被认定为重点单位之后，企业需要采取措施遏制温室气体排放的势头，按照相关规定主动报告碳排放数据、交易活动信息等，同时及时清缴碳排放配额，并且自觉接受有关部门的监督和检查。除去这部分重点单位，碳排放权交易市场的交易主体还可以是任何符合国家有关交易规则的机构和个人，但目前全国碳排放权交易市场中这部分群体数量较少，市场活跃程度有待提高（陈骁与张明，2022）。重点排放单位每年需要上报温室气体排放量，并进行碳排放配额清缴。如果免费分配所得的碳排放配额不足以抵消所有的温室气体排放量，单位可以使用国家核证自愿减排量（Chinese Certified Emission Reduction，CCER）来抵销碳排放配额的清缴，但抵销比例不得超过应清缴碳排放配额的 5%。此外，CCER 不得来自纳入全国碳排放权交易市场配额管理的减排项目。如果重点排放单位出现虚报、瞒报的情况，或者拒绝履行报告义务的，将处一万元以上三万元以下的罚款，未如期足额清缴碳排放配额的，将处二万元以上三万元以下的罚款。

目前，我国碳排放权交易市场的运行仍然存在一些问题（Wang et al.，2019）。例如，我国碳排放权的金融属性未得到充分发挥（刘明明，

---

① 数据来源：https://www.gov.cn/xinwen/2021-10/27/content_5646800.htm，2023 年 9 月 7 日访问。

② 数据来源：https://www.eco.gov.cn/news_info/57540.html，2023 年 4 月 18 日访问。

2021）。根据国际碳市场发展经验，碳金融衍生品可提高日常市场交易活跃度且能帮助企业管理碳资产风险敞口，但目前我国碳金融交易品种单一，只有现货交易，而金融工具的使用并未得到政策支持，其市场活跃程度较低。此外，碳排放权交易市场核查体系和信息披露制度尚未完善。数据核查过程中可能存在的漏洞容易造成重点排放单位虚报、瞒报数据的情况发生，为有效的监管带来困难（陈星星，2022）。我国碳排放权交易市场覆盖行业较为局限的主要原因就是很多行业碳排放数据的预测与核算较为困难，这也成为制约我国碳排放权交易市场发展的重要因素。再次，CCER 机制建设有待完善。我国碳排放权交易试点城市的交易标的都包括了 CCER，但由于交易量小、个别项目不够规范等原因，CCER 在 2017 年被关停。目前，随着重启 CCER 的呼声和需求不断扩大，生态环境部正在积极推进资源减排交易的各项准备工作，加快筹建自愿减排市场的步伐，并已经取得了显著的进展。2023 年 6 月，生态环境部在例行新闻发布会上宣布，计划于 2023 年年底前重启 CCER。2024 年 1 月，CCER 正式重启。此次重启 CCER 市场将会有助于我国更好地控制温室气体排放，实现"双碳"目标。[①]

3.4.3 其他地区的碳排放权交易实践

（1）区域温室气体减排行动（Regional Greenhouse Gas Initiative, RGGI）

区域温室气体减排行动是美国第一个基于市场的强制性的区域性总量控制和交易的温室气体排放权交易体系。RGGI 始于 2003 年康涅狄格州、特拉华州和缅因州等美国东北部地区九个州的州长共同讨论制定的一项解决发电厂二氧化碳排放问题的区域限额和交易计划。随后，康涅狄格州、新罕布什尔州和新泽西州等七个州于 2005 年签署了一份谅解备忘录（Memorandum of Understanding），同意在东北部地区和大西洋中部地区开展减排合作，并于 2007 年成功吸纳了马里兰州、马萨诸塞州和罗德岛州。自 2009 年 1 月 1 日起，RGGI 正式开始运行，旨在限制和减少电力部门的二氧化碳排放。截至 2023 年 1 月，RGGI 的成员州共有 12 个，其合规义务适用于各成员州内 2005 年后所有装机容量大于或等于 25 兆瓦且化石燃料占 50% 以上的电力设施，并要求其到 2018 年时碳排放量

---

① 北京商报. 叫停五年 中国 CCER 重启信号渐明. （2022-12-05）[2023-04-16]. https://www.eco.gov.cn/news_info/60390.html.

比 2009 年减少 10%（胡荣与徐岭，2010）。数据显示，2016 年至 2018 年期间，RGGI 所涵盖的电力部门年均二氧化碳排放量比 2006 年至 2008 年基准期下降了 48%（不包含新泽西州数据）。且在实际运行过程中，RGGI 吸引了更大范围内的企业参与其中，优化了生产技术，提高了企业效益，形成了一种良好的营商环境。目前，各州也制定了到 2030 年将排放量比 2020 年水平进一步减少 30% 的目标。[1]

值得注意的是，RGGI 是全球首个采用完全拍卖的形式进行配额分配的碳排放权交易体系，主要以季度为单位进行配额拍卖分配，并于 2008 年首次进行了二氧化碳排放配额的拍卖。在具体运作方面，参与 RGGI 的各州根据自身在项目中的减排份额获取相应的配额，之后将这些配额进一步分配给各州内部的减排企业，其中超过 90% 的排放配额都是通过拍卖方式进行发放的。同时，未被纳入 RGGI 但符合资质的企业也可通过拍卖方式对配额进行购买，但购买总量不能超过配额总量的四分之一。各成员州通过把碳排放配额拍卖的收益转投到清洁能源的开发及技术应用、区域能源利用效率提升、当地绿色经济建设以及其他温室气体减排等项目的实施（Hibbard and Tierney，2011），有益于降低当地居民的能源使用成本并为当地创造更多的就业机会，进而实现环境效益和经济效益的双重增值。另外，RGGI 具备一套完整且严格的监督与报告机制，各州都设有独立的监管机构，负责密切监督企业的碳排放权交易活动过程及结果。同时，企业有责任确保正确安装和使用二氧化碳排放跟踪系统，并将记录数据在规定日期前向 RGGI 相关机构报告。

与 EU ETS 相同，RGGI 采取了连续 3 年为 1 个履约控制期的分阶段推进的控制方式。根据碳排放上限将 2009—2020 年整个 RGGI 计划具体划分为以下四个阶段。第一阶段为 2009 年至 2011 年。这一时期，RGGI 拍卖了 3.95 亿吨二氧化碳配额，占 5.64 亿吨配额总数的 70%，参与地区的二氧化碳排放总量低于碳排放上限，导致有未售出的二氧化碳配额剩余。在该计划的前 14 个季度拍卖中，二氧化碳配额的清算价格在 1.86 美元至 3.35 美元之间，共产生了 9.22 亿美元的总收入。第二阶段为 2012 年至 2014 年。这一时期，新泽西州退出了 RGGI，剩下的九个 RGGI 成员州继续执行该计划，并降低了排放总量上限。RGGI 在这一时期引入了成本控制储备（Cost Containment Reserve，CCR）机制，旨在

---

[1] 数据来源：https://www.c2es.org/content/regional-greenhouse-gas-initiative-rggi/，2023 年 4 月 16 日访问。

防止碳价上涨超过整个项目的触发价格（2014年为4美元，2015年为6美元，2016年为8美元，2017年为10美元，此后每年增长2.5%）。CCR由有限的额外二氧化碳排放配额组成，与年度RGGI计划中的二氧化碳预算分开，当配额需求导致结算价格超过触发价格时，这些配额可供购买。第三阶段为2015年至2017年。这一时期，由于佛蒙特州唯一的核电站关闭以及奥巴马政府发布的清洁能源计划，碳排放权交易价格在2015年稳步上涨，达到每吨7.50美元的高位。2015年的成本控制储备配额也全部售完。然而，由于清洁能源计划的暂缓实施，二氧化碳配额的清算价格在2016年和2017年初稳步下跌，降至每吨2.53美元的低点。在完成2016年进行的第二轮方案审查后，RGGI各成员州宣布将在2020年之前将碳排放上限削减30%的目标，这导致碳排放权交易价格的再次上涨。且在第三阶段的第一次拍卖中，提供的所有配额全部售出。第四阶段为2018年至2020年。到这一时期之前，RGGI已经进行了十次拍卖，这一阶段拍卖配额的平均价格为5.08美元。[①] 此外，RGGI目前正处于第五个履约期，为期10年（2021—2030年）。这一时期，RGGI的目标是每年将碳排放总量减少3%，以实现总降幅达到30%的目标。为实现这一目标，RGGI在2021年采取了多项措施。一方面，RGGI宣布进行"第三次存储配额调整"，下调了2021—2025年的碳排放上限，以解决存储配额过剩的问题。另一方面，RGGI还引入了排放控制储备（Emissions Containment Reserve，ECR）机制。该机制允许各成员州永久留存最高达每年基准预算10%的碳排放配额，以确保在碳交易价格低于预设触发价格时，能够从市场回收配额，进一步实现额外减排。

(2) 芝加哥气候交易所（Chicago Climate Exchange，CCX）

芝加哥气候交易所于2003年成立，是世界首个以国际规则为基础、具备法律效力的温室气体排放登记、减排和交易平台，也是北美地区唯一的自愿减排交易平台，涵盖六种温室气体，并在全球范围内开展抵消项目。CCX成员需要自愿签订具有法律约束力的减排协议，且所有成员的基准年排放量都要经过专业的金融业监管局验证。随后，CCX会根据成员的基准年碳排放量和当年CCX的碳减排目标，来分配成员的年温室气体排放目标。其中，CCX最常见的交易模式是限额交易模式，这一模

[①] 数据来源：https://www.c2es.org/content/regional-greenhouse-gas-initiative-rggi/，2023年4月16日访问。

式的减排基准是 1998—2001 年的二氧化碳排放量,在 2003 年到 2010 年期间实施分阶段的减排目标:第一阶段为 2003 年至 2006 年,要求每年排放量比上一年降低 1%,所有会员排放水平相较基准年至少降低 4%;第二阶段为 2007 年至 2010 年,所有会员排放水平相较基准年至少下降 6%(胡荣与徐岭,2010)。截至 2010 年停止交易前,CCX 已有 450 多个会员加入,并自愿做出减排承诺。

在具体运作方面,与 EU ETS 以及 RGGI 不同的地方在于 CCX 采用的是自愿性参与原则以及会员制管理方式。会员和交易所达成入会协议,建立一种契约关系。交易规则由自愿参与的会员单位自行制定,所有会员都必须按照交易所的规章制度来进行排放交易。参与该计划的成员需要缴纳 5000 美元的申请费,并且每年都需要缴纳 5000 美元的年费。CCX 的会员组成涵盖了电力、汽车、医疗、化学、电信等数十个不同行业以及一些政府和环保组织。CCX 将碳金融工具(Carbon Financial Instrument,CFI)作为交易产品,该产品主要由两部分构成,一是排放权交易指标,二是交易抵减数额,且每一单位 CFI 代表 100 吨二氧化碳当量。减排计划的制定和提交亦由会员自行决定。如果会员超额完成减排任务,则可将超出部分在 CCX 市场上进行交易以收取利润,或存入自己的账户之中;如果会员未能达到减排目标,就需要通过从市场上购买 CFI 来兑现其承诺做出的减排额度,否则属于违约行为(胡荣与徐岭,2010)。CCX 还开发了一套基于互联网的电子交易平台,供其会员进行温室气体排放权的交易(谢晶晶与窦祥胜,2016),且主要通过碳配额和碳抵消两种交易手段来履行减排义务(碳抵消交易带有明显的公益性质,主要适用于农业、森林和再生能源等部门)。同时,CCX 高度重视森林碳汇抵消项目,充分挖掘其作为履行温室减排承诺的功能,既有助于提高减排企业的积极性,也有助于激发相关部门对森林管理的重视,为林地所有人创造了新的收入来源,从而达到提升环境效益与经济效益的双重目的(肖艳与张汉林,2013)。

自 2003 年交易开始以来,CCX 的会员共减少 4.5 亿吨碳排放(卫志民,2013),但由于缺少具有强制力的会员减排承诺及监督机制,难以实现既定的减排目标,无法保障气候安全,CCX 于 2010 年底停止交易。

(3)《西部气候倡议》(Western Climate Initiative,WCI)

《西部气候倡议》是由美国西部 7 个州和加拿大中西部 4 个省于 2007 年 2 月签署成立的,并于 2013 年 1 月 1 日开始运行,每 3 年为一个履约期。WCI建立了涵盖居民燃料、电力、煤炭、工商业、交通运输等多个行业的综合性碳排放权交易市场（杨博文，2016），其计划是在2015年进入全面运行阶段，覆盖的温室气体排放量将占成员州（省）的90%，在5年之后的2020年实现温室气体降低15%的总体目标（相较于2005年而言），并建立一个跨区域的碳排放权交易体系。值得注意的是，虽然WCI有11个初始成员，但其中只有美国加利福尼亚州和加拿大魁北克省成功实施了区域限额与交易制度（ICAP，2016）。此外，WCI扩大了交易气体范围，除国际公认的6种温室气体外，还包括三氟化氮及其他氟化温室气体。

WCI的碳排放权交易市场是由各成员州（省）内独立的多个交易项目构成的，WCI向各成员州（省）发放排放配额，并设定符合其地区发展的特定的温室气体减排目标以及排放上限，每年逐步降低排放上限，以实现环境目标。WCI定期举行配额的拍卖与储备销售，成员州（省）和自愿参与的实体之间可以在市场上进行配额交易。WCI对于排放配额免费发放以及拍卖的比例在不同时期有不同的规定，初期有90%的配额免费发放给各成员州（省），仅有10%用于拍卖，到2020年，拍卖的比例已经上升到了25%。每个排放权交易计划都必须通过严格的审查以及第三方核证，以确保温室气体排放量得到准确及时地测量。如果参与减排的企业实际排放量低于其获得的配额数量，则可选择将剩余配额出售或是保留这部分配额供下一年度使用。WCI拍卖所得的一部分利润用于发展区域公益事业，如提高能源效率与低碳技术创新等。

近年来，WCI发展迅速，其交易量和总体价值均实现增长。根据路孚特《2022年全球碳市场年报》显示，2022年WCI二氧化碳排放权交易量达到20.14亿万吨，总体交易额达556.04亿欧元，创下历史新高。[①]

（4）新西兰排放权交易体系（New Zealand Emissions Trading Scheme，NZ ETS）

新西兰排放权交易体系于2008年正式启动，是新西兰政府减少温室气体排放的工具之一，也是全球首个国家层面主导与建立的排放权交易体系。NZ ETS涵盖了所有六种温室气体，并且将林业部门，液化化石燃料、固定能源和工业加工部门，农业部门等纳入交易范围。NZ ETS的最大特色是将农业部门纳入其中。农业在新西兰经济中占据支柱地位，

[①] 数据来源：https://www.refinitiv.com/content/dam/marketing/en_us/documents/gated/reports/carbon-market-year-in-review-2022.pdf，2023年10月2日访问。

其产值占国内生产总值的10%以上,且农产品出口额占新西兰出口总额的50%以上。2010年,新西兰农业所产生的温室气体占总排放量的47.1%。因此,将农业部门纳入NZ ETS会成为实现减排目标的必然选择(陈洁民,2013)。

为使新西兰企业的国际竞争力不受NZ ETS的影响,NZ ETS在过渡期免费给一些企业分配排放配额。以2005年达到排放标准的企业排放水平为基准,碳排放中、高密集型企业将获得60%或90%的免费配额,出口企业将获得90%的免费配额。此外,农业企业在2015—2018年期间也能够获得90%的免费配额,且免费排放额度将从2019年开始逐年减少(陈洁民,2013)。被纳入排放权交易体系的企业必须准确测量并如实上报其温室气体的排放量,如果超额排放,则需按照现实价格购买NZ ETS的排放单位(New Zealand Units,NZUs),如果排放量低于上限,则可将盈余部分在市场上出售。2008年至2012年为NZ ETS的过渡期,每吨NZUs的法定交易价格固定为25新西兰元。2020年,新西兰通过《应对气候变化修正法案》,首次提出碳配额总量控制(2021—2025年)。2021年3月,新西兰碳配额分配引入拍卖机制,同时政府选择新西兰交易所以及欧洲能源交易所,来开发和运营其一级市场拍卖服务。2023年7月,NZ ETS重新设定了2023—2028年间的碳排放权限额和拍卖价格。具体来说,从2023年12月开始,用于拍卖的碳排放权额度将会减少。并且拍卖的保留价和触发价也将大幅上涨。拍卖保留价将从目前的33.06美元增加到2023年12月的60美元,并在2024年将上涨至64美元。NZ ETS还将引入双层成本控制储备机制,将拍卖触发价从当前的82美元提高至2023年12月的173美元。[①] 此外,法案制定了逐渐降低免费分配比例的时间表,将减少对工业部门免费分配的比例,具体为在2021年至2030年期间以每年1%的速度逐步降低,在2031-2040年降低速率增加到2%,在2041—2050年间增加到3%。同时,法案计划于2025年将农业排放纳入碳定价机制。

在抵消机制上,一开始新西兰碳排放权交易市场对接《京都议定书》下的碳排放权交易市场且抵消比例并未设置上限,但于2015年6月后禁止国际碳信用额度的抵消,未来新西兰政府将考虑在一定程度上开启抵

---

① Ministry of the Environment. Government Announces Updated NZ ETS Auction Setting. (2023−07−25) [2023−10−02]. https://environment.govt.nz/news/government-announces-updated-nz-ets-auction-settings/.

消机制并重新规划抵消机制下的规则。

(5) 新南威尔士温室气体减排计划 (New South Wales Greenhouse Gas Abatement Scheme, NSW GGAS)

新南威尔士温室气体减排计划于 2003 年 1 月 1 日开始实施，这是世界上首个针对电力部门减排的强制性温室气体排放权交易计划。在该计划中，共设计了 6 类温室气体的减排目标。该计划要求，新南威尔士州的所有电力零售商和部分电力生产商应确保其每年销售或消费电力所产生的温室气体排放量不超过为其设定的温室气体排放限制。若有参与者的温室气体实际排放量高于许可的基准水平，超出的部分则必须通过购买新南威尔士州温室气体减排证书 (NSW Greenhouse Abatement Certificates, NGACs) 来补偿。而对于那些即使购买了减排证书但仍不足以抵消超额排放量的企业，将会根据每超额排放 1 吨二氧化碳处以 11.5 澳元的罚款的规定进行处罚。

NSW GGAS 将发电方或需求方的减排量进行转化，形成了两种类型的信用证书：温室气体减排证书 (NGACs) 和大型消费者减排证书 (Large User Abatement Certificates, LUACs) (Passey et al., 2008)。NGACs 可通过从事经过认证的低温室气体排放的电力生产或消耗行为以及一系列抵消活动获得，且能够在任何当事方之间自由转让和交易，一份 NGACs 代表着相应的二氧化碳削减量 (卫志民，2015)；LUACs 的获得需要大型电力消费者从事与电力生产无直接关系的温室气体减排活动，但该类型的减排证书不能自由交易，需要由创设者持有。此外，NSW GGAS 的所有活动都要被置于新南威尔士独立价格和管理法庭 (Independent Pricing and Regulatory Tribunal, IPART) 的监督之下。IPART 的主要职责包括评估减排计划的有效性、授权可行的减排项目、确保项目执行过程中的合规性以及管理温室气体注册等。NSW GGAS 于 2012 年 7 月 1 日关闭，运行期间创建了超过 1.44 亿份 NGACs，相当于温室气体减排的 1.44 亿吨二氧化碳当量。

(6) 韩国排放权交易计划 (Korea Emissions Trading Scheme, K-ETS)

韩国排放权交易计划于 2015 年开始运行，是东亚第一个全国性的强制性排放权交易计划，助力实现 2050 年碳中和目标。截至 2022 年，K-ETS 涵盖了国内废物、电力、航空、建筑、工业、运输等六大行业的

684个相关实体①，涉及了7类温室气体，约占韩国温室气体排放总量的74%（陈骁与张明，2022）。

K-ETS所覆盖的实体仅限于温室气体排放量超过一定水平的企业，即近3年平均温室气体排放量等于或高于12.5万吨二氧化碳的企业，或近3年平均温室气体排放量等于或高于2.5万吨二氧化碳的单一业务场所。在运作模式方面，K-ETS主要采用"总量控制型"交易模式。根据温室气体路线图中设定的年度目标排放量，确定整体排放总量，然后根据行业减排目标在企业之间进行分配。企业可以在排放许可证交易所或场外市场进行交易，以购买或出售相关的排放配额。目前K-ETS的发展可分为三个阶段：第一阶段为2015年至2017年。这一时期，排放配额全部以免费的形式发放，大多数部门根据基准年（2011—2013年）的平均温室气体排放量获得免费配额。第二阶段为2018年至2020年。这一时期，97%的碳排放配额以免费的形式发放，剩余的3%用于有偿拍卖。第三阶段为2021年至2025年。这一时期，不到90%的排放配额免费分配给相关企业，至少10%的碳排放配额要用于有偿拍卖。此外，韩国政府致力于促使企业主动减少排放，并引入第三方交易制度，以增加金融企业和其他第三方机构的参与（郑军与刘婷，2023）。

自项目开始以来，K-ETS创造了10926亿韩元的韩国碳市场配额收入。2022年，收入达到了3171亿韩元。② 这些收入将主要用于帮助中小企业对环保设备进行升级改造以及加强对低碳技术的创开发的支持。

(7) 新加坡气候影响力交易所（Singapore Climate Impact X, CIX）

新加坡气候影响力交易所于2021年5月由星展银行、新加坡交易所、渣打银行和淡马锡控股联合推出，旨在建立一个世界级的、集碳信用额全球交易以及绿色项目融资服务于一体的全球碳排放权交易市场。CIX携手生态行业的合作伙伴，利用卫星监测、机器学习和区块链等技术手段，提升碳信用的透明度、规范性和可信度，以促进企业采取并完善有效的减碳措施。

目前CIX的交易平台主要涵盖GREENEX碳积分交易所（NEP）和

---

① 数据来源：https://icapcarbonaction.com/system/files/ets_pdfs/icap-etsmap-factsheet-47.pdf，2023年10月4日访问。

② 数据来源：https://icapcarbonaction.com/en/ets/korea-emissions-trading-scheme，2023年4月17日访问。

项目市场（Project Marketplace）这两项核心业务（梅德文等，2022）。其中，GREENEX碳积分交易所于2021年11月成立，其初衷是向公司和机构投资者提供服务。该交易所通过签订标准化合同，向市场参与者（如跨国公司、机构投资者等）提供规模较大且质量较高的碳信用销售服务。在2022年1月，NEP推出了一种名为GRAVAS的全新碳排放权交易模式。该模式将碳交易从"自愿性"转变为"回报性"，涵盖了个人碳足迹抵消以及企业的碳中和等方面。GRAVAS模式旨在帮助企业和个人通过获得碳积分（即代表排放1吨二氧化碳当量的温室气体的可交易额度或许可证）来发挥自己的作用。CIX将透过GREENEX碳积分交易所，与众多可靠的合作伙伴共同构建一个生态系统，旨在推动全球回报性碳市场的发展和繁荣。而项目市场主要服务于中小企业，致力于推动森林、湿地和红树林等自然生态系统的修复和保护。通过该市场，中小企业能够直接从特定项目购买优质碳信用，从而激励更多企业参与到自愿性碳市场里来，此外，项目市场还会为这些企业提供各种自然气候解决方案项目，助力他们实现可持续发展目标。

3.5 贸易体系和气候体系互动下的国家行为动机

国家是贸易体系和气候体系中最重要的决策者。在国际贸易和气候变化的双重作用下，各国如何决策对于全球可持续发展的前景具有直接和深远影响。在有关国际合作减排动机的驱动因素方面，已有研究主要基于经济理性和获利性角度，认为一个国家的温室气体减排动机主要取决于其他国家的减排努力和成本。

溢出效应在国际减排合作中的作用非常关键。[①] 如果溢出效应主要由其他国家的减排总成本或绝对减排量决定（规模效应），那么合作动机就和没有溢出效应时一样弱，因为每个国家都希望其他国家考虑到溢出效应，而自己却不愿意这么做。相反，如果溢出效应主要由相对减排量决定（贸易条件效应）[②]，那么合作动机就比不考虑溢出效应时更加强烈。这个结果可以解释为由于国际合作会有更高的收益，因此国家间减

[①] 溢出效应是指经济活动或过程施加于那些不直接参与该活动或过程的个体的外部性。
[②] 贸易条件效应是指建立关税同盟后，同盟内国家向同盟外国家进出口商品的贸易条件所发生的变化。

排政策的相互依赖性变得更强。

此外,"搭便车"动机也会对国际合作减排产生重要影响。为了削减碳排放,一个国家会减少生产或使用本国产品,而增加对其他国家产品的需求,这会造成消费国的温室气体排放量远低于生产国,导致碳泄漏现象。不仅如此,一些碳减排力度较大的国家可能会采取系列措施,将供应链中污染程度较高、能源消耗较大、技术含量较低的制造业前端转移到减排力度较小、碳规制政策不健全的国家,从此不利于国际减排合作。由于国际减排合作的利益难以均摊,常常会引致利益冲突等问题发生,进而导致不同国家的谈判立场和合作态度大相径庭。

国家竞争优势理论指出,一国国际贸易竞争力的根源来自企业的竞争力水平,而企业竞争力又由国家提供的外部环境所决定。单边气候贸易政策会改变商品的相对成本,从而对各公司和各部门的竞争力产生实质性影响。一个部门的竞争力是指其在市场竞争中,保证经济效益以及扩大市场份额的能力。公司和部门的竞争优势可能会受到政策环境松紧的影响。环境政策方面,由于不同国家实施的环境政策不同,参与竞争的企业和部门会面临不同程度的经济成本,那些位于环境政策相对宽松的国家和地区的企业和部门在价格上获得优势是显而易见的事。具体来看,气候变化对于部门竞争力的影响是部门特性、管制设计等多重因素综合作用的结果:①部门特性。例如,贸易导向程度、能源密集程度或者说碳排放密集程度,以及调整价格转移成本的能力等;②政府管制政策的设计和组合。例如,碳定价机制、管制的严格程度以及碳排放配额分配方式等;③其他政策的考虑。例如,其他国家制定和实施的气候贸易政策和措施。这些因素并不是放之任何行业皆准的,具体的影响程度应当根据产业的特征来分析。在关于气候政策对竞争力影响的讨论中,成本转移的能力和贸易导向性都是评估气候政策对企业竞争力影响的核心考虑因素。

"成本传递能力"又称成本潜在回收力,是指企业采用提高产品价格的方式将生产过程产生的成本的上升部分转嫁给消费者而又不引发利润损失的能力。在成本传递当中,提高价格是为了弥补实施减排措施所产生的额外成本,因此价格涨幅应当控制在与减排所产生的直接成本和间接成本的总和大致相等的范围内。分成本类型来看,直接成本的大小与生产过程的碳排放总量和强度、能源排放总量和强度以及减排技术的可用性有关系。直接成本之外,各个产业还面临与能源投入相关的间接碳成本,因为能源投入导致的"碳约束"的变化可能会引起企业的反应和对策。具体来说，当"碳约束"增强时，各产业可能会采取减少能源投入的措施来应对，即便这样的方式会产生一定的成本。此外，企业的"成本传递能力"受到需求弹性、市场结构、贸易导向程度等多个要素的影响。能源企业能够轻易地将成本转嫁给消费者，主要是因为能源需求的价格弹性较低。这意味着即使价格发生变化，消费者对能源的需求也相对稳定。此外，企业对国际贸易的依赖性决定企业是否会把成本转移给消费者，由于担心提高价格会损失相应的市场份额，国际贸易产品的生产商不太可能用提高价格的方式来抵消其碳成本。也就是说，那些成本传递能力更强的企业，对国际贸易的依赖程度更低。

"碳泄漏"问题跟气候变化应对政策的后果有关，如何处置这一问题已经成为国际社会的共同关切。在气候变化应对政策的作用之下，能源密集型产业可能会在环境政策相对宽松的国家进行重新布局，而这会带来次生的风险。因为"碳价"在实施管制的国家和未实施管制的国家之间会存在相当大的差异。并且，即便是在实施相同的气候政策或使用相同碳定价工具的国家之间，"碳价"的差距也有可能是显著的。目前，与碳泄漏紧密相关的风险主要有两种：一是"碳避难所"风险，即全球碳减排的成效可能会被碳密集型产业在碳约束较弱的国家寻求庇护的行为所损害；二是重塑和改变劳动力格局的风险，即就业岗位分布可能会由于碳密集型产业在碳约束不强的国家寻求庇护的行为而重新洗牌。

因此，在没有补贴和税收返还等辅助措施的前提下，对于实施总量减排或其他碳排放控制政策的国家，碳密集行业的附加减排成本将会增加总体生产运营成本，致使其在国际市场上处于比较劣势。与之类似，传统观点认为当所有发达国家都在自由贸易中参与经济竞争时，如果没有国际协调机制，具有严厉环境管制的国家将遭受严重的经济损失，包括贸易赤字、失业，甚至经济崩溃等，进一步造成不公平竞争。然而，这种观点已被很多研究证明是错误的（Krugman，1999）。无论在理论还是实践中，多样化的国内政策、制度和标准总体来说都是与贸易利益相容的。例如，有学者在分析欧盟委员会2000年关于在欧洲内部实施温室气体贸易的绿色文件时就指出：①即使假设所有成员国都同样重视全球环境，如果不同国家的部门温室气体减排边际成本不同，那么抱怨由于配额分配造成的不公平是没有理由的；②即使在理论上可以预期策略性环境政策（如豁免、例外及生态倾销）的影响，但由于复杂的宏观经济效应，它们对于竞争力的影响在实际中是高度不确定的（Viguier，2001）。

即便如此，为保护产业的国际竞争力、降低国内推行节能减排的阻力和减少碳泄漏，环境成本和产品生产成本较高的国家依然倾向于向不合作国家征收高额关税。一些国家已提出了关于贸易排放计划方面的立法，详细规定了有碳泄漏风险的部门或子部门的鉴定标准，包括贸易风险、排放强度、电力消费、减排的可能程度以及其他国家采取可比行动减少排放和提高碳效率的程度等。但是，在实际操作过程中收集上述指标的相关数据可能会存在较大困难，因此确定可能存在碳泄漏风险的部门是一项具有挑战性的任务。同时，很多学者指出碳关税等贸易限制措施并不是促进国际气候合作的最优手段。随着气候政策的深入实施，部分发展中国家的环境成本不断增加，导致其参与国际减排合作的意愿大幅降低。相比之下，推动各国之间的技术交流与合作、促进全球各部门之间制定协议等政策措施对于加强国际减排合作具有更好的效果。有学者发现大多数发展中国家认为国际贸易会对国家收入和发展水平产生重大影响。虽然气候变化将会对最不发达国家造成损害，但经国际多方谈判后提出的一些缓解气候变化的措施可能会带来较大的经济利益。基于此，对于发展中国家而言，参与国际减排谈判是能够获益的，而缺席的国家则会受到经济损害。有学者以中国为例探讨了发展中国家与发达国家在边境措施上的主要矛盾，指出美国的边境调节措施和美国与发展中国家在气候变化中的分歧主要是国际气候谈判的缺陷所致。国际气候谈判设定了两个目标时间：2020年和2050年。其中，2020年对于美国和中国来说发展空间都太小，而2050年对于政治家们来说又太遥远。但如果将承诺期从2020年延长至2030年，不仅美国能够履行中国和其他发展中国家所希望的深层次排放削减任务，而且中国也能接近实施美国和其他工业国家长期以来希望的排放总量限额。美国前总统奥巴马也承诺到2030年美国将在2005年水平上削减42%的碳排放。有学者提出WTO《技术性贸易壁垒协定》中第十一条和第十二条要求技术管制不对国际贸易产生"不必要"的障碍，并且该协定的法律目标包括对人类、动植物的健康以及环境的保护。如果国际社会能够努力保证《技术性贸易壁垒协定》第十一条和第十二条切实执行，即保证发展中国家享有公平参与所有政策制定的权利以及给予发展中国家在本国工业中使用这些政策必要的帮助，那么WTO政策存在向一个全球范围均可接受的碳标签计划倾斜的可能性。有学者的研究发现，发展中国家的减排意愿可能会受到发达国家国家贸易决策的影响。对发展中国家而言，发达国家开放市场、减轻贸易保护等决策的做出可能会有助于提高发展中国家的减排意愿（Walsh，2011）。

在气候变化谈判中，发展中国家对被排除在外且话语权较小的处境依然存在抱怨。为此，中国与其他发展中国家组成"G77＋中国"集团，提高了发展中国家在谈判中的地位。在多哈会议上，发展中国家的参与也被证实是相当有效的。在坎昆气候大会上，发展中国家又一次表现出很小的主动性。因此，为了提高发展中国家的参与积极性和公平性，UNEP认为在UNFCCC和WTO的多边谈判中，欧盟应该强化制止"搭便车"的政策措施，以缓解目前对发达国家可能采取更多的单边措施解决工业竞争力问题的普遍担忧，并进一步扩充在WTO多哈回合的零关税谈判中欧美联合提出的包含43种气候友好型产品的清单（Brewer，2008）。

最终，对于全球各国来说，气候政策的焦点依然是公平与效率的问题。有学者认为《蒙特利尔议定书》中的贸易限制是公平的，因为没有国家从臭氧层损耗中受益，而那些从协议中获益最少的国家得到了补偿（Barrett and Stavins，2003）。而在气候变化的情景下，没有补偿的贸易限制措施会给许多发展中国家施加不公平的负担。但是，通过允许发展中国家更广泛的贸易，贸易措施也可以增强全球行动的公平性。允许贸易措施最大的风险在于一些国家可能会更多地使用单边措施来保护国内产业而不被监督，同时专家委员会也要面临筛选出不必要的保护主义措施的困难。这种风险一部分可以通过多边谈判克服，但在多边环境协议中关于贸易措施的解释和执行还没有得到充分重视。虽然贸易措施在帮助解决气候变化的公平与效率问题上前景光明，但是如何实现这一前景，仍然需要进一步重视在气候变化协议中设计合理的贸易制度。

第4章　国际贸易中的碳泄漏：隐含碳排放

碳泄漏是指一个国家实施较为严格的气候政策而引起另外一个国家碳排放量上升的现象。碳泄漏的发生涉及两个与之紧密相关的问题：不对称减排政策引发的化石能源价格变动，以及能源密集型产业的国际转移。国际贸易在这两个渠道中扮演着重要的媒介角色。首先，能源贸易导致全球化石能源价格存在高度传导性。其次，能源密集型产业的国际转移使得能源密集型产品再次通过国际贸易流回减排国家或地区，以满足它们的消费需求。这种流动可以被视为碳泄漏的一种形式。此外，赫克歇尔-俄林贸易理论指出在自由贸易下，各个国家将专门从事其禀赋相对较高的要素密集型生产。因此，只要有贸易存在，一部分国家就会专门从事能源密集型生产，其碳泄漏就无法避免，这给全球气候治理提出了一个持久和巨大的挑战。

在这种情况下，如何核算各国的碳排放量成为全球气候政策制定的基础。在全球气候体系中，只有当参与国相信数据是以一种公平的方式呈现时，其对气候政策的接受度和责任感才会增强。例如，当面对发展中国家增长的环境绩效时，一些国家会质疑发展中国家是"事实上的进步还是责任上的推诿"（Hertwich，2005）。同样，发展中国家也会质疑发达国家以历史排放为代价完成了资本的原始积累，现在却要求发展中国家承担同样的减排责任。因此，只有得到一个被大多数国家所认可的国家排放量，才能在此基础上制定全球减排政策。

4.1　国际贸易中的隐含碳排放

随着国际贸易加速发展，国际产业链不断延长，制造和消费环节开始在地理上分化，导致碳排放的环境影响贯穿于全球价值链。以中美贸易为例，如图4-1所示，$E_{Production}$代表中国在生产过程中产生的碳排放。生产出的产品除用于本国消费（$E_{Consumption}$）外，一部分出口到美国被消费（E_{Export}）。同时，中国所消费的产品并不都是本国生产的，其中一部分也来自于美国进口（E_{Import}），因此从生命周期的角度来看，产品进出口隐含的是二氧化碳排放量的进出口。基于此，有学者提出了"二氧化碳贸易平衡"（CO_2 Trade Balance，CTB）的概念（Munksgaard and Pedersen，2001）。如式（4.1）所示，用一个国家出口产品中隐含的碳排放量减去进口产品中隐含的碳排放量，就是该国的二氧化碳贸易平衡（CTB）。

$$CTB = E_{Export} - E_{Import} = \sum_i (E_{Export \rightarrow i} - E_{Import \leftarrow i}) \quad (4.1)$$

隐含的碳排放量就是指为获得一定量的产品，在生产的全过程中所产生的间接碳排放。它不仅包括生产该产品的直接碳排放量，也包括产业链上游的各个部门为该产品的生产提供原材料或中间产品所产生的碳排放量。对一个国家来说，如果其出口产品中隐含的碳排放量大于进口产品中隐含的碳排放量，则称该国的隐含碳排放平衡状况为"碳顺差"或者"碳盈余"，反之，则称之为"碳逆差"或者"碳赤字"，其过程如图4-1所示。

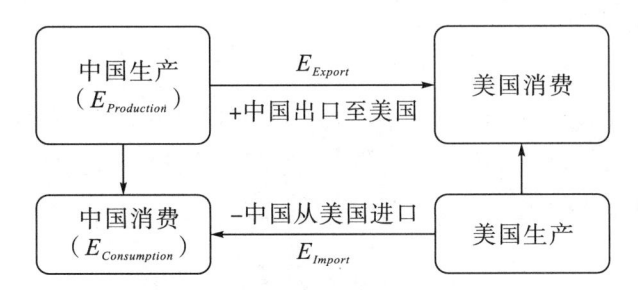

图4-1 中美贸易中的隐含的碳排放量

根据图4-1，式（4.1）可以改写为（4.2）：

$$\begin{aligned}CTB &= E_{Export} - E_{Import} \\ &= (E_{Production} + E_{Import} - E_{Consumption}) - E_{Import} \\ &= E_{Production} - E_{Consumption}\end{aligned} \quad (4.2)$$

因此，一国的隐含碳排放平衡也等于该国生产全过程中的二氧化碳排放量减去实际消费产品中隐含的二氧化碳排放量。

隐含碳排放平衡的计算方法主要为投入产出分析法结合贸易清单和排放清单方法。投入产出分析法在能源分析中具有较长的历史。在实际的经济体系中，所有的国家都需要从事生产和消费活动。任何国家的每个部门都消耗一系列的投入并生产一系列的产出。投入和产出是以货币单位度量的产品和服务。投入可以从同一国家的同一部门或其他部门得到，也可以从其他国家得到（进口），或者从家庭部门得到（劳动力和资本服务、工资、奖金和租金）。从家庭部门得到的投入为初始投入，所有初始投入之和就是一个国家的国内生产总值。按同样的道理，产出可以被输送至同一国家的同一部门或其他部门，以及其他国家（出口），或者成为最终需求。最终需求包括投资、政府支出以及消费。因此，考虑一个包含 n 个部门的国家经济体，其经济活动可以用 $O=AO+F$ 表示，其中，O 为部门 i 的总产出向量，$A=\dfrac{O_{ij}}{O_j}$ 是生产技术矩阵或直接消耗系数。F 是最终使用向量，包括消费、投资以及出口（X）。转化该方程式，可以得到 $O=(I-A)^{-1}F$，其中 $(I-A)^{-1}$ 是列昂惕夫逆矩阵，I 是单位矩阵。列昂惕夫逆矩阵的元素表示单位最终需求所需的直接和间接投入。

设 $D=\begin{Bmatrix} D_1 \\ D_2 \\ \cdots \\ D_j \\ \cdots \\ D_n \end{Bmatrix}$，其中 $D_j=\dfrac{E_j}{O_j}$ 为一个部门生产过程的直接碳排放强度，其中 E_j 是部门 j 的直接碳排放量，那么 $D'=D(I-A)^{-1}$ 则表示一国为获得部门 j 一单元的最终需求而产生的直接和间接碳排放，定义为总排放强度。那么，该经济体的生产性碳排放量为 $E_{Production}=D'F$，即如下式（4.3）：

$$E_{Production}=\sum_{i=1}^{n}D'_i\cdot F_i \tag{4.3}$$

这就是说该经济体产生了 $E_{Production}$ 的碳排放量而无论生产投入的源头和生产使用的最终去向。

以中国为例，对贸易中的隐含碳排放平衡进行计算。在对外贸易中，进口投入用于中间使用和最终使用。在这个过程中，一部分的进口产品将通过加工贸易被再次出口。因此，在核算国内生产的出口排放量时，这一部分进口产品应该被剔除。这可以通过 $E_{Re-export}=D'A_{im}(I-A)^{-1}X$ 实现，其中 $E_{Re-export}$ 为再出口中隐含的碳排放量，A_{im} 是进口投入的技术系数矩阵。但是，由于中国的投入产出表只有各行业总进口额数据，本研究用总体值取而代之，即 $E_{Export}=D'X$。这样的估值会导致对于出口排放的过高估计，但是误差有限，因为中国的出口主要集中在纺织等仅在部分上依赖于加工贸易的部门。同时，中国对于一些产品的再进口也部分抵消了这种误差，而这些再进口在实际过程中可能被错误地计算进国外的而非中国的排放强度（Pan et al.，2008）。进一步来看，每个部门的总碳排放强度为 $D_i^{'}$，设中国的贸易伙伴为 $\{1, 2, \cdots, a, \cdots, b\}$，任意部门 i 对国家 a 的出口为 X_{ia}，则总出口中隐含的碳排放量为：

$$E_{Export} = \sum_{i=1}^{n} \sum_{a=1}^{b} D_i^{'} \cdot X_{ia} \tag{4.4}$$

由于进口来源于不同的贸易伙伴，进口中隐含的碳排放应以进口国的碳排放强度核算，即 $E_{Import} = D'M$。进一步来看，设国家 a 部门 i 的总碳排放强度为 $D_{ia}^{'}$，中国从国家 a 的部门 i 的进口额为 M_{ia}，则总进口中隐含的碳排放量为：

$$E_{Import} = \sum_{i=1}^{n} \sum_{a=1}^{b} D_{ia}^{'} \cdot M_{ia} \tag{4.5}$$

由于一国基于消费的碳排放量等于其基于生产的排放量加上进口中隐含的碳排放量，再减去出口中隐含的碳排放量，即：

$$\begin{aligned} E_{Consumption} &= E_{Production} + E_{Import} - E_{Export} \\ &= \sum_{i=1}^{n} D_i^{'} \cdot F_i + \sum_{i=1}^{n} \sum_{a=1}^{b} D_{ia}^{'} \cdot M_{ia} - \sum_{i=1}^{n} \sum_{a=1}^{b} D_i^{'} \cdot X_{ia} \\ &= \sum_{i=1}^{n} [D_i^{'} \cdot F_i + \sum_{a=1}^{b} (D_{ia}^{'} \cdot M_{ia} - D_i^{'} \cdot X_{ia})] \end{aligned} \tag{4.6}$$

而将式（4.4）和式（4.5）代入式（4.6），可以得到中国国际贸易中的总隐含碳排放平衡为：

$$BEET = \sum_{i=1}^{n} \sum_{a=1}^{b} (D_i^{'} \cdot X_{ia} - D_{ia}^{'} \cdot M_{ia}) \tag{4.7}$$

如果 $BEET$ 为正，则意味着出口的碳排放大于进口的碳排放，或生产性碳排放量大于消费性碳排放量；如果 BEET 为负则意味着进口碳排放大于出口碳排放，或消费性碳排放量大于生产性碳排放量。

要计算两国之间贸易中的隐含碳排放平衡，即式（4.8）中的 $B_{k\&a}$，首先需要核算两国各行业的净贸易量，然后乘以相应生产国在该行业的碳排放强度。以中国 k 和国家 a 为例，设 $\{1, 2, \cdots, n\}$ 为两国的各个行业，任意行业 i 的净贸易量为中国对 a 的出口 $X_{k \leftarrow a}^{i}$ 减去从 a 的进口 $M_{k \leftarrow a}^{i}$，如果 $X_{k \leftarrow a}^{i} > M_{k \leftarrow a}^{i}$，则行业 i 的隐含碳排放平衡为中国的行业 i 的碳排放强度 I_k^i 乘以净贸易量 $X_{k \leftarrow a}^{i} - M_{k \leftarrow a}^{i}$；如果 $X_{k \leftarrow a}^{i} < M_{k \leftarrow a}^{i}$，则行业 i 的隐含碳排放平衡为国家 a 的行业 i 的碳排放强度 I_a^i 乘以净贸易量 $X_{k \leftarrow a}^{i} - M_{k \leftarrow a}^{i}$。最终中国与国家 a 之间的隐含碳排放平衡则为每个行业的

隐含碳排放平衡之和，即：

$$B_{k\&a} = \sum_{i=1}^{n} \begin{cases} I_k^i(X_{k\to a}^i - M_{k\leftarrow a}^i) if & X_{k\to a}^i - M_{k\leftarrow a}^i > 0 \\ I_a^i(X_{k\to a}^i - M_{k\leftarrow a}^i) if & X_{k\to a}^i - M_{k\leftarrow a}^i < 0 \end{cases} \quad (4.8)$$

要全面地考虑国际贸易的环境影响，就必须分析和了解隐含碳排放在其中所起到的作用。对此，已有研究广泛核算了国际贸易中的隐含碳排放量并分析了其政策意义。

4.1.1 全球研究

随着经济全球化程度不断加深，分散在世界各地的生产片段被整合到全球生产网络中。其中发达国家由于掌控低耗能、低排放、高附加值的生产环节，并将高耗能、高排放、低附加值的生产环节外包给发展中国家，在一定程度上规避了污染排放的生产者责任。而发展中国家不仅面临有限的增加值贸易收益，还面临巨大的碳减排压力，甚至成为发达国家的"污染避难所"。因此这种由生产地与消费地分离所造成的大规模全球碳排放转移加剧了全球碳减排权责的不公平性，引发了地理学、生态学、区域经济学等领域广大专家学者的共同关注。

4.1.1.1 多边贸易的隐含碳排放

现有研究从多边和全局视角出发，采用多区域环境投入产出模型、结构分解分析模型、全生命周期评估等方法，核算了包含世界主要经济体在内的贸易隐含碳排放量。结果显示，国际贸易中隐含了大量的碳排放。例如，有学者对2001年占全球碳排放量70%的87个国家间的贸易隐含碳排放量进行了核算，发现全球共有53亿吨的二氧化碳排放隐含在国际贸易中，且附件一国家为碳净进口国（Peters and Hertwich，2008）。有学者以41个国家和地区的35个部门为研究对象，通过构建一个综合的世界投入产出模型，发现自1995年WTO成立以来，国际贸易中的隐含碳排放量以平均每年3%左右的速度增长，其中，东亚国家往往因为贸易隐含碳排放的净增长而承担更多的负担（Tian et al.，2015）。有学者测算了全球41个国家和地区的碳排放量，同样发现贸易隐含碳排放的流动大部分是从非附件一国家流向附件一国家。各国在国际贸易中分工的不同导致其国际贸易中的碳结构上存在显著差异：发达国家通常进口高耗能工业品，出口低碳高技术产品，从而使贸易隐含碳排放大量流入，而发展中国家的情况恰恰相反。因此，国际贸易隐含碳排放问题具有典型的地缘政治经济结构。例如，有学者基于全球贸易分析项目数据库,测算了隐含碳排放在全球不同国家和地区的分布和流动情况,研究结果呼吁依据隐含碳排放的区域差异实现减排责任的重新划分(丛晓男等,2013)。其中,包括中国在内的金砖国家以及包括俄罗斯在内的东欧国家是全球贸易隐含碳排放净流出量较大的国家和地区;美国、欧盟、日本等发达国家和国际组织的隐含碳排放净流入量是全球最大的;撒哈拉以南非洲国家(除南非)与东盟某些成员国也是隐含碳排放的小幅净流入国家。有学者采用澳大利亚研究委员会开发的 Eora 数据库对 2000 年至 2015 年 189 个国家(地区)的国(区)内需求隐含碳排放量、出口隐含碳排放量和进口隐含碳排放量进行了测算,发现贸易隐含碳排放净流出是中国、印度、伊朗等发展中国家碳排放快速增长的关键原因之一,而隐含碳排放净进口则为美国、日本、德国等发达国家的碳排放量下降贡献了重要力量(李晖等,2021)。与之类似,有学者核算了 2001 年至 2019 年 13 个国家和地区的贸易隐含碳排放量,发现欧盟、美国、日本等主要发达经济体的消费侧碳排放量均显著高于生产侧碳排放量;而中国、东盟、印度等发展中经济体则呈现相反的态势(张彬等,2021)。

此外,一些研究以国家联盟为研究对象也得出了与上述研究类似的结论。例如,有学者保守估计 1995 年用于满足 OECD 国家国内需求而产生的碳排放量比其生产排放量高出 5 亿吨,占 OECD 国家总排放量的 5%,全球排放量的 2.5%(Albin,2003)。此后,有学者进一步估算发现 OECD 国家的二氧化碳净进口量在 1995 年至 2005 年期间增加了 80%(Wiebe et al.,2012)。有学者运用多区域投入产出模型计算了 2004 年世界三个超国家联盟的贸易隐含碳排放量,研究结果显示七国集团碳排放配额盈余 15.3 亿吨,金砖四国碳排放配额赤字 13.7 亿吨,世界其他地区碳排放配额赤字 1.6 亿吨(Chen and Chen,2011)。有学者计算了 2015 年全球各大洲内部含铁商品贸易中的隐含碳排放量,发现大洲内部之间的隐含碳排放量占全球隐含碳排放流量的 63.83%,其中亚洲、欧洲内部的隐含碳排放流动量较大,约占总流量的 56.54%(李丹等,2018)。有学者基于扩展的全球多区域投入产出模型以及 WIOD 数据库,估算了金砖国家对外贸易隐含碳排放配额,发现金砖国家在 2009 年出口贸易隐含碳排放配额达到 25 亿吨,进口贸易隐含碳排放配额为 11 亿吨(张中华,2019)。有学者测算了"一带一路"沿线地区与世界主要国家之间的隐含碳排放配额流动情况,发现当前的隐含碳排放配额流动主要是从"一带一路"沿线地区流向发达国家,且全球 95%以上的隐含碳排放配额流出发生在"一带一路"

沿线地区（Han et al., 2018）。程宝栋与李慧娟（2020）利用增加值贸易核算法对中国、俄罗斯、印度等6个"一带一路"沿线国家的出口隐含碳排放状况进行了估算。结果显示，2000—2014年，"一带一路"沿线各国国内和国外的贸易隐含碳排放量均呈现下降趋势。2014年"一带一路"沿线国家总的贸易隐含碳排放量为2.34亿吨，其中国内和国外的出口隐含碳排放量分别为2.12亿吨和0.22亿吨。

4.1.1.2 双边贸易的隐含碳排放

在双边贸易方面，现有研究核算了全球贸易中几对重要关系之间的二氧化碳排放量和排放流向。从发达国家间的贸易来看，虽然"碳转移"的问题仍然存在，但这不是造成国际碳排放量增加的主要原因。根据部分学者对1990年和1995年的国际投入产出数据的分析，日韩之间由于贸易引起了二氧化碳转移，排放强度、技术输入、需求组成以及贸易结构等因素影响了这种转移量的变化（Rhee and Chung, 2006）。结果表明，尽管韩国对日本的贸易为逆差，但贸易中隐含的碳排放量却为顺差。有学者应用经济投入产出与生命周期评估技术（EIO-LCA）估算了美国和加拿大45个制造与能源部门的能源强度和温室气体排放强度。结果表明，由于北美经济具有高度一体化的特征，美国与加拿大在能源和温室气体密集度上的部门差异使其中一个国家的商品消费和生产能够间接引起另一国温室气体排放量的变化（Norman et al., 2007）。有学者估算了日本和美国贸易的含碳量，发现1995年的美日贸易导致美国工业的二氧化碳排放量减少了1460万吨，而使日本工业的二氧化碳排放量增加了670万吨，但是这些排放都不到每个国家总排放量的1%（Ackerman et al., 2007）。有学者研究表明2000—2011年，日本实现了碳排放顺差，即日本是碳排放净出口国，而美国是美日双边贸易中的碳排放净进口国（Wang and Zhou, 2019）。具体而言，从日本到美国的净出口隐含碳排放量从1050万吨增加到了7820万吨（增加了约645%）。同时，美国基于消费的排放量下降了3.21%。有学者则估算了韩国和美国双边贸易中的隐含碳排放量，发现韩国向美国出口贸易隐含碳排放量在2000—2014年间呈现出逐渐增加的趋势（Kim and Tromp, 2021）。2014年，韩国向美国出口的贸易隐含碳排放量占韩国出口隐含碳排放总量的58%。有学者估算了德国和美国双边贸易中的隐含碳排放量，结果显示，2000年—2014年，德美双边贸易中的隐含碳排放总量呈下降趋势（Li and Ge, 2022）。从双边隐含碳排放贸易平衡来看，德国向美国出口的隐含碳更多，但德国向美国出口中隐含的碳排放量下降速度比美国向德国出口的隐含碳排放量下降速度更快。

从发达国家与发展中国家间的贸易来看，发展中国家处于隐含碳排放转移量和转移关系双重受损的位置，面临严峻的贸易隐含碳排放不平衡问题。例如，有学者核算了2004年英国和中国双边贸易中隐含的碳排放量（Li and Hewitt，2008）。结果表明，通过与中国的贸易，英国2004年的碳排放量降低了11%，但是相比无贸易的情景，中英贸易导致全球二氧化碳排放量增加了1.17亿吨，相当于英国2004年总排放量的19%和全球排放量的0.4%。有学者对中国－欧盟、中国－美国和中国－日本等几对双边碳排放流动中的重要关系进行了探究（Zhu et al.，2018）。结果显示中国是欧盟、美国和日本碳排放流入的最大贡献者。有学者测算了印度与英国贸易的含碳量，发现英国能够通过贸易避免大量的碳排放（Banerjee，2020）。具体而言，2011年、2013年和2015年，印度出口至英国的商品含碳量约为100万吨二氧化碳/百万美元，而印度进口英国的商品含碳量仅为14万吨二氧化碳/百万美元。随后，Banerjee对2011—2014年印度和美国以及印度和英国双边贸易中的隐含碳排放量进行了测算和比较（Banerjee，2021），结果表明，印度对美国出口的隐含碳排放量每年平均为87.26百万吨，从美国进口的隐含碳排放量每年平均为7.62百万吨；印度对英国出口的隐含碳排放量每年平均为14.65百万吨，从英国进口中的贸易隐含碳排放量每年平均为1.09百万吨。

此外，发展中国家之间以及发展中国家与欠发达国家之间的贸易含碳量同样不可忽略。例如，有学者对1992—2013年中国与其他金砖国家的贸易隐含碳排放量进行了测算，发现中国不仅是发达国家主要的碳贸易伙伴，也是其他金砖国家主要的碳贸易伙伴，尤其是印度和俄罗斯（乔小勇等，2018）。由于金砖国家在农产品、矿产品等初级产品上的碳排放强度优势，使中国在与其贸易中出现一定规模的碳贸易逆差，成为隐含碳排放的净出口国（潘安与魏龙，2015）。有学者运用多区域环境投入产出分析模型全面评估了发展中国家间贸易（即南南贸易）中的隐含碳排放以及排放转移情况，发现2004—2011年发展中国家出口产品中所隐含的二氧化碳排放总量从22亿吨增加到33亿吨，增长了46%（Meng et al.，2018）。虽然这些排放量大部分隐含在对发达国家的出口中，但南南贸易中隐含的二氧化碳排放量增长更快，从2004年的4.7亿吨增至2011年的11亿吨，其中，印度和中国是南南贸易隐含碳排放增量的最大贡献国。有学者利用世界投入产出数据库和环境卫星账户数据，计算了 2000—2014 年金砖国家间贸易中的隐含碳排放转移量。结果表明，俄罗斯、印度和中国是贸易隐含碳排放净出口国。有学者研究了 2004—2017 年中国与"一带一路"沿线国家之间贸易活动带来的隐含碳排放转移问题。结果显示，中国从其他"一带一路"沿线国家进口中的隐含碳排放增长率约为出口的 1.9 倍，且中国进口的碳排放量占其进口总碳排放量的比重在 2004—2017 年从 3.41％上升至 3.73％，而出口比重则从 6.52％下降至 6.03％（Zhang and Chen，2022）。

4.1.1.3 一国整体的贸易隐含碳排放

从一国整体角度，现有研究对许多国家整体对外贸易隐含碳排放进行了测算，研究对象包括发达国家和国际组织，如美国、英国、西班牙、欧盟等，以及发展中国家，如中国、巴西、印度、俄罗斯等。

总体而言，虽然有个别例外，但发达国家一般为贸易隐含碳排放的净进口方，即消费侧碳排放量高于生产侧碳排放量。例如，有学者发现西班牙出口隐含碳排放量略微高于进口的相应值。这是因为该国用高污染的生产满足国际国内需求的同时又进口了大量的高污染产品（Sánchez-Chóliz and Duarte，2004）。其中，运输材料、矿产、能源和化工等是最重要的碳出口部门，而其他如服务、建设及食品等部门则是最大的碳进口部门。值得注意的是，运输材料业同时是重要的碳进口部门和碳出口部门，因此该行业的贸易政策是影响西班牙对外贸易碳排放量的关键。有学者发现从 1997 年到 2004 年间，美国进口量的增长和贸易格局的转变导致其贸易中隐含碳排放量从 1997 年的 5 亿吨～8 亿吨增长到 2004 年的 8 亿吨～18 亿吨，分别占美国总排放量的 9％～14％以及 13％～30％（Weber and Matthews，2007）。2004 年，美国家庭碳排放量所产生的环境影响中有 30％发生在美国以外的其他地区（Weber and Matthews，2008）。有学者发现从 20 世纪 90 年代早期开始，芬兰贸易出口中的隐含碳排放量就开始超过了进口的相应值（Menp and Siikavirta，2007）。有学者比较了基于消费和基于生产的英国 1990—2004 年的碳排放削减量。结果表明，英国在碳减排方面取得的进展从生产角度来看是显而易见的，但从消费角度来看则在未来将完全消失（Druckman and Bradley，2008）。但该学者认为这个结论的准确性在很大程度上依赖于环境与经济数据以及对于进口假设的准确性。通过进一步分析英国投入产出数据的一致性，该学者认为衡量英国在碳减排方面的实际进展仍然有待探究。有学者分析了 1992—2004 年英国 123 个部门对外贸易中的隐含碳排放。结果表明，在此期间，英国进口产品的二氧化碳排放量均高于出口产品的二氧化碳排放量，且前者的增长速度比后者更快（Lenzen et al.，2010）。有学者运用多区域投入产出模型分析了1995—2009年澳大利亚基于消费的温室气体排放情况（Levitt et al.，2017）。结果表明，自2001年以来，澳大利亚基于消费的温室气体排放量增长速度一直高于基于生产的排放量增长速度。有学者针对新加坡的研究发现2000—2010年新加坡出口贸易中隐含的碳排放量占其总排放量的63%~64%，因此该国过去十年碳排量的增长主要是由出口驱动的，随着出口导向型产业和出口量的增加，新加坡的碳排放量也会相应增加。

对于发展中国家而言，大量货物贸易顺差带来了隐含碳排放的"逆差"。例如，有学者发现巴西在20世纪90年代与世界其他国家进行贸易的过程中净出口了大量能源密集型和碳密集型产品，导致其工业部门约7.1%的碳排放是由国际贸易所驱动（Tolmasquim and Machado，2003）。有人发现印度的出口隐含碳排放量在1995—2009年由115百万吨增长至725百万吨，而进口隐含碳排放量则逐渐从139百万吨增长至215百万吨。赵玉焕与刘娅（2015）发现俄罗斯的出口隐含碳排放量在1996—2009年由446.32百万吨增加到627.45百万吨，而进口隐含碳排放量则从9.88百万吨增加到66.24百万吨。有学者发现从生产视角来看，印度的二氧化碳排放量从2000年的890.4百万吨增加到2014年的2019.7百万吨，年均增长率为6%。由国际贸易需求所导致的碳排放量从2000年的122.1百万吨增加到2014年的327.4百万吨，年均增长率为7.3%。从消费视角来看，印度的二氧化碳排放量从2000年的831百万吨增加到2014年的1871.4百万吨，年均增长率为5.9%。有学者通过分析1990—2015年泰国基于生产和消费视角的碳排放量，指出泰国是碳排放的净出口国家（Ninpanit，2019）。具体而言，泰国基于消费的二氧化碳排放量从1990年的119百万吨增加到2015年的243百万吨，而基于生产的二氧化碳排放量则从128百万吨增长至316百万吨。有学者的研究表明越南出口贸易中隐含的二氧化碳排放量自2006年的22.2百万吨增加至2015年的57.5百万吨，年均增长率为15.8%（Nguyen，2022）。

4.1.2 中国研究

作为世界上最大的贸易国之一的中国，其国际贸易中的隐含碳排放得到了国内外学者的广泛关注。不同的研究得出了相对一致的结论，即中国是一个隐含碳净出口国，且净出口量呈现出逐年增加的趋势。

4.1.2.1 中国贸易隐含碳排放的核算

已有研究成果揭示了国际贸易中隐含碳排放的空间转移对中国造成的实际影响，说明中国成为全球碳排放量最大的国家并非完全出于自身发展的需求，而是承担了很大一部分其他国家发展所需的碳排放量。有学者通过核算发现，2004年中国出口产品中隐含的碳排放量占总排放量的比例高达23%（Wang and Watson，2007）。有学者的核算结果则显示2005年中国出口隐含碳排放量为33.5亿吨而进口隐含23.3亿吨（Lin and Sun，2010）。有学者估算发现，2006年，中国基于生产的碳排放量为55亿吨，而基于消费的碳排放量则为38.4亿吨。并且其进一步采用基于消费的测算方式发现中国2001—2006年的碳排放年均增长率从12.5%下降到8.7%（Pan et al.，2008）。有学者估算了1997—2007年中国贸易的含碳量，结果表明中国每年10.03%~26.54%碳排放量是由于出口生产，而进口中的隐含碳排放量仅占4.40%（1997年）和9.50%（2007年）。与之对比，世界其它地区由于进口中国商品而减少的碳排放量从1997年的15亿吨增加到2007年的59.3亿吨（Yan and Yang，2010）。在碳排放总量测算的基础上，有学者开展了一项揭示我国贸易隐含碳的空间转移路径研究。研究结果显示，碳转移主要通过两条路径进行：一条是从中东国家和东盟国家等发展中国家进口高碳产品，经过加工和制造，最终将制成品出口到以欧美国家为主的世界各地；另一条是从东盟、韩国和日本等国家进口低碳零部件，然后将其组装成制成品，并再出口到欧美国家（王媛等，2011）。有学者研究表明中国出口贸易隐含碳排放量在1995—2011年由60.8亿吨上升至338.2亿吨，增幅456.25%，而进口贸易隐含碳排放量从61.2亿吨上升至325.7亿吨，增幅432.19%。有学者构建了一个环境拓展的Heckscher-Ohlin-Vanek模型，采用2000—2014年世界投入产出数据测算发现在此期间中国出口隐含碳排放呈现波动变化趋势，从2000年的801.16百万吨增长到2007年的2408.50百万吨，再下降到2009年的1590.28百万吨，之后又增长到2014年的2541.55百万吨；而进口隐含碳排放呈现出单调上升趋势，从2000年的337.43百万吨增加至2014年的1247.75百万吨（Yan et al.，2020）。

除了重视中国整体国际贸易的隐含碳排放形势，部分学者还进一步对各部门进口贸易与出口贸易中的隐含碳排放量进行了核算。例如，有学者对2009年中国和欧盟的碳排放转移部门构成进行了详细计算，结果显示电气水生产和供应业、金属加工业、化学原料及制品制造业是中欧贸易碳转移最关键的三个部门（黄小娅等，2017）。有学者通过核算发现，在2001年至2014年期间，美国共向中国转移了5859.65Mt贸易隐含碳排放。其中，纺织服装业、钢铁行业和机械制造业这三个特定部门承接了绝大多数的贸易隐含碳排放转移（汪中华与石爽，2018）。与之类似，有学者发现中国整体对外贸易隐含碳排放主要集中在重制造业、轻制造业、能源工业等工业行业（潘安与魏龙，2016）。有学者从动态变化的角度发现，相比2007年，中国各部门的完全碳排放系数在2012年间均显著减小，但是进出口的隐含碳排放规模都呈现出动态上升的趋势，并且部门集中度较高。有学者指出能源密集型产业是中国出口隐含碳排放的主要贡献者，主要包括电力、蒸汽、天然气和水部门的生产和供应（贡献占比42.3%）、金属冶炼和加工部门（贡献占比13.6%）、非金属矿物产品部门（贡献占比11.5%）、石油精炼、焦化及核燃料加工部门（贡献占比8.7%）以及化学产品部门（贡献占比7.9%）。

另外，还有一些学者聚焦于省份层面，探讨了国际贸易中中国各省份的隐含碳排放。例如，有学者计算了中国30个省（市）在2002年国际贸易中隐含的二氧化碳排放量，发现东部地区省（市）国际贸易中隐含的二氧化碳排放量远远高于中西部地区省（市），且除北京、天津、上海和海南四个省（市）外，大多数东部地区省（市）都是贸易隐含碳排放的净出口方（Guo et al., 2012）。有学者发现2000—2008年间中国30个省（市）的贸易隐含二氧化碳排放量均呈现出逐年上升趋势，其中山东、河北、河南、江苏、广东、辽宁和内蒙古七省的二氧化碳排放量超过40亿吨，占全国的48.11%；而海南、重庆、广西、天津和江西五省（市）的排放量相对较少（王有鑫，2013）。有学者通过构建非竞争型投入产出模型和低碳贸易竞争力指数，对中国31个省（地区、直辖市）的国际贸易隐含碳排放竞争力水平进行了测算。结果显示，上海在总体隐含碳排放竞争力方面表现最强，而青海省表现最弱（胡剑波等，2019）。有学者基于2002—2012年中国区域扩展投入产出表，建立了非竞争性投入产出模型，并对30个省（市）的国际贸易进行了隐含碳排放量的详细测算。就出口贸易隐含碳排放而言，辽宁、北京、吉林和黑龙江的隐含碳排放量略有下降，而其他26个省（市）的隐含碳排放量略有增加，其中河北和内蒙古在此期间的增量位列前二（分别为1155.47百万吨和1014.19百万吨）；就进口贸易隐含碳排放而言，30个省（市）的隐含碳排放量均小幅增长，其中山东和江苏在此期间的增量位列前二（分别为

1955.95百万吨和1045.16百万吨),海南、宁夏和青海的增速位居前三(分别为3518.71%、1360.56%和1091.05%)(Pu et al.,2020)。有学者通过嵌套世界多区域投入产出表和中国多区域投入产出表,构建了以大都市为中心的模型,并对北京和上海两个典型城市的贸易隐含碳排放量进行了测算。结果表明,北京和上海均是贸易隐含碳排放的净进口方,两个城市基于消费的全球贸易碳排放量在2017年分别为231.19百万吨和219.52百万吨(Jiang et al.,2023)。

4.1.2.2 中国贸易隐含碳排放的影响因素分析

在对碳转移量进行核算的基础上,学者们逐渐加深了对碳转移相关影响因素的探究。从消费的角度来看,国际贸易规模的扩大是导致中国隐含碳排放增长的核心要素。例如,有学者研究发现中美贸易使全球的碳排放量增加了72亿吨,且中国7%~14%的碳排放是为了满足美国消费的需求。有学者利用结构分解分析模型,对1997—2007年中国对外贸易中的隐含碳排放量进行了测算。研究结果显示,在此期间,中国出口隐含碳排放增长了449%,其中贸易规模效应的贡献率为450%(Yan and Yang,2010)。有学者也发现出口规模是促进中国出口隐含碳排放增长最重要的因素,贡献率高达260.38%(潘安与魏龙,2016)。有学者采用LMDI分解法,对中国2001—2013年农产品出口隐含碳排放量的驱动因素进行了深入剖析。研究发现自2001年中国加入WTO后,农产品出口规模的扩大显著促进了出口碳排放量的增加,其累计贡献为增加隐含碳排放6923.88百万吨(欧阳小迅,2016)。也有学者同样使用了LMDI分解法,将中国贸易隐含碳排放量变化的影响因素分解为出口结构、出口量、能源结构和能源强度,发现出口量的扩大是影响隐含碳排放量增长的最强驱动力,使得隐含碳排放量增加了6.82倍(Cao and Wei,2019)。有学者同样指出出口规模的变化是影响我国出口贸易隐含碳变化的最重要因素(Yang et al.,2022)。

从生产的角度看,已有学者认为碳密集型的经济发展模式是导致中国成为隐含碳排放净出口国的另一重要原因。中国正处于工业化、城市化进程的关键时期,偏重化石燃料的经济发展模式使得中国成为世界上最大的碳排放国。例如,有学者计算了当生产从英国或丹麦转移到中国时,产品的碳足迹变化。结果显示,即使不包括运输过程中的碳排放,欧洲与中国生产体系的差异也能导致贸易中的碳足迹显著增加(Herrmann and Hauschild,2009)。这主要是由于一方面,中国的单位产出碳排放量较大；另一方面，由于生产转移到中国，生产成本降低从而导致消费增加。文章认为改善这样的状况应促使向目前世界上主要的工业生产国家输出能源利用效率更高、碳排放更低的发电厂以及生产技术。应在产品进口国的排放清单中加入隐含碳排放以促使其帮助生产国提高生产效率，同时，生产国也应参与国际碳减排协定。有学者认为如果中国保持现有的贸易模式而每个部门的碳排放强度与美国相当，其隐含碳排放的净出口将消失（Ackerman，2009）。事实上今天中国在贸易上的成功应归功于劳动力成本而不是碳排放。就相关政策来说，发达国家已经将向碳价格较低的发展中国家进口产品征收边境调节税这一提案提上议程。但是，由于中国的比较优势不是基于碳排放强度，对于碳密集型产品征收边境调节税对中国造成的损失较小，而发达国家能从中得到的收益也很少。此外，全球统一的碳定价通常被认为是成功气候政策的关键，如果全球统一碳价得以实行，中国的碳密集型工业成本将增加，但同时这又将会为中国创造一个在技术上超越高收入国家并引领可持续发展技术的机会。

4.1.3 现有隐含碳排放研究评述

现有关于隐含碳排放的研究充分说明了碳排放能够通过国际贸易从一个国家转移到另一个国家。因此，要探究经济发展或现代化如何影响碳排放转移，就必须将碳排放置于全球贸易的视域下。从政治经济学的角度来看，在碳密集型产品的出口中，全球贸易网络中的核心国家以边缘国家更高的碳排放量为代价来创造本国清洁的环境，导致边缘国家比核心国家承担更高的环境成本却获得更低的经济效益。因此，许多研究认为发达国家应承担更多的碳排放责任（Davis and Caldeira，2011；Wiebe et al.，2012），但事实上边缘国家却经常被视为导致环境恶化的责任人（Roberts et al.，2015）。

实证研究表明，在目前的贸易模式下，欠发达国家的出口强度增长态势与环境退化水平和资源的开采强度保持高度同步（Jorgenson and Clark，2011；Yu et al.，2013）。欠发达国家通过毁林、温室气体和二氧化硫排放等活动在全球环境成本中积累了大量份额。部分学者认为经济发展进程与全球贸易的不平等交换模式可能会以如下的方式共同影响碳排放转移：处于初级阶段的欠发达国家由于缺乏生产工业产品的基础设施和资本，需要从更发达的国家进口工业产品，由此带来了更高的二氧化碳净流入量；随着国家逐渐向现代化发展，开始出口更多的污染密集型产品,导致二氧化碳净流入量逐渐变低甚至降为负数;最终当国家变得更加富裕、现代化水平更高时,会选择在本国着重发展知识经济,将高污染、高消耗的产业转移到欠发达国家,但是由于对二氧化碳密集型产品的需求量并未减少,因此实际二氧化碳净流入量会变大。按照该路径,各国的人均GDP和碳排放转移之间应遵循"U"型曲线的关系特征(Prell and Sun,2015)。

就隐含碳排放核算本身来说,目前的研究存在的主要问题依然是数据的可得性。一方面,越精确的核算方法要求的数据质量越高,特别是生命周期分析方法,但是诸如不同国家行业和产品的碳排放强度、多边贸易流量等数据目前仍然难以收集。另一方面,不同国家在数据采集标准上的差异会影响碳排放平衡量的核算。就隐含碳排放研究所蕴含的意义来说,显然,在国际谈判中,对于温室气体的核算,不能仅仅局限于一个国家的边界范围内,而应当从消费与生产双重角度来明确排放责任。就中国研究来说,目前绝大部分研究均显示中国制造业出口的蓬勃发展导致其成为主要的碳排放净出口国,并认为基于消费的责任分担机制对欠发达国家更加公平,应当给予重视。但是,当前研究对于公平性的论述尚缺乏系统性的理论基础,对如何推动一个公平的责任分担机制也缺乏充分论述。

4.2 贸易隐含碳排放的责任归属

在减缓和适应气候变化领域中,碳排放权的分配是国际社会高度关注的焦点话题之一。传统的国际碳排放核算采用的是基于生产端的方法。然而,由于隐含碳排放的存在,一个国家的生产端和消费端碳排放可能存在较大差异。例如,有学者发现奥地利2004年基于消费的碳排放量比基于生产的碳排放量高出38%(Bednar-Friedl et al.,2010)。有学者估算了包括中国在内的十个国家的碳排放量,结果表明从生产者责任到消费者责任的转变将极大地影响国家碳排放清单,使不同国家的碳排放量在-525百万吨到543百万吨之间发生变化(Zhou et al.,2010)。有学者对14个国家和地区的生产侧和消费侧碳排放量进行了比较,发现中国、印度、韩国、俄罗斯的生产端碳排放量都大于消费端碳排放量,特别是中国和俄罗斯在两种责任下的排放差距尤其明显(Fan et al.,2016)。有学者以欧盟27国和美国为研究对象,同样发现生产侧碳排放量和消费侧碳排放量存在巨大差距，且这种差距会随时间的推移而不断扩大（Baumert et al.，2019）。有学者测算发现，2019年美国、欧盟和日本的消费侧碳排放量分别比生产侧碳排放量高13.5%、47.9%及16.6%。相反，中国和东盟2019年的生产侧碳排放量比消费侧碳排放量分别高15.8%和11.3%。基于这种差异，传统的基于生产端的碳排放量核算方法和责任分担机制逐渐受到质疑。

然而，在国际气候谈判中，出于利己的考虑，碳排放净进口国希望沿用基于生产者责任的机制，而碳排放净出口国则希望改变目前的机制。随着气候谈判的不断深入以及国际经济格局的不断变化，建立一种新型的责任分担机制已成为各界广泛讨论的焦点话题。隐含碳排放责任划分涉及一系列复杂的理论问题：在出口国生产产品过程中造成的环境污染，应该由制造方还是需求方来承担责任？如果需要双方共同分担责任，应如何确定一致认可的责任分担比例？对于上游投入使用和废弃物处理等间接环境问题，应该由谁来负责并采取相应的措施进行改善？上述问题将直接影响到各国减排目标的确定以及国际贸易秩序乃至全球气候制度。对此，从20世纪90年代开始，相关研究对国家间的碳排放责任分担问题进行了探讨，提出了生产国责任、消费国责任以及共同责任三类规则。

4.2.1 生产国责任

生产国责任，即基于生产的责任分担机制，与UNFCCC在界定各国碳排放量中所采用的"领土系统边界"机制有着直接关系。所谓"领土系统边界"机制就是指各缔约国的年度碳排放清单包括"发生于国家领土（包括管辖的）以及该国有主权的近海海域内的所有温室气体排放量"。[①] 这意味着在产品生产过程中排放的碳都属于生产国的责任，而不用考虑产品在哪里消费。

具体来看，设一国当年应负责的碳排放量用式（4.9）表示：

$$E_{Current} = \xi \cdot E_{Production} + (1-\xi) \cdot E_{Consumption} \qquad 0 \leqslant \xi \leqslant 1 \quad (4.9)$$

其中$E_{Current}$为一国当年应负责的碳排放量。那么可知在生产国责任机制下，一国的国家碳排放责任量等于其直接生产性碳排放量，即$E_{Current} = E_{Production}$，$\xi = 1$。

---

① IPCC. Revised 1996 IPCC Guidelines for National Greenhouse Gas Inventories Reference Manual（Volume 3）.（1996-09-13）[2023-01-17]. https://www.ipcc-nggip.iges.or.jp/public/gl/invs6.html.

因此，基于生产国责任机制，发达国家能够通过转移污染密集型产业来削减碳排放量，但应对气候变化真正需要的是更加低碳的生产技术和消费模式，这种转移排放仅仅满足了发达国家的减排需求。从全球角度来看，由于发展中国家在生产过程中的碳排放强度普遍高于发达国家，随着全球生产链的转移，发展中国家对碳密集型产品的进口需求量不断增加，导致其碳排放量也持续增大，进而致使全球总体碳排放量增大。例如，日本学者竹村真一曾在《呼声》月刊撰文指出"是全世界在污染中国""中国作为'世界工厂'，独自承担了全球相当比例的制造业生产"。同时，由于发展中国家拥有廉价的劳动力和土地等自然资源，同类产品在发展中国家的生产成本低于在发达国家生产的成本。因此，发达国家在削减碳排放的同时还以低廉的价格购买了所需的消费品，获得了环境与经济的双重收益，却不用对产生的碳排放负任何责任，这显然有失公平。

此外，在市场经济中，生产的驱动力是消费，供给的驱动力是需求。如果世界主要经济体持续按照以化石燃料为基础的高碳能源消费结构发展，则全球的碳排放量将很难下降。从某种程度来说，造成当前碳排放不断增加的最终驱动力是以发达国家为首的高污染高排放的消费模式。而完全生产者责任机制则忽略了消费的这种环境影响，不追究消费者的环境责任。

另外，将式（4.9）重写，可以得到式（4.10）：

$$E_{Current} = E_{Consumption} + \xi \cdot (E_{Production} - E_{Consumption})$$
$$= \begin{cases} E_{Consumption} + \xi \cdot BEET \\ E_{Production} + (\xi - 1) \cdot BEET \end{cases} \quad 0 \leqslant \xi \leqslant 1 \quad (4.10)$$

如前所述，在目前的生产责任机制下，$\xi=1$，这意味在两国的国际贸易中隐含碳排放平衡被全部分配给生产国，即碳排放净出口国，这忽略了国际贸易的复杂性，也忽略了碳排放出口国的所做出的牺牲。

总体来说，随着国际贸易的发展和国际分工的细化，产品和服务的生产和消费在地理上已经逐渐分化，一个国家和地区的消费需求常常驱动着其他地区的生产活动。在这种情况下，依然采用基于生产责任的方法来认定碳排放归属逐渐引发争议。第一，在生产者责任机制下，发达国家通过转移碳密集型生产和增加碳密集型产品进口来削减碳排放，但这种单边减排并不能使全球的碳排放量下降，反而会因为发展中国家的生产技术落后，单位生产总值的排放量大，进而使全球排放量增大；第二，生产者责任机制忽略了消费的环境影响，忽略了消费是生产的驱动力这个根本关系，忽略了国际贸易与碳排放关系的复杂性；第三，对于碳排放净出口国来说（一般是发展中国家），完全生产者责任机制给这些国家施加了不公平的碳排放责任。对于出口占经济总量比重较大的国家，例如中国，这种不公平性就更大。

4.2.2 消费国责任

在市场经济中，经济政策不干预消费者偏好的特质，导致了目前在衡量环境影响时呈现以生产者为中心的趋势：在能源、污染排放及废水等数据统计中，环境影响总是归咎于工业而不是为消费者提供产品的供应链。在这种情况下，上游和下游环境影响被分配给它们的直接生产者，而制度设置和不同参与者对环境的影响范围并没有被纳入考量。很多研究开始强调最终消费和富裕水平，特别是在工业国家，是环境压力增长的主要驱动力（Lenzen and Smith，1999；Hamilton and Turton，2002）。虽然这些研究清楚地提出了在以生产者为中心的环境政策中加入一些消费方面的考虑，但关于需求层面的相关措施仍较少被探究。

同样的问题也存在于全球气候体系中，如上所述，向 IPCC 报告的温室气体排放数据是以国内生产工业的贡献为标准[①]，而与特定人口所消费产品中的隐含碳排放量无关。但是，对于开放性的经济体来说，将隐含于国际贸易产品中的碳排放量纳入考量对于一个国家的碳排放平衡清单具有显著的影响。如果考虑消费者责任，则需要从国家碳排放清单中扣除出口而增加进口。以丹麦为例，有研究表明从 1966 年到 1994 年，丹麦的二氧化碳贸易平衡从赤字 700 万吨发展到盈余 700 万吨，而其总排放量约为 6000 万吨。此外，受到挪威和瑞典降雨量的影响，挪威、瑞典以及丹麦之间的电力贸易呈现出很大的年度波动。丹麦在丰水年进口水电，而在枯水年出口火电。据此，丹麦应用了消费国责任原则，其官方碳排放清单包含对电力贸易的修正。[②] 正是基于这种背景和完全生产国责任机制存在的缺陷，很多学者提出应建立基于消费国的碳排放责任分担机制（Kondo et al.，1998；Peters and Hertwich，2008；Afionis et

---

① IPCC. Revised 1996 IPCC Guidelines for National Greenhouse Gas Inventories Reference Manual (Volume 3). (1996-09-13) [2023-01-17]. https://www.ipcc-nggip.iges.or.jp/public/gl/invs6.html.

② Danish Environmental Protection Agency. Denmark's Second National Communication on Climate Change submitted under the UNFCCC. Copenhagen. (1997-09) [2023-01-20]. https://unfccc.int/resource/docs/natc/dennc2.pdf.

al.，2017）。简单地说，消费国责任机制就是指所有碳排放责任由消费国承担，即在式（4.9）中，$\xi=0$。

总体而言，消费国责任机制使目前的碳排放责任机制从一个极端——完全生产责任，走向了另一个极端——完全消费责任。而这种转变首先忽略了隐含碳排放背后的贸易流向的变化，对碳排放的净出口国来说，虽然因满足别国的消费需求而过多承担了碳排放责任，但同时不可忽略的是这些国家又从能源密集型产品出口中获得了事实上的经济利益。如果以"谁受益，谁负责"的观点来看，在完全消费责任机制下，碳排放出口国从碳排放中获得了经济利益，却不用对此负责，这对于碳排放净进口国来说，又是另一种不公平。另外，完全消费者责任将大多数碳排放责任分配给发达国家，让发展中国家承担较小责任，这可能会使发展中国家在直接减排方面动力有所减弱，且减排主要通过消费者购买低碳产品这一方式，间接对生产者产生影响。如果没有持久的激励政策，发展中国家可能会缺乏自觉履行减排责任的意愿，即采用清洁与更高效的生产方法，转变生产模式，从而导致减排效果不佳。

4.2.3 共同责任

由于完全消费责任和完全生产责任是国际碳排放责任分配的两种极端，并且两者都存在着明显的弊端，因此，研究者们逐渐提出了生产者和消费者共同承担责任的办法。例如，有学者认为消费者和生产者的责任承担比例应充分考虑到不同国家在经济结构、消费类型以及人均发展水平等各方面的差异（Ferng，2002）。有学者认为在责任分担中，应赋予隐含于消费的上游排放及隐含于附加值的下游排放同等的权重（Rodrigues et al.，2006）。有学者认为在责任分担中应以合理的方式呈现供应链间的关系（Gallego and Lenzen，2005）。以此为鉴，有学者提出了一种以产业链每一环节增加值率为依据的环境责任分担方法。该学者认为供应链上的每一个成员都受到其上游供应者的影响并传递给其下游接收者，因此所有参与者都乐于彼此对话商讨如何提升产业链绩效（Lenzen et al.，2007）。有学者认为应运用总贸易流和多区域投入产出分析法分配基于生产的排放清单和基于消费的排放清单（Peters and Hertwich，2008）。有学者认为应按照"共同但有区别的责任"原则，由消费中国产品的国家基于收益共同承担这些产品中的隐含碳排放量（Yan and Yang，2010）。有学者使用增加值占外部总投入的比率来界定生产者和消费者应承担的责任（Zhou et al.，2010）。有学者提出将碳关税的税率作为责任分担的标准（Chang，2013）。有学者建立了国际贸易碳排放责任分配的 SCR 测算模型，将贸易产业链中各方的排放责任在其自身、下游生产者和最终消费者间进行分配（赵定涛与杨树，2013）。有学者提出了一种基于多维度公平原则的国际碳排放责任分担方法（Liu et al.，2017）。部分学者以产品来源为分配准则，对双边贸易中隐含碳排放的具体承担者进行了区分（金继红与居义義，2018）。部分学者基于产品视角和碳排放视角对共同责任测算方法中的责任分担系数进行了优化，并指出应根据各国发展的阶段特征按照"共同但有区别的责任"原则完善碳排放的责任核算体系。有学者构建了一种"经济效益共同责任"的核算方法，提出利用生产者和消费者分别从能够免费产生碳排放中获得的经济利益作为衡量贸易中碳排放责任分担的依据（Jakob et al.，2021）。

总体来说，从微观层面的生产者和责任者角度以及宏观层面的生产国和消费国角度，许多研究都提出了共同责任机制的观点并进行了理论分析。以下是一些比较具有代表性的责任分担方法：

其中一种是基于收益原则和生态足迹原则的机制。Ferng 提出了国际碳排放责任分配应遵循两条原则：收益原则和生态足迹原则。其中，收益原则认为生产活动和消费活动都应对过量的人为二氧化碳排放负责。以化石燃料为动力的生产极大地促进了工业国家收入增长，随之而来的财富聚集进一步推动了其消费，而消费的增长又继而促进了新一轮的生产活动。具体来看，生产收益表现为收入增长，消费收益表现为生活水平提高，这正是化石燃料燃烧的两种主要驱动力，因此生产和消费应共同分担过量二氧化碳排放的责任。就其各自的份额，现有学者建议通过国际谈判确定，并在谈判过程中充分考虑各参与国经济结构、消费类型和消费水平的差异性以及人均水平的公平性。生态足迹作为责任指标强调造成生态赤字的实体有责任修复退化的环境，并且，计算生态赤字的方法所获得的一个国家碳封存（Carbon Sequestration）容量的赤字可以作为核算其应负责的碳排放削减量的依据。使用生态足迹作为责任分担原则的原因如下：第一，财政赤字由政府承担责任的原则同样适用于生态赤字的问题；第二，生态赤字体现了自给自足的原则，自给自足应作为二氧化碳削减责任分担的原则。在局部和区域尺度的资源自给自足没有必要，因为最终产品和生产投入的匮乏都可以通过贸易弥补。但是，贸易本身并不是全球变暖的解决方案，因为全球变暖是由全球碳封存容量的赤字所造成的。最后，生态赤字强调了碳源和碳汇的平衡在应对全球变暖中的重要性。

另有一种责任分担方法,是基于碳排放量叠加的机制。有学者认为一个国家在对其国内碳排放负责的同时也应对进口产品和服务中隐含的碳排放负共同责任,这与生产和消费对碳排放负共同责任是一致的,并且提出了一种名为"碳排放叠加机制"的方法用以分配国家的碳排放责任量(Bastianoni et al., 2004)。在这种机制下,一个过程可以被分为几个阶段,每个阶段都有一个单独的消费者和生产者。每个消费者对相应阶段的碳排放负责并因此对产品和服务供给者产生的碳排放负有共同责任。例如,设想一个由若干国家或阶段(如从原材料提取到产品的最终消费)组成的链条,并记录链条上隐含的、累积的或记忆的所有碳排放。所有碳排放按照沿着链条所需的隐含碳排放等比例地分配给这些国家和阶段。设想一个由 n 个系统组成的链条(生产系统、中间系统、消费系统等),每个系统的碳排放量依次为 $E_1, E_2, \cdots, E_n$。

在碳排放叠加机制下,第1个系统对 E_1 负责任,第2个系统对 E_1+E_2 负共同责任,依次类推,第 n 个系统对 $E_1+E_2+\cdots+E_n$ 负共同责任。则 n 个系统共同负责的排放量为 $E_1+(E_1+E_2)+\cdots+(E_1+E_2+\cdots+E_n)=n\sum_1^n E_n - \sum_1^n (n-1)E_n$。然后将总排放量按每个系统在总累积排放中所占比例进行分配,即得到每个系统的碳排放责任量:

$$E_n = \frac{\sum_1^n E_n}{n\sum_1^n E_n - \sum_1^n (n-1)E_n} \cdot \sum_1^m E_m \quad (m=n) \quad (4.11)$$

以中国和贸易伙伴为例应用该机制,如将中美贸易视为一条简易的产业链,中国为生产者,而美国为消费者,中国生产的碳排放量为两国之间的 BEET,美国消费隐含 BEET 的商品,自身排放量为0。因此,中国负责的碳排放量为 BEET,美国除对自身排放量负责外,还对 BEET 负有共同责任,则两国总负责的碳排放量为 2BEET。最终中国负责的碳排放单元为 $\frac{BEET}{2BEET}=\frac{1}{2}$,美国负责的碳排放单元同样为 $\frac{1}{2}$,即两国分别负责 $\frac{BEET}{2}$ 的排放量。与 Ferng 的假设一样,这样的结果就意味着生产国和消费国对隐含碳排放平衡负有共同并相等的责任。

第三种责任分担方法,是基于多种公平属性的责任分担机制。有学者全面考量了国家和区域间环境责任分担应考虑的问题并对此提出了若干原则，设计了一个环境责任分担指标（Rodrigues et al., 2006）。首先，一个公平的国家或区域间环境责任分担指标应具有以下六个属性。

一是可加性，即一个代理人的环境责任是其子代理人的环境责任之和。二是归一化条件，强调世界的环境责任指标值等于世界的直接环境压力。属性一和属性二意味着一个给定国家的环境责任就是该国对总体环境压力的贡献。三是核算间接效果，其中直接和间接环境压力都应被纳入考虑。这意味着当其他代理人产生环境压力的最终原因是为满足第一个代理人的利益时，那么第一个代理人的环境责任也应包括其他代理人产生的环境压力。四是经济因果关系，间接效应的分配标准是经济，因为环境损害是经济活动的副产品，即产品和服务的生产和消费。因此，一个部门的输出（或输入）在所有输出（或输入）中所占份额可以代表该部门的环境责任。五是单调性，环境责任指标不能传递错误的信号，防止环境责任减小但直接环境压力增大的情况。仅当总体直接环境压力减小时，一个国家的环境责任才能减小。六是对称性，对称性是指在经济压力的因果关系中生产和消费的对称性，即如果产生于生产和消费的环境压力发生互换，代理人的责任指标值应保持不变。因为每一个经济代理人同时既是消费者又是生产者。

将每条原则进行公理化并分析推导后，研究发现同时满足这六个属性的环境责任指标是存在并且唯一的，其结果是一个国家的环境责任应等于其最终需求的上游环境压力与初始投入的下游环境压力的算术平均值。其中，上游环境压力与下游环境压力是按照经济流来进行界定，例如，一个部门的上游环境压力产出等于该部门自身的直接环境压力加上其投入的上游环境压力。因此，该部门的上游环境压力产出由两个部分组成：一部分是该部门的直接环境压力，另一部分则是（上游）间接环境压力。下游环境压力可以用类似的方法来定义。这种方法实质上使用投入产出法将国家和部门间的环境联系用经济投入产出联系起来，在整个产业链条上考虑一个部门或国家的环境责任，最终的结果实质上也是生产和消费对环境污染负有共同和相等的责任。

4.2.4 现有责任分担机制评述

首先，现有的责任分担研究无一不强调了公平在全球气候政策中的重要性，气候政策的公平性是调和国家利己本性和合作需要的最佳工具，而缺乏公平考虑的任何政策建议最终都难以实施。

其次，部分研究提出将碳汇等自然因素作为国家碳排放责任分担的原则。但本研究认为不应将自然因素和社会因素进行混淆，社会因素代表在国际政治经济背景下采取的碳排放责任分担机制，而自然因素则是在此基础上的国家内部责任抵消机制，即碳汇的作用。越来越多的研究已经表明，生态系统在吸收大气中二氧化碳的方面发挥着非常重要的作用。在1980年到1990年间，全球陆地生态系统以每年10亿吨~40亿吨的速度吸收大气中的二氧化碳，从而抵消了10%~60%的化石燃料排放量（Houghton，2007）。而根据部分学者的研究，同时期中国的陆地生态系统吸收了28%~37%的累积化石燃料排放。因此，如果要将碳源和碳汇共同作用纳入碳排放责任分配机制中，就应在分配的责任量中减去陆地生态系统吸收的二氧化碳排放量。由于本研究的研究重点是全球贸易与气候体系下的碳排放责任量分配机制，因此应重点探究国际责任分担问题，而非国家内部的责任抵消问题。同时考虑到目前关于具体国家和区域的碳汇研究尚未得到足够多的系统的数据，难以作为较为确切的责任量核算的支持，本研究最终的责任分担并不把碳汇作为一项指标纳入核算机制，但在实际中全球和各个国家都必须重视碳汇在抵消一国碳排放量中的重要作用。

最后，无论是现行的生产国责任机制还是文献中提出的各种责任分担机制，在某种程度上都具有其存在的合理性，如生产国责任机制对发展中国家碳密集型产品生产和出口的限制性，消费国责任机制对发达国家碳密集型消费的限制性，以及共同责任机制对集团利益的调和性等等，而这些合理性是任何责任分担研究都所应借鉴的。

总体来说，本研究认为现有的隐含碳排放责任分配机制还存在以下一些问题。

一是缺乏全面的公平性考虑。在全球尺度上，并没有任何一个第三方国际机构强制执行气候政策，应对气候变化的努力只能依赖于各个国家和地区的自觉行动。在这种情况下，只有各参与方首先认为气候政策是公平的，它们才会支持并参与。因此，公平应该是国际碳排放责任分配中最基本同时也是最核心的考虑因素，而目前的机制对这个基本元素缺乏全面的考虑，如完全生产者责任机制和完全消费者责任机制，在相互联系的经济系统中仅仅考虑了一端而忽略了另一端。收益原则和生态足迹原则对于公平性的考虑过于单一和笼统，且关于具体在国际碳排放责任中应如何体现收益原则，核算何种收益都没有提及，难以作为国家碳排放责任量认定的正式原则。

二是缺乏全面的参与者考虑。国家碳排放责任量分配的问题本质上源自国际贸易的日趋繁荣，因此必须考虑不同国家间的贸易关系。虽然已有研究从生产和消费的角度发现环境责任分配与某一国的国际贸易存在着密切关系，但是国内层面的生产部门和消费部门，与国际层面的生产国和消费国之间，仍然存在着很大的不同。国际层面的生产国和消费国是国内所有生产部门和消费部门的集合，是从单个部门的生产和消费行为集合抽象而来的一个整体概念。而国际层面的生产国和消费国的产生就是源自国与国之间的不同互动关系，因此，国际碳排放责任分配的问题需要在这个层面分析而不仅仅是分析一国的生产和消费如何对本国的环境压力负责。

三是缺乏国家层面的生产者与消费者共同责任划分的定量研究。虽然部分学者提出了生产国与消费国共同负担排放责任的机制，但大多数并没有在国家层面清楚地对任何一方分配具体的责任，如 Ferng 仅仅是假设生产国和消费国对两国贸易的隐含碳排放平衡负有共同且均等的责任。如果没有定量化的核算，则很难得出足够可信的国家排放责任分配机制，从而难以制定合理的气候政策。

四是缺乏实际国际背景支持。目前关于国家碳排放责任量认定的大部分机制设计缺乏实际国际背景支持。气候变化和国际贸易的议题不仅仅是经济问题，更是政治问题，而脱离实际背景的纯经济和数学分析难以被直接应用于国际谈判。从这点上来说，机制设计不能忽略气候体系和国际谈判中需要重视和解决的问题，如"共同但有区别的责任"原则以及历史累积排放量等。

在一个不恰当的机制下分配碳排放责任很可能导致全球环境的进一步恶化而不是改善。本研究在借鉴现有文献的基础上，结合实际国际经济政治背景，全面考虑现实和历史的多重因素，试图构建一种新型的国家碳排放责任认定与核算方法。这种新型核算方法应能更加体现各国在气候变化与贸易体系中的公平性从而推动和吸引各国，特别是广大发展中国家广泛地参与应对气候变化的行动。

第 5 章 公平性在全球气候治理中的核心作用

气候公平是国际气候制度的基石。经过 UNFCCC 近 40 年的谈判历程，有关气候公平的原则不再只是停留在理论层面，而是逐步走向实践应用，提高了全球气候治理的多极性、包容性和协调性，使得各国能够依据气候公平原则朝着务实合作的方向共同应对气候变化。为了确保全球气候的未来安全，满足人类基本的碳排放需求，实现有关国家或经济体在环境、贸易等方面的可持续发展，有必要深入理解和认知气候公平这一概念，梳理碳排放分配方案所体现的气候公平原则，并在此基础上探讨气候公平的未来发展方向。

5.1 气候公平的概念

公平被认为是全球温室气体排放空间分配的核心原则（Rose et al.，1998）。但由于适用情境不同，全球范围内对于"公平"的理解尚未形成一个被普遍接受的定义。

已有研究对有关公平的概念主要有两种认知派别：后果论派和功利主义派。后果论派认为对政策或行动的公平评估，主要看它所产生的后果；而功利主义派则认为公平是指分配过程中要做到效率的最大化。越来越多的研究在这两派观点的基础上进一步拓展了公平概念的内容，但纵观已有研究，学界对于公平的概念尚未有统一的认知。例如，有学者认为，确保人与人之间的平等是公平的本质。在国际社会中，各国作为主权实体，通过谈判来实现利益的协调，以共同面对和解决气候问题。可见，公平不仅仅在于实现国家之间的"国际公平"，更在于实现"人际公平"，后者才是公平的重要体现。有学者将公平描述为"一种从公共政策中获得物质和非物质福利的分配，不偏袒那些一开始就已经比较富裕的人"，强调每个人都应该在经济、政治、社会和空间上获得适当份额的分配（Fainstein，2010）。有学者强调，从道义上来看，公平是在分配原则上公正合理的价值观。一项政策的公平与否至少需要考虑两个方面的表现：一是道义层面，评估该政策在多大程度上尊重了相关个人或群体的权利、义务、自由和平等地位；二是结果层面，评估该政策或者行动实质产生效用的程度。有学者认为，公平是指在世界体系中，各个国家及其人民享有平等的权利和机会的价值判断（邹骥等，2015）。有学者强调公平的本质意义在于实现人与人之间的"人际公平"，而非在全球层面上的国家之间的"国际公平"，公平原则的核心在于确保人的基本需求得到公平的满足（曹明德，2016）。有学者认为，公平是一个有关正义及其缺失（不公平）的分配概念，包括对某些社会群体造成的不成比例的环境影响（Smith and Wodajo，2022）。

气候公平相关的问题不仅是气候变化国际谈判当中的焦点和争议点，更是全球气候治理体系能否实现合作共赢的关键前提。有学者认为，气候公平是指公平、公正地分担与环境变化相关的负担（Harris，2008）。有学者从权利义务的角度出发定义了气候公平的概念，即平等享有气候系统资源应当是所有国家、地区和个人的应有权利，公平承担稳定和维护气候系统的责任和成本也应当是毋庸讳言的（邹骥等，2015）。简言之，在应对全球气候变化的背景下，每个人都享受均等的实现可持续发展的权利和机会。加拿大政策选择中心指出，气候公平意味着努力公平分配气候行为（减缓和适应）的利益，并减轻气候变化造成或加剧的不平等负担（CCPA，2022）。美国环保署强调气候公平是环境正义总体目标的一部分，也是该机构使命达成的基石，其目标是认识并解决气候变化加剧的不平等负担，同时确保所有人分享气候保护的好处（EPA，2023）。UNFCCC指出，各缔约方应当在公平的基础上，根据各自的责任和能力，共同致力于保护人类当代和后代的利益以及气候系统。因此，发达国家缔约方应率先应对气候变化及其不利影响（UN，1992）。对这一规则的解读应当从区域发展和代际发展两个角度进行：一是从区域发展角度来看，在同一时代当中，不同区域的责任分担情况应当在审慎评估、权衡福利情况的前提下做出；二是从代际发展角度来看，当代人的发展和气候政策制定应当将后代人的发展空间作为重点考虑的一个导向。另外，在国际社会中，对于UNFCCC的"共同但有区别的责任"这一原则存在多种不同的解读，并逐渐形成了"平等人权论"（Equal Human Rights）与"历史责任论"（Historical Responsibility）两大主流观点。其中"平等人权论"主张每个人都应享有平等的温室气体排放权和免遭气候损害的权利，这表现为每个人都应享有与温室气体排放空间紧密相关的、均衡的生存权、发展权和环境资源产权。在此前提下，应集中考虑如何借助平等的机会和道德责任来进行减排。"历史责任论"强调减排责任和适应成本的公平分摊，认为历史上排放责任越重、经济能力越强的国家应当承担更多的减排义务和适应成本。由于发达国家的工业化进程中历史排放是导致气候变化的主要原因之一，因此他们有道德义务对发展中国家进行赔偿或补偿。从另一个视角来看，"气候公平"可以分为结果公平与程序公平。在结果公平方面，主要包括平等主义原则、差别原则、成本-效率原则和历史责任原则等；而在程序公平方面，则涉及主权协商原则、平等参与原则、政治共识原则等（郑玉琳等，2017）。

总体来说，本章所论述的气候公平主要关注在应对气候变化的过程中，如何贯彻公平分配的精神和原则，做到既能确保不同国家实体的公平，又能保障不同个体的公平。落实到现实情况中，确保发达国家和发展中国家就气候变化的权利和义务得到公平的分配。

5.2 气候公平是全球气候治理的首要原则

在几乎所有的政策议题中，都有相应的"3E"（Effectiveness，有效性；Efficiency，效率；Equity，公平）目标。在一个有效的全球气候协议中，对核心要素的判断是十分重要的。制定传统的经济政策时，常常将效率放在第一位，而公平则扮演次要角色。但是在全球气候变化的情境中，公平性才是最关键的。

第一，目前全球没有合适的、具备足够约束力的跨国机构或者组织能够强制实施气候政策，气候协议的执行都依赖于参与国的自觉遵守。同时，碳排放削减所具有的公共物品属性意味着它会受到"搭便车"问题的影响。因此，只有推动政策过程、决策实施以及政策结果得到更多国家的认可，尽可能公平地分配各国的碳减排责任和义务，才能使气候政策得到最广泛、最深入、最持续的支持与参与，从而达成最大程度的国际合作。

第二，效率原则在全球气候协议和资源分配中难以成为促进国际合作的统一原则，因为它在解决包括国家的利己倾向、国家的支付能力以及国际政治平衡在内的一系列问题时存在困难。同时，由于治理成本的不确定性，以及由此造成的边际收益和成本的国际分配的不确定性，没有国家会遵守任何基于效率考量的特定碳减排协议（Barrett and Stavins，2003）。

第三，各个国家目前的福利状况和气候政策将引起不同的福利变化，仅仅关注全球经济效率不足以团结各个国家。将公平性作为全球气候治理的根本指导原则，在充分考虑各个国家历史排放和现实人均排放差异、减缓和适应气候变化能力差异、社会经济差异的前提下形成全球气候减排协议，能够建立起不同国家间相互信任的基础，并实现福利水平相对均等化，从而真正地推动合作共赢的全球气候治理体系的构建。

第四，公平并非一个单一维度的概念，其含义需要从多种层次和多种角度进行提炼，因此协调这些概念本身已经是一个比较困难的问题，再加上衡量公平与效率都有很多种方式，在这种情况下，同时考虑公平与效率问题容易导致政策动机混淆和模糊，甚至有损公平的政策后果。正如 Tinbergen（1952）所强调的此类问题的基本原则：对于每一个独立的政策目标应有一个独立的政策工具。鉴于公平因素在此类政策建议中只充当指导或监督的角色而非核心角色，混淆公平与效率将很可能导致政策形成主要基于效率考虑而弱化公平因素，而公平性不足将导致参与国对政策的接受度大大降低。

综上所述，在气候政策制定中，公平性将是各国用以判断任何政策建议合理性与适用性的首要标准，对参与各国是否能就各条款内容达成一致发挥着重要的基础性作用。因此，公平性应作为顺利达成气候协议的统一原则。

5.3　全球气候治理中的一般性公平原则

由于在不同的情景中公平的界定以及相关的公平原则也具有差异，因此许多研究从多个层面和多种角度分析和阐释了气候体系下的公平原则。表 5-1 列举了其中一些代表性的原则。

表 5-1 全球气候治理中的一般性公平原则

名称	解释	举例
平等主义原则	每一个个体具有平等使用大气资源的权利，包括污染权和被保护不受污染影响的权利	按人口数量等比例削减排放量，或平均化人均排放量
国家主权原则	所有国家具有公平地使用大气资源的权利，且各国过去和现在的排放格局构成了未来排放权力的正当性基础	各国等比例削减排放量以保持它们之间的相对排放水平
水平公平原则	经济条件相似的国家具有相似的排放权和成本分担责任	平均化国家间的净福利变化（每个国家的削减净成本与国内生产总值的比例是保持一致的）
垂直公平原则	经济较为富裕的国家应该承担更高的净福利损失	通过合理分配碳排放权来有效改善低收入国家的福利现状（各国福利水平逐渐趋同）
支付能力原则	支付能力越大，经济责任越强，需承担更多减排义务	高收入国家应该更多地承担减缓气候变化的成本
污染者付费原则	谁污染谁付费，经济责任与排放量成正比（逐渐包括对国家历史排放的追责）	各国间根据排放水平等比例地分配削减成本
保护发展机会原则	国家越贫穷，需要分配的碳空间就越多	平等的能源获取（贫穷国家的未来和富裕国家的过去处于可比阶段）

来源：Burtraw 与 Toman（1992），Janissen（1995），Blanchard 等（2001），Ringius 等（2002），Vaillancourt 与 Waaub（2004），Roser 与 Seidel（2016）。

5.3.1 平等主义原则

平等主义原则是指所有人具有均等的权利，其核心在于平均化，是设计碳排放权分配方案的主要公平标准。在全球气候变化的背景下，该原则意味着每个个体具有相同的使用大气资源和排放温室气体的权利，也意味着气候目标的责任分配应该与人口数量成比例关系。同样地，排放权应分配至个人而不是政府，且每个个体都应被授予同样的许可量。

坚持以平等主义作为规范性基础，在实践操作上更具有可行性。人均平等是与平等主义原则类似的原则，认为每个人都是平等的，都具有平等的基本权利。因此，人口越多的国家应该被授予更大的碳排放权利。这一原则可以简单地理解成按照各国相对人口份额来分配碳排放权（事前）。值得注意的是，如果按照严格的平均主义理解，这一原则则适用于所有的供应品，而不仅仅是针对公共产品。长期以来，许多发展中国家都强调并支持这一原则，尤其是印度和中国这样的人口大国（Dubash，2009；Ghosh，2010）。德国全球变化咨询委员会于 2009 年提出的碳预算编制方法强调应该按人口平均分配排放量，以便根据人口规模来估算国家碳排放预算（WBGU et al.，2009）。在目前将全球变暖控制在 1.5℃和 2℃的全球碳预算背景下，政策制定者和学者们对人均平等原则的关注持续升温。例如，有学者认为人均平等原则可以为碳预算的编制提供一个很有用的参考点，也可用于探讨如何在《巴黎协定》的背景下分配剩余碳预算（Sargl et al.，2017）。然而，依照人口份额进行碳排放权分配的主张也遭到了部分专家学者的质疑和批判（Starkey，2011），他们认为其在实际上是实现公平（或纠正不平等）的一种低效方式（Posner and Sunstein，2008；Posner and Weisbach，2010）。一方面，人均平等原则在政治上的可行性被质疑。人均平等意味着平均分配成本和福利（事后），也就是说按照该原则进行分配的基本前提是各方之间具有可比较的付出。然而与发展中国家相比，工业化程度更高的国家的负担大大超出了可比性付出的标准。另一方面，人均平等原则可能与总体效用最大化原则相背离。目前，不同个体之间的排放是极不平等的，所以碳排放配额的过渡计划通常是基于其他原则（通常是过去的排放）所提出的，且随着时间的推移，人口的权重也在不断增加。有学者提倡将人均平等原则纳入涉及历史和未来碳排放总预算的框架内，也就是"人均累计排放相等"方案（Bode，2004）。有学者提出了一种基于人均累计排放的分配方案，设定每个国家在所考虑的时间段内的人均累计排放量相等，年人均排放量在趋同年份将达到相同水平（Pan et al.，2014）。

5.3.2 国家主权原则

国家主权原则认为每个主权国家或者经济体都应享有平等的排放温室气体的权利，且各国过去和现有的排放格局实际上构成了未来排放权力的正当性基础（Young and Wolf，1992）。国家主权原则是国际社会赖以生存的基础，被广泛地应用于国际环境协议制定和制度建设中，并且在 UNFCCC 中也得以彰显。解释国家主权原则的一个方法是根据各国现存的或已有的排放水平等比例削减碳排放。另外，也可以将其解释为所有国家削减相同的百分比。例如，到 2010 年，所有国家在 1990 年的基础上削减 10%的碳排放量。

国家主权原则主张尊重各个国家主权，认可"维持现状"的思路在效率和尊重主权上的优势，主张通过维持现状来解决旧制度下萌生的新问题，又称"祖父原则"（林洁等，2018）。限额分配规则通常是基于有限理论视角下的公平观念提出的，祖父原则是一种基于历史排放数据以确定排放主体今后碳排放量的方式，通常在有关稀缺资源的协议中被广泛使用，如欧盟的牛奶配额、大多数渔业的个人可交易配额以及美国的二氧化硫交易计划。该原则承认所有国家或经济体都应享有平等的排放温室气体和不受污染的权利，同时强调现有的排放格局是公平合理的。鉴于此，该原则着重强调将各国现有的温室气体排放相对份额作为未来温室气体排放权分配的重要基础，并广泛受到美国、欧盟各国、冰岛等发达国家的追捧（Eibner et al.，2011；Eggertsson，2012）。

现有研究对祖父原则在全球碳配额分配中的适用性和公平性等问题进行了探讨。例如，部分学者指出祖父原则是一种免费分配原则，主要适用于碳排放交易方案的初始阶段（Dong et al.，2018）。有学者认为基于祖父原则分配碳排放份额的方法能够充分体现公平性，即所有国家都保留其在全球碳排放中的份额，并以全球情景的共同减排率进行碳减排。如果历史排放仍然保持在防止危险气候变化的限额之内，那么历史排放本身就是道德上可以接受的。历史排放是财富的副产品，所有个人都可以根据他们对财富创造的贡献比例分配一个份额。假设这些财产权可以转移给子孙后代，那么祖父原则在道德上是可辩护的（Nozick，1974；Müller，1999），但是它的伦理基础缺乏学术支持。同时，也有部分学者对祖父原则的公平性存疑。例如，有学者认为，基于祖父原则建立在国家碳排放总量基础上的国际公平，不仅未考虑到发达国家的历史责任问题，而且忽略了人与人之间的不公平问题，不符合发展中国家的权益（Duro and Padilla，2006）。其他学者同样认为以祖父原则为基础的减排责任分配机制没有充分考虑发达国家的历史排放责任，且没有尊重发展中国家发展权益，因此该原则对于历史排放较少的发展中国家而言是不公平的（彭水军等，2016）。有学者认为祖父原则可能会导致资源竞争，并且在该原则的公平含义方面存在着一定的分歧（Damon et al.，2019）。

5.3.3　水平公平原则

水平公平原则呼吁相同集团的所有人被同等对待，这在某种程度上与国家主权原则相似。水平公平原则以相对福利的平等作为衡量分配是否公平合理的核心标准。该原则要求国家间温室气体排放量削减负担的平均化或降低相同的福利百分比，是国际气候协议谈判中最具影响力的原则。

水平公平原则的具体定义是当前学者们广泛探讨和研究的话题。例如，有学者将其认定为"平等对待相等的人，也称为公正和平等主义"（Litman et al.，2002）。随后，该学者分别于2011年、2016年、2018年以及2020年多次对水平公平原则这一概念进行重新界定，并在2016年删除了定义中的"公正和平等主义"等不精确的限定词，主要侧重于"平等对待相等的人"的形式平等。有学者指出水平公平原则意味着经济环境相似的国家具有相似的碳排放权和减排责任（Tavakoli et al.，2016）。

当前的理论研究和实践操作都强调了水平公平原则的重要性。例如，有学者认为水平公平原则在规范性规则上居于首要地位（Musgrave，1990）。也有学者通过比较分析贫富家庭之间基于"垂直公平原则"分配的碳税，以及收入相同但能源消费强度不同的家庭之间基于"水平公平原则"分配的碳税，发现水平再分配通常比垂直再分配更能够增进家庭福利并有助于实现公平。有学者进行了一项基于"水平公平原则"的最优税收分析，发现在社会不平等厌恶程度较高的情况下，能源密集型家庭应该比能源高效型家庭获得更多的再分配资源（Hänsel et al.，2022）。此外，全球气候治理实践多次强调要坚持水平公平原则。在经济合作与发展组织国家之间进行的气候谈判中，水平公平原则被视为最具影响力的公平原则。《柏林授权书》强调在加强温室气体减排承诺时，应充分考虑发达国家的个别情况和起点差异，并隐含地采用了水平公平原则。

5.3.4 垂直公平原则

垂直公平原则意指不同支付能力的国家要承担不同的温室气体减排责任，因此经济实力较强的国家应承担较大的减排负担。该原则假定碳排放权的分配有助于实现经济利益的获取，通过累计分配碳排放权的方式，人均GDP较高的国家将获得较少的利益，而人均GDP较低的国家将获得更多的利益。换言之，通过合理分配碳排放权，改善低收入国家的福利状况，并确保各国间的福利水平逐渐趋同。因此，垂直公平原则强调对不同支付能力或者减排能力的差异化考虑。垂直公平原则是现行国际环境法中一个著名的原则，旨在使那些拥有相对较少资源的国家进步。例如，《关于消耗臭氧层物质的蒙特利尔议定书》（以下简称《议定书》）提出由于发展中国家的"基本国内需求"，允许发展中国家有一个减排过渡期（Benedick，1998），将《议定书》指定的控制措施的时间再延后十年。

5.3.5 支付能力原则

支付能力原则与垂直公平原则在某些方面存在相似的观点，即资源最丰富的国家应在实现共同目标方面做出最大贡献（Shue，1999）。在目前的生产方式和能源结构下，经济规模与温室气体排放之间往往呈现出正相关的联系。因此，经济和技术能力更强的国家应该承担更多的碳减排责任。在分配碳排放权时，应根据每个国家的减排能力来决定其分配额度，以确保所有国家或经济体的总减排成本占国内生产总值的比例是相等的。该原则为极度弱势的群体争取了更多利益，并涉及优先权的概念问题。如果改善所有人的条件，包括社会最弱势成员的条件，那么它允许偏离平等的现象存在（Rawls，1999）。虽然 Rawls 认为这一原则不适合规范国家间的不平等，但另一些学者认为国际合作理应如此设计，以提高最弱势群体的地位（Pogge，1989）。例如，1993 年有学者认为碳减排应取决于一个国家的收入门槛水平（Bosetti and Frankel，2009）。瑞典斯德哥尔摩环境研究所（Stockholm Environment Institute，SEI）2009 年提出的《温室气体发展权方案》综合考虑了历史排放量、减排潜力以及经济购买力等多种因素，构建了责任能力指数以确定各国应承担的减排责任，并要求根据收入差异分配碳排放权。因此，支付能力原则涉及每个国家为实现共同目标做出贡献的能力，而不涉及不可接受的福利损失（Baer，2013）。这意味着限额分配是根据缔约方的支付能力分配（事后）减排的财政责任。① 虽然这受到了缔约方（如波兰、爱沙尼亚、俄罗斯和韩国）和部分学者的支持（Nardin，1980；Wolff，1990），但仍存在一个关键问题，即如何衡量减排的支付能力。当前，一个常用的指标是人均国内生产总值（Winkler et al.，2002），但也有人类发展指数等其他的指标。

5.3.6 污染者付费原则

污染者付费原则是 1972 年 OECD 提出的，其理论源头是庇古税理论，规定污染责任按照各国的排放贡献分配，也就是"谁污染，谁付费"。总体来看，该原则的主要目的是抑制环境成本的外溢趋势，以确保污染者完全承担其污染行为所带来的外部性环境成本，并促使外溢环境

---

① 每个国家的缓解和适应能力（由财富、技术、自然资源、机构和人力资本决定）比支付能力更加宽泛。

成本得到完全内部化。随着温室气体排放水平的上升，污染者所付的费用也应随之上升。许多国家和地区都将污染者付费原则作为环境污染防治的基本原则，并制定配套的保障制度来确保该原则的顺利实施。例如，1990年韩国实施的《环境政策基本法》第七条第1款以及1992年澳大利亚颁布的《政府间环境协定》。

污染者付费原则的一个例子是减排责任与二氧化碳排放量成比例或者按照化石燃料的含碳量征税。比例或责任原则也涉及污染者付费原则，即要求各方的碳排放责任与其历史排放量成正比，排放者应对其累积的历史排放和"自然债务"所导致的全球变暖负责，并向受害方进行补偿性支付。例如，巴西就曾建议根据每个国家的历史排放量对全球气温升高的相对影响来分配减排责任（Den Elzen et al., 2005）。与其他的公平原则不同，这个提案要求所有国家均实施减排，虽然更富裕国家的减排更多。在实践中，污染者付费原则的主要障碍在于历史责任估算的困难，尤其是纳入计算的排放日期的确认问题。此外，污染者付费原则的公平性仍然存在争议，一方面，被要求进行赔偿的个体虽然可以从过去的排放中获益，但他们并不是过去实施排放的主要责任人。[①] 另一方面，过去的排放责任人可能不知道当时的排放造成的损害，根据国际法，他们没有义务对当时的错误行为承担责任。此外，非同一性问题也难以得到解决——当今的个体与居住在具有不同排放量的反事实世界中的个体不能被认定为同一个体（Parfit，1986）。

5.3.7 保护发展机会原则

保护发展机会原则和基本需求原则有着类似的含义，即优先满足最穷困人群的基本需求（Paterson，1996）。基本需求就是"公民身处社会之中必须拥有的权利、自由和机会"，其中权利包括经济权利和制度权利。这是公平分配原则中最为重要的原则。由于地域、气候、文化和时代的不同，公民的基本需求可能也会不一样。将基本需求原则应用于配额分配存在一定困难，因为基本需求是在生产或消费时可能排放温室气体的产品和服务（如食品，住房），而不是温室气体排放本身。不过，也有某些研究提到的一些配额分配方案可能符合这一原则。例如，有学者提出，通过设定一个合理的收入阈值，依靠这个阈值确保低收入群体的生存基本需求不被影响，由此减轻或部分免除该群体的减排责任。从效

[①] 如果他们的祖先没有采用排放密集型的发展道路，今天的他们可能会更加富裕。

用主义的角度来看，如果将一个额外的排放单位（以及由此产生的任何额外收入）分配给目前收入增长的边际效用最高的穷人，那么该原则将会最大限度地增加世界福利（Mattoo and Subramanian，2012）。

从碳空间分配角度来说，贫穷国家的未来和富裕国家的过去应处于可比阶段，因为"从道德的角度看，重要的不是每个人都应该有同样的东西，而是每个人都应该得到满足"（Frankfurt，1987）。联合国相关倡议中所提出的发展权原则本质上也是通过在未来分配足够的碳空间从而为那些目前贫穷的国家和人群保留更多的经济发展机会。许多研究也主张不同发展水平的国家的发展机会均等（Birdsall and Subramanian，2009）。例如，Rawls 主张为经济发展和技术水平较为落后的国家分配更多的排放配额，以确保这些处于相对劣势的国家能够达到与拥有更多机会的国家平等的地位。

总体来说，不同的公平原则会构成不同的配额分配规则，很多分配规则可能使用多个原则组合来定义排放容许量。例如，将人均 GDP、人均排放和 GDP 总量的排放强度相结合（Ringius et al.，2002）；将历史责任和平等权利相结合（Neumayer，2000）；将历史责任和支付能力相结合；将平均主义原则和基本需求原则相结合等。

5.4 "共同但有区别的责任"原则

"共同但有区别的责任"原则首次在联合国的《里约环境与发展宣言》中被提出。该宣言的原则 7 写道，各国应秉承着全球伙伴关系的精神，合作保护和恢复地球生态系统的健康和完整。鉴于各国在全球环境恶化问题上所负有的责任大小区别，各国应承担"共同但有区别的责任"。发达国家承认，考虑到其社会对全球环境施加的压力，以及它们所掌握的技术和财政资源，其在追求可持续发展的国际事业中责无旁贷。1997 年签订、2005 年才生效的《京都议定书》就是以"共同但有区别的责任"原则为基础的。如何使用该原则在《京都议定书》条款中得到了明确规定。此外，UNFCCC 也明确提出了"共同但有区别的责任"，各缔约方应当在公平的基础上，根据各自共同但有区别的责任，从自身能力出发，为人类当代和后代的权益奋斗。因此，发达国家缔约方应当率先应对气候变化及其不利影响。有鉴于此，"共同但有区别的责任"原则在全球气候治理中居于核心位置，是各国减排责任分配的根本指导方针。

5.4.1 "共同但有区别的责任"原则发展概述

在全球应对气候变化的背景下,"共同但有区别的责任"包括共同责任和有区别的责任两个方面,两方面共同构成一个有机整体。第一个方面是共同责任,这个概念从人类的共同遗产和共同关切的问题演变而来,意味着在国际应对气候变化中,无论经济社会发展水平如何,各国都责无旁贷。第二个方面是有区别的责任,对共同责任进行了划分和限定,即根据不同的责任方在一定意义上对共同责任进行定性、定量、定时。具体来说,为了秉承公正公平的原则进行监管与资金负担的分配,需要基于各个国家的国情来划分责任,包括不同的物质条件、社会和经济发展状况,对全球气候变化的不同历史贡献,应对气候变化的财政、技术及结构性能力的差异以及未来的发展需要等。表5-2简要梳理了"共同但有区别的责任"原则在全球环境和气候谈判中的体现。

表5-2 "共同但有区别的责任"原则在全球环境和气候谈判中的体现

年份	事件	"共同但有区别的责任"原则的主要体现
1972	UNCHE	"用资金帮助发展中国家,进行世界性的合作是必要的。涉及环境的问题与日俱增,这些问题都是地域性或世界性的……各个国家应该为了共同的利益而大力合作。" "因为落后等因素使得环境受到破坏,为了解决这个问题,可以通过资金援助和技术转移来帮助发展中国家。"
1992	RDED	"鉴于对全球环境退化的影响不同,各国都承担着共同但有区别的责任。发达国家认识到,由于其社会对全球环境造成的压力及其所掌握的技术和财政资源,它们应当承担相应的责任。"
1992	UNFCCC	"各缔约方应在公平的基础上,根据各自共同但有区别的责任和各自的能力,为保护气候系统采取行动,以充分保障当代人和后代人的利益。"
1997	COP 3	"附件一中所列的缔约方应单独或共同确保其在附件A中所列温室气体的人为二氧化碳当量排放总量不超过附件B中规定的量化限制和减少排放的承诺以及根据本条规定所计算的分配数量,以确保在2008—2012年的承诺期内,温室气体的排放量相对于1990年水平至少减少5%。" "附件二所列的发达国家缔约方和其他发达国家缔约方应向发展中国家缔约方提供所需资金,包括用于技术转让的资金。"

续表

年份	事件	"共同但有区别的责任"原则的主要体现
2005	COP 11	应采用以下原则：公平、共同但有区别的责任和能力、环境一体化、经济效率、允许充分考虑不同国情的灵活性以及可持续发展优先事项（UNFCCC，2007） 责任分担应以共同但有区别的责任为指导，以确保作出类似的努力（UNFCCC，2009）
2007	COP 13	要求与会各国长期合作共同行动，实现减排温室气体的全球长期目标 发达国家有义务向发展中国家提供"可衡量、可报告和可核实"的资金支持
2007—2012	AWG-LCA	各国和各组织提交的材料强调，共同但有区别的责任、公平和团结是未来气候变化管制的基础。 中国：考虑公平、共同但有区别的责任、科学和经济可行性，以及针对具体国家的方法（UNFCCC，2008） 欧洲共同体：确定共同但有区别的责任对"集团之间和集团内部的国家的减排行动意味着什么，以在不断变化的国家和国际环境中提高气候制度的公平性和有效性"（UNFCCC，2012） 日本："开明的团结意识"，各成员国应根据各自的能力采取有效的缓解措施（UNFCCC，2009）
2009	COP 15	敦促发达国家履行强制减排义务，同时鼓励和支持发展中国家的自愿减排行动，以促进双轨制的谈判机制，并注重发展中国家利益的维护
2010	COP 16	设立绿色气候基金和专门的技术转让机构，在资金和技术等领域为发展中国家提供帮助
2012	COP 18	应根据公平性和各自的能力采取缓解措施
2015	COP 21	"为实现《公约》目标，需要遵循包括公平、共同但有区别的责任和各自能力在内的原则，并充分考虑不同国家的国情。" "各缔约方后续的国家自主贡献将比当前的国家自主贡献有所进步，并反映其尽可能大的力度，同时体现其共同但有区别的责任和各自能力，考虑不同国情。" "所有缔约方应当努力制定并通报长期的温室气体排放发展战略，同时要关注并考虑到共同但有区别的责任和各自能力，以及不同国家的国情。"
2021	COP 26	在共同但有区别的责任和各自能力原则的指导下，结合各国国情，采取更加强有力的气候行动，以有效应对气候危机 达成首个明确计划减少煤炭用量的气候协议，并承诺为发展中国家提供更多资金帮助它们适应气候变化

续表

年份	事件	"共同但有区别的责任"原则的主要体现
2022	COP 27	设立"损失与损害"基金，由发达国家在发展中国家的物理和基础设施被极端天气严重影响时提供经济援助。提高资金透明度，特别是为非洲国家、最不发达国家和小岛屿国家提供便利 引入创新解决方案，特别是能在发展中国家复制和强化的气候友好型解决方案

注：UNCHE：联合国人类环境会议
　　RDED：《里约环境与发展宣言》
　　AWG-LCA：长期合作行动特设工作组

"共同但有区别的责任"原则作为国际气候治理体系中的核心原则之一，随着全球气候变化谈判的推进和履约实践的不断发展，经历了"从单薄到厚重、从抽象到具体、从稀释到重塑"的反复发展历程（季华，2019；周琛，2023），大致可划分为萌芽期、形成期、发展期和拓展期四个演进阶段。

（1）萌芽期

早在1972年的斯德哥尔摩联合国人类环境会议上，《联合国人类环境宣言》就明确指出"保护环境是全人类的'共同责任'"，资金转移和技术援助对于帮助不发达国家克服环境问题能起到关键性作用，同时也指出了"对最先进的国家有效，但是对发展中国家却可能不适合和具有不值得的社会代价的标准的可行程度"问题。这构成了"共同但有区别的责任"原则的雏形，为后来历届联合国大会的召开奠定了坚实基础。此后，几乎所有国际环境保护公约都以各种形式体现了"共同但有区别的责任"这一原则。

生态环境恶化问题在斯德哥尔摩会议之后受到了世界各国的进一步关注。1992年联合国环境与发展大会通过的《里约环境与发展宣言》明确指出"环境标准、管理目标和重点应反映它们所应用到的环境和发展范围"，"某些国家应用的标准也许对其他国家，尤其是发展中国家不合适，对它们造成不必要的经济和社会损失"，且"发展中国家，尤其是最不发达国家以及那些环境最易受到损害的国家的特殊情况和需要，应给予特别优先的考虑"。① 应该说,"共同但有区别的责任"原则建立了一个共同应对全球气候变化并公平分担责任的概念性框架。虽然很多国际协议都提出了基于各国不同能力和需求的有差别的责任原则(如1972年的《防止倾倒废弃物及其他物质污染海洋的公约》、1976年的《保护地中海海洋环境和沿海地区公约》、1985年的《保护臭氧层维也纳公约》以及1987年的《关于消耗臭氧层物质的蒙特利尔议定书》等),但是《里约环境与发展宣言》提出的"共同但有区别的责任"指出了当前的行动责任与过去全球环境损害之间的关系,在历史责任维度上有其创新和不同之处。根据这一原则,一个国家对气候变化的历史贡献应与经济、社会及制度发展状况的不平等性共同构成不同国家责任划分的依据。因此,这一原则表达了根据对于特定环境问题的历史贡献和目前的能力评估责任的必要性,为有效应对环境挑战提供了合作和折中的指导性原则。

(2) 形成期

1992年里约会议通过的UNFCCC正式确立了"共同但有区别的责任"原则在国际气候协议中的地位,并将其作为国际气候治理责任分配的根本性指导原则(周琛,2023)。UNFCCC在其序言第三条以及第十条围绕发达国家和发展中国家应在温室气体减排方面具有区别责任这一核心问题进行了阐述,且在第三条第1款中对"共同但有区别的责任"原则进行了明确规定。此次会议中,154个国家和地区正式签署了UNFCCC,表明各缔约方已初步就"共同但有区别的责任原则"达成了共识。

《京都议定书》将"共同但有区别的责任"原则具体化,并确立了两种类型的区别对待:一是基于工业国或非工业国身份的区别性减排义务;二是针对工业国特有的减排目标。第一类区别对待采用了"义务区别模式",为工业化缔约方(附件一缔约方)设定了具有法律约束力的减排责任,而对非工业化缔约方(非附件一缔约方)则没有约束性责任。《京都议定书》的"义务区别模式"开创了一种新的局面,确立了发达国家在实现全球气候目标方面先行减排的模式,对发展中国家具有重要意义。第二类区别对待采用了"实施区别模式",对附件一缔约方设定了不同程度的减排目标。在第一个承诺期,发达国家需要将整体温室气体排放量

---

① UN. Report of the United Nations Conference on Environment and Development. (1992 − 08 − 12) [2023.7.28]. https://www.un.org/en/development/desa/population/migration/generalassembly/docs/globalcompact/A_CONF.151_26_Vol.I_Declaration.pdf.

在1990年的平均水平基础上减少5.2%。具体来讲，欧盟承诺在1990年的基础上减少8%的温室气体排放，加拿大承诺比1990年排放水平低6%，新西兰承诺2010年的排放稳定在1990年的水平上，而澳大利亚承诺2012年的排放量不超过1990年水平的108%。同时，《京都议定书》还承认，那些正在向市场经济转变的缔约方需要灵活性，主要表现在以下三个方面：一是允许各缔约方以集体的方式（而非依据具体的部门或行业）实现其减排承诺；二是各缔约方可以采取合适及有效的程序和机制，来确定和解决违反协议的情况；三是允许各缔约方依据自身的速度和方式来履行其减排义务。

（3）发展期

在2005年的UNFCCC缔约方大会中，"共同但有区别的责任"原则得到了与会各方的一致认可，并被认为应广泛用于指导世界各国合作应对气候变化。另外，"共同但有区别的责任"原则在"巴厘岛路线图"中被给予了特别认可，被认为是在谈判中达成有效结果的中心和关键点。"巴厘岛路线图"强调了国家间的责任分担应该在"共同但有区别的责任"原则指导下进行，从而保证各缔约方努力的可比较性，并充分考虑发展中国家和发达国家的不同国情。在UNFCCC"长期合作行动特设工作组"的工作中，许多国家和国际组织都提议将"共同但有区别的责任"原则、公平及团结作为构建国际气候法规的基础。例如，中国指出在形成共同愿景的过程中，必须考虑公平和"共同但有区别的责任"原则、科学和经济可行性以及具体的途径。[①] 欧盟强调了有必要定义"共同但有区别的责任"原则对"在不断变化的国家和国际环境中增强气候体系的公平性和有效性的集团内和集团间国家的减排行动"的意义。"巴厘岛路线图"提案特别关注了国家间不同的国情，甚至是已经建立的国家集团内部，并倾向于形成相对具体和详细的国家责任。[②] 日本认为各国应具有一种"进步的团结意识"，在这种意识下各国将根据自身的能力采取

---

① UNFCCC. Views Regarding the Work Programme of the Ad Hoc Working Group on Long-term Cooperative Action under the Convention. Submissions from Parties. Geneva: UNFCCC, 2008. https://digitallibrary.un.org/record/627675.

② UNFCCC. Ideas and Proposals on the Elements Contained in Paragraph 1 of the Bali Action Plan. Submissions from Parties. Geneva: UNFCCC, 2009. https://unfccc.int/resource/docs/2009/awglca6/eng/misc04p01.pdf.

有效的减排措施。① 总而言之，各谈判方已经认识到"共同但有区别的责任"原则作为气候体系下长期合作行动的共同愿景基础的重要性。②

在2012年多哈气候大会上，缔约方就德班增强行动平台问题特设工作组（Ad Hoc Working Group on the Durban Platform for Enhanced Action，ADP）的有关工作事项提交了提案，其中对"共同但有区别的责任"原则进行了广泛讨论。ADP的发起是为了"根据UNFCCC制定适用于所有缔约方的一项议定书、另一种法律协议或具有法律效力的议定结果"。在提案中，美国认为UNFCCC的目的应当是在差异化的减排责任基础上，通过倡导所有主要排放国减少排放量来预防全球变暖，而基础四国则坚持应保留工业国（附件一）与非工业国（非附件一）缔约方在减排责任方面的现有区别。③ 中国和印度在提案中都强调，"适用于所有"并不是以任何方式表明或暗示所有缔约方在责任与义务的性质、内容和规模方面的统一④，也不表示扩大区别或偏离UNFCCC所建立的责任平衡。⑤ 然而，小岛屿国家联盟与欧盟、新西兰、加拿大、日本等发达国家和国际组织则强调每个缔约方的普遍参与和贡献。⑥⑦ 总体上来

---

① UNFCCC. Ideas and Proposals on Paragraph 1 of the Bali Action Plan. Revised note by the Chair. Geneva：UNFCCC，2009. https：//unfccc. int/sites/default/files/resource/docs/2008/awglca4/eng/16r01. pdf.

② UNFCCC. Ideas and Proposals on Paragraph 1 of the Bali Action Plan. Revised note by the Chair. Geneva：UNFCCC，2009. https：//unfccc. int/sites/default/files/resource/docs/2008/awglca4/eng/16r01. pdf.

③ UNFCCC. Overall Views of the ADP "Workstream 1" Process and Outcome. （2013－09－12）［2023－07－20］. https：//unfccc. int/files/documentation/submissions_from_parties/adp/application/pdf/adp_brazil_workstream_1_brazilian_proposal_20130912. pdf.

④ UNFCCC. China's Submission on the Work of the Ad Hoc Working Group on Durban Platform for Enhanced Action. （2013－03－05）［2023－07－20］. https：//unfccc. int/files/documentation/submissions_from_parties/adp/application/pdf/adp_china_workstream_1_20130305. pdf.

⑤ UNFCCC. Submission by India on the Work of the Ad－hoc Working Group on the Durban Platform for Enhanced Action. （2013－09－13）［2023－07－20］. https：//unfccc. int/files/documentation/submissions_from_parties/adp/application/pdf/adp_india_workstream_2_20130309. pdf.

⑥ UNFCCC. Submission by Canada－Views on Advancing the Work of the Durban Platform. （2013－04－12）［2023－07－20］. https：//unfccc. int/files/documentation/submissions_from_parties/adp/application/pdf/adp_canada_workstream_1_and_2_en_20130412. pdf.

⑦ UNFCCC. Submission by Japan－Information，Views and Proposals on Matters Related to the work of Ad Hoc Working Group on the Durban Platform for Enhanced Action（ADP）. （2013－03－12）［2023－07－20］. https：//unfccc. int/files/documentation/submissions_from_parties/adp/application/pdf/adp_japan_workstream_1_20130312. pdf.

说,最不发达国家和中国都认为"共同但有区别的责任"原则应用于指导各缔约方的行动[①][②],而发达国家则认为该原则应当服务于实现UNFCCC的目标,即稳定大气中的温室气体浓度以防止气候变化。尽管在一些问题上存在争议,但提案普遍认同应采用UNFCCC的"共同但有区别的责任"原则。各缔约方普遍达成共识,赞成执行发达国家和主要经济体采用经济体范围内的量化减排目标,而发展中国家则采用以部门为基础的目标或以适合本国的减排行动为基础的目标。此外,如表5-3所示,缔约方的提案还对区别责任的方法提出了不同观点。

表5-3 提案中的区别责任的方法

问题	提议
保留区别对待的"附件一"和"非附件一"模式	• 中国:现有的区别表明社会经济发展和消除贫困是发展中国家的当务之急 • 巴西:发达国家应承认历史责任 • 印度:对区别的再解释超出了ADP的范围 • 印度:"附件一"缔约方应承担违约的后果,且应通过激励措施鼓励"非附件一"缔约方参与
采用的目标类型(经济范围与部门)	• 最不发达国家:非脆弱国家应当承担经济范围内的减排 • 印度:"附件一"缔约方采用量化排放限制,"非附件一"缔约方采用适合本国的减缓行动 • 日本:所有的主要经济体都应采用量化排放限制 • 环境完整性集团(Environmental Integrity Group, EIG):对一些缔约方采取量化排放限制和排放削减目标,对其他缔约方采取基于"共同但有区别的责任"原则的常规目标
"自上而下"与"自下而上"目标	• 最不发达国家和小岛屿发展中国家:"自上而下"——目标应在国际层面被确定以确保严格性 • 美国、日本和巴西:"自下而上"——在国内层面建立目标

[①] UNFCCC. Submission by Nepal on behalf of the Least Developed Countries Group on implementation of all the elements of decision 1/CP. 17 (a) matters related to paragraphs 2 to 6 (ADP). (2013-03-01)[2023-07-20]. https://unfccc.int/files/documentation/submissions_from_parties/adp/application/pdf/adp_ldc_group_workstream_1_20130303.pdf.

[②] UNFCCC. China's Submission on the Work of the Ad Hoc Working Group on Durban Platform for Enhanced Action. (2013-03-05)[2023-07-20]. https://unfccc.int/files/documentation/submissions_from_parties/adp/application/pdf/adp_china_workstream_1_20130305.pdf.

续表

问题	提议
超越"两室系统"，考虑能力和责任	• 澳大利亚："两室系统"（"附件一"和"非附件一"）不能反映国家能力和责任的范围 • 最不发达国家：2015年的协定应考虑发展中国家基于各种能力的不同贡献 • 巴西、加拿大、新西兰、中国、印度、最不发达国家和环境完整性集团：区别应当建立在能力和责任的基础上
应用《蒙特利尔议定书》中的区别模式	• 新西兰：所有缔约方都采取行动，但给予发展中国家更多时间来充分执行

（4）拓展期

2015年巴黎气候大会达成的《巴黎协定》根据最新的国际形势对"共同但有区别的责任"原则做出了必要的调整，并进一步明确了该原则在全球气候治理中的原则性地位，要求所有缔约方根据各自能力和不同国情承担相应责任，并在减缓、适应、资金、技术、能力建设和透明度等方面作出了详细规定。例如，对于减缓要素，《巴黎协定》明确规定，发达国家缔约方应当继续发挥带头作用，努力实现全经济范围的绝对减排目标。同时，发展中国家缔约方应量力做出减缓和适应的努力，并根据国情制定涉及全经济范围的减排目标。对于资金要素，《巴黎协定》也明确指出，发达国家缔约方应向发展中国家缔约方提供资金支持，以帮助它们减缓和适应气候变化，从而确保继续履行在 UNFCCC 下的现有义务。对于技术要素，《巴黎协定》鼓励发达国家缔约方与发展中国家缔约方在技术开发和转让方面加强合作行动，建立起国家之间绿色技术转让机制。

2021年在格拉斯哥举行的气候大会是《巴黎协定》进入实施阶段后的首次 UNFCCC 缔约方会议，重点围绕《巴黎协定》实施细则、全球气候目标及气候融资等焦点问题进行了谈判，最终达成了《格拉斯哥气候公约》。《格拉斯哥气候公约》强调必须认识到发达国家和发展中国家之间存在的不同状况，并基于"共同但有区别的责任"原则和各自能力要求发达国家通过经济脱碳来缓解气候变化。同时，《格拉斯哥气候公约》对敦促发达国家兑现每年提供1000亿美元的气候融资承诺以及关注发展中国家脆弱地区的气候灾害及适应等具体问题作出了较为详细的规定。2022年COP27达成的《沙姆沙伊赫实施计划》强调，各国应本着"共同但有区别的责任"原则，根据自身国情，加快气候行动。此次会议形成的最重要成果是设立"损失与损害基金",旨在补偿那些特别容易受到风暴和洪水等气候变化影响的发展中国家。另外,《沙姆沙伊赫实施计划》指出应注意到发展中国家仍存在能力差距和需求,吁请发达国家缔约方增加对发展中国家缔约方长期能力建设的支持。

在后巴黎时代,确保"共同但有区别的责任"原则在新的国际气候秩序中有效实现需要将其内涵纳入新的制度规则中,但目前还存在一些障碍,如国家自主贡献制度的法律地位(van Asselt,2019)、核算标准(刘晶,2021)、范围和规定等不够明确(Pauw et al.,2019)。因此,为了完善"共同但有区别的责任"原则的实现路径,国际社会应推动人类命运共同体引领下的国际气候法治,推进《巴黎协定》中"共同但有区别的责任"原则的规则化与体系化。

5.4.2 "共同但有区别的责任"原则在UNFCCC中的规范作用

UNFCCC第三条纳入了"共同但有区别的责任"原则,并要求各缔约方将其作为指导。UNFCCC第三条第1款提出"缔约方应在公平的基础上,根据共同但有区别的责任及各自能力,保护气候系统,以造福于今世后代。因此,发达国家缔约方应带头应对气候变化及其不利影响"。因此,气候制度中的"共同但有区别的责任"包括"共同但有区别的责任和各自能力",其中对于能力的考虑特别重要。从减排的角度来看,国家能力包括改进能源生产以使其更高效、更清洁或可再生的能力,以及解决土地利用和交通运输等部门排放的能力。了解各国的减排能力需要对国家进行逐个评估,核算部门排放情况并评估可用于减排计划的经济能力与合适的技术。"牛津方法"经常被用于评估经济能力,该方法主张在评价中考虑以下因素:国内生产总值、人均国内生产总值以及基于多维贫困指数的贫困程度(Müller and Mahadeva,2013)。UNFCCC第三条第3款认为气候政策和措施必须考虑到不同的社会经济背景。第三条第4款也指出气候政策和措施应适应每一个缔约方的具体条件,与国家发展方案相结合,且必须考虑到经济发展对于应对气候变化来说是极为重要的。

在UNFCCC正文中列入一套指导原则是起草过程中的一个争议问题。美国不想在协定中包含无限制的原则,因为担心这些原则会产生超出公约规定范围的额外承诺。而发展中国家缔约方则认为必须在正文中列入原则性的声明以指导公约条款的执行(Bodansky,1993)。UNFCCC认同了发展中国家缔约方的观点并在第三条中建立了一个有助于执行的规范框架。但第三条所规定的义务的性质也因此受到了严重质疑。有些国家认为这些原则是强制性的，而另一些国家则认为这些原则的适用性是自行决定的。

　　分歧还体现在对"共同但有区别的责任"原则的认识，一些国家认为这一原则中的"区别"是基于经济发展水平的差异，而另一些国家则认为"区别"是基于在全球环境恶化中所起到的作用（Rajamani，2008）。对"共同但有区别的责任"原则的法律地位，一些国家认为该原则是重要的法律框架，而另一些国家则否定这是一种新的规范原则。尽管该原则已被纳入大多数多边国际环境协议之中，但由于缺乏共同商定的法律定义及共同理解，一些缔约方认为这是一项道德义务而不是法律义务。"根蒂尼案"（Gentini Case）对法律规则和原则的区别进行了界定："规则是本质上可行的，并且是具有约束力的……正如存在政府的规则，也存在艺术的规则，而原则表达的是普遍的真理，它指导我们的行动，成为我们生活中各种行为的理论基础，且在现实中应用时会产生特定的后果。"（Sands and Peel，2018）。① 因此，虽然原则可能影响决策者，但并不需要任何先决性的行动。"盖巴斯科夫－拉基玛洛工程案"（Gabcikovo-Nagymaros Case）中提到："新的规范和标准已经被制定了，在过去几十年中也被大量文件所提及。这些新规范必须被正确考虑，这些标准也应受到合理的重视。"②

---

　　① "根蒂尼案"是一宗意大利政府代表其公民对委内瑞拉提出的索赔案件。该案原告是一名1871年居住在特鲁希略州的意大利公民，当时他的商店因大量士兵的出现而被暂时关闭，生意受到了严重影响。同时，由于当地领导的命令，原告被关进了监狱，在收押期间，其店铺也遭受了抢劫，随后原告在面临监禁的威胁下被迫申请贷款。事件发生后一年，原告搜集了相关证据并要求索赔3900玻利瓦尔。然而，该事件并未被公开，甚至没有引起意大利皇家公使馆的注意。直到1903年，意大利政府代表原告提出了对委内瑞拉的索赔，但双方就诉讼时效等关键问题未能达成一致，故该案于1903年5月7日被提交至常设仲裁法院。

　　② 盖巴斯科夫－拉基玛洛工程案是一起因匈牙利与捷克斯洛伐克共同建设的拦河大坝是否会对环境产生不利影响而引发的争议案件。1977年9月16日，捷克斯洛伐克与匈牙利签署了一项协议，约定在捷克斯洛伐克的加布奇科沃和匈牙利的大毛罗斯建造一座水电大坝和一座发电厂，疏浚多瑙河以供航行，建造灌溉大坝和水闸以防止邻近土地被淹没。该协议于1978年6月30日正式生效，相关项目的建设工作也随即开始。五年后，在匈牙利的要求下，双方再次签署了两项协议，根据这两项协议双方同意先暂缓该项目，并于1989年2月开始加速实施该项目。随后，由于来自匈牙利公民团体的环保压力和对国家经济发展的考虑，匈牙利以生态问题和经济发展为由，于1989年5月决定暂停该项目。五个月后，匈牙利宣布完全放弃在其领土上实施该项目。与此同时，捷克斯洛伐克政府于1991年开始设计一个替代项目，在匈牙利于1992年宣布放弃其原有义务后，捷克斯洛伐克政府开始在其领土上实施替代方案。然而，匈牙利政府对此表示反对，理由是替代方案需要从多瑙河上游引水，将会导致匈牙利许多地区出现缺水和环境污染等问题。由于该争端始终无法得到有效解决，双方于1993年4月将此事提交到国际法庭。参见 ICJ, Case Concerning the Gabcikovo－Nagymaros Project（Hungary/Slovakia），1997.09.25，para. 140. https://www.icj－cij.org/case/92.

可以看出，国际法庭的陈述清楚地表明，原则具有规范性的力量，必须在相关情况下予以考虑和应用。因此，"共同但有区别的责任"原则仍然是监管框架内使用的国际环境法律原则，用于指导解释和履行义务，而不是在自身内部创造实质性的法律义务。这一原则应当用于根据历史和当前的排放影响与能力区别减排义务，并应明确承认该原则在设立这些区别义务方面的作用。

UNFCCC被称为"框架文书"，其实质主要是法律性质而非监管性质。尽管如此，UNFCCC第四条第1款和第2款仍然表明其有意设置有差异的减排义务。第四条第1款要求所有缔约方制定并公布国家排放清单，并在考虑"共同但有区别的责任"原则的前提下制定和公布国家和/或地区的减排计划。第四条第2款同样承认减排责任方面的区别，要求发达国家带头实施减缓气候变化的政策和措施，并认为这是由它们的发展阶段、经济结构和资源基础决定的。尽管这两项条款都承认了有差异性的减排义务，但同时也设想了发展中国家的减排行动。因此，这些条款并不赞成《京都议定书》所采取的方法，即只为发达国家设定有约束力的减排义务。UNFCCC的本质就是要求所有缔约方做出"公平且适当的贡献"，以避免对气候系统造成危险的、以人类为中心的干预。[1]

有学者拆解了"共同但有区别的责任"原则中的每个词，并对其进行了可能的解释（Rajamani，2011）。一是"共同"，这个词主要是指存在集体利益，因此可以产生具有普遍性的公共义务；二是"但"，表示国家间的共同责任与特定国家具有的区别责任之间存在一定程度上的不同；三是"区别"，应当充分考虑不同国家的经济发展水平以及各自对全球环境恶化所起的不同作用这两个基础性因素；四是"责任"，这个概念与问责相同，意味着需要对某些行为或事件承担起责任，包括"引发问题的责任"以及"解决问题的责任或义务"。

通过将这些要素紧密地结合起来，"共同但有区别的责任"原则为所有国家都建立了义务，这些义务区别考虑了经济发展水平及国家对环境恶化的影响。此外，各国都在环境问题造成的影响方面负有责任，需承担相应的义务，并采取行动解决问题。"共同但有区别的责任"原则为国际气候法律注入了新的生命。公平性要求在考虑历史和当前排放贡献与减排能力的基础上设定区别减排责任。所有主要排放国都必须承担具有法律约束力的减排责任，同时这些责任需在公平的基础上有所区别。发

---

[1] UNFCCC第四条第2款（a）项。

达国家应当继续带头应对气候变化，且应在历史和当前排放的基础上做出最高级别的贡献；巴西、中国、印度、南非四国（金砖国家），以及韩国、墨西哥、土耳其及其他高排放的新兴经济体，应当承担第二级别的责任；而小岛屿国家和最不发达国家应当承担最低级别的责任。这种方法将确保 UNFCCC 的所有缔约方在全球应对气候变化中做出公平和适当的贡献。

5.5 气候公平的挑战

自 30 年前气候变化成为全球性议题以来，公平一直都是全球气候治理的核心原则之一。UNFCCC 的议题与谈判也反映了各缔约方对公平的关注。2015 年《巴黎协定》达成，全球气候治理开启新阶段。有关公平的谈判和讨论正处于一个已经变化的背景下：一项新的协议将会涉及所有国家；全球范围内将会越来越明显地感受到气候变化的影响，尤其是最脆弱的国家；国际气候制度下新的机构出现，而且越来越复杂。因此，有关公平的创新思维，包括哪些国家应该参与以及如何采取行动，对于达成气候协议是必需的。而且，有关气候公平的原则不再只是停留在理论和框架层面，一个更广泛、更深入、更全面的有关公平的看法是必要的，这个看法将公平视为一个具备更明确的政治、经济、环境和社会意义，能全方位解决国际气候问题的多维挑战。如果将全球气候治理比喻为一步步朝着实现全球气候政治发展迈进的过程，那么追求其中的公平正义则成了最为渴望的理想目标。这既是一项需要国际社会共同努力的系统工程，也是确保全球气候治理朝着正确方向发展以及全球气候政治发展航向正确的伦理准则。

"共同但有区别的责任"原则和"各尽其能"原则是 UNFCCC 谈判中被引用得最频繁的词语。大量研究探索了如何差异化地公平划分减排责任以缓解气候变化的努力，然而在实际情况中，各国对什么是公平以及这些原则应如何实施存在分歧，因此谈判的进程往往充满分歧。当前，气候公平问题比以往任何时候都更加突出。第一，气候变化已在全球范围内造成了规模空前的影响。小岛屿发展中国家和最不发达国家不仅呼吁排放大国做出雄心勃勃的减排承诺，以支持适应气候变化，而且呼吁建立一个有效的"损失和损害"机制，以应对当前和未来气候变化的影响。第二，随着从区分附件一国家和非附件一国家转向明确适用于所有国家的"自主贡献",包括 UNFCCC 在内的全球气候制度结构变得更加复杂,无论是在减排领域还是在适应和融资等领域,都需着重思考如何在协定的许多要素中实现公平,如何将新的制度和程序,包括技术、资金和排放报告等有效、公平地付诸行动。第三,作为目前最重要的全球应对气候变化协议,每个国家在向自己的国民解释为什么《巴黎协定》是公平和有益的时候,必须有一个更广泛和更全面的公平观。如果缺乏这样一个更为复杂、更具系统思维的公平观,那么气候谈判就会将错过一个把有关公平的争论推到一个新方向的机会,这个新方向能捕捉到世界各国实际面临的复杂气候现实。

5.5.1 公平评估的维度

除温室气体减排问题之外,还存在一些不可忽视的实质性问题或许也应该被纳入公平评估的考虑。例如,是否应涵盖有关过去和未来的排放责任及经济能力的标准指标;在思考结果的公平性时,是否应该综合考虑气候影响和生态环境脆弱性;在思考各国应该采取什么行动时,是否应该考量温室气体减排和适应性策略带来的经济和社会效益;坎昆会议成果中阐述的"公平获得可持续发展"这一原则应如何体现;是否应该将人类发展指数中囊括的一系列因素纳入公平框架。

在公平评估维度确定的过程中,还要考虑各国可能承诺采取何种行动,以及如何从公平角度看待这些行动。具体来说,这涉及是否应该考虑行动的时间,而不仅仅是行动的水平和严格程度;是否应该采用一个更全面的方法来衡量和评估各国不同类型的行动;例如,适应和恢复活动是否也应该被视为与减排行动相关,以及这种考虑是否应仅限于衡量发展中国家的行动;财政是否应该被视为一个国家总体目标的一部分;应该如何从公平的角度看待不同类型和不同目标的减排行动和承诺,如绝对经济目标、相对碳浓度目标、具体的部门行动和涉及不同温室气体来源的政策。

5.5.2 应对适应、损失和危害问题

随着气候变化的加剧,世界各地的适应需求也在不断增加。这为那些极易受到气候变化影响,但往往又对气候变化影响了解甚微的国家带来了基本的公平问题。基于此,需从两个层面加强对公平的关注:第一,适应是否受到各国高度重视,是否提出了支持和扩大适应努力的建议;第二,适应和金融战略是否足够严肃,是否被纳入关于公平的整体思考

和各国采取的行动中；对适应的支持是否有效和负责；适应和减排之间的资金水平是否应该更加平衡；如何加大气候支持并以系统的、有意义的方式适应气候影响。

除了适应之外，还有一个严肃的问题是"损失和损害"。对于那些对气候变化影响了解甚少，却面临最严重后果的国家来说，这引发了类似的公平问题。多年来，小岛屿国家和最不发达国家一直主张关于"损失和损害"的国际机制。2022年在COP27期间，各缔约方代表也确定设立了"损失与损害基金"。虽然该机制如何具体落实仍然是一个悬而未决的问题，但各国特别是发达国家在这一问题上的做法将向发展中国家表明气候影响的历史责任问题是否得到了认真对待。

5.5.3 减排目标

随着各国越来越重视应对气候变化的影响，各国也比以往任何时候都更加明确地认识到，公平和减排目标是同一枚硬币的两面。如果排放量继续上升，影响继续扩大，最脆弱的国家和生态系统将遭受最大的损失。在气候谈判中，许多国家最关心的问题是各国在减排和采取重大行动方面的目标水平。因此，除了在评估国家自主贡献的过程考虑如何评估公平性之外，另一个关键问题是如何考虑目标。减排目标和气候影响之间的关系，包括适应程度、必要的损失和损害，以及由此产生的公平影响，是否能够得到理解和解决。联合国环境规划署的报告《2021年排放差距报告：热浪持续》已发出警告，目前各国提交的最新减排承诺远远落后于实现《巴黎协定》温控目标所要求的水平。尽管德班平台特设了一个致力于缩小温控差距的目标工作组，但不幸的是，目前几乎没有采取任何行动。

5.5.4 执行中的公平问题：公正的过渡和利益共享

在全球气候行动加速开展的背景下，如何在经济社会向低碳和适应气候变化的方向转型的过程中实现公平，成为一个日益重要的问题。国家层面关于气候和公平问题的辩论可以为国际气候进程提供一些重要的经验教训。国家气候变化政策的通过和有效实施取决于管理低收入家庭和社区的额外成本。例如，如果一个国家希望实施碳税，那么就需要考虑保护社会中的弱势群体，为高碳行业的工人提供公正的过渡，并为绿色气候友好型行业的工人提供就业机会。

向低碳和适应气候变化的经济过渡所涉及的问题同样是国际公平难

题的一部分,与有力的金融支持和技术合作密切相关。在这个问题上,思考如何在全世界范围内公平地分享气候行动的好处是至关重要的。此外,重要的是确保发展中国家能够实际控制本国的过渡。如果公平地提供获得技术和政策创新的机会,并增强发展中国家的能力,那么人们所感知的负担就能转变为许多国家的机会。在实现这一过渡时,发达国家通过自己的政策、技术共享与合作发挥的作用将是一个核心问题。为发展中国家提供充足的资金,对于促进它们承诺在减排和适应两方面采取更有效的行动至关重要。

第6章 国际贸易背景下的新型碳排放责任分担机制

　　清晰界定国家碳排放责任是全球碳减排合作公平性的重要体现。本研究认为，一个国家的碳排放责任量由两部分组成：一部分是国内生产用于本国消费所排放的二氧化碳，这部分排放量毫无争议应该归属于该国的责任范畴；另一部分则是与其他国家和地区在贸易中所产生的隐含碳排放量。在引入隐含碳排放平衡概念后，可以发现目前基于生产责任的机制事实上是将两国贸易间的隐含碳排放平衡全部分配给生产国，而这种默认的分配方法正是导致碳泄漏和公平性之争的问题所在。因此，要改进目前基于生产者责任机制的国际气候体系就需要重新合理地界定国际贸易中隐含碳排放的责任归属。

　　以中国为例，中国与所有的贸易伙伴间都存在碳贸易平衡关系，这些所有平衡之和就是中国总体的碳贸易平衡，如图6-1所示。以最大的双边贸易伙伴中美两国为例对碳排放的责任分担进行解析，在双边关系中，中国出口至美国货品的碳排放量远大于美国出口至中国货品的碳排放量，因此，从贸易净值上看，中国为碳排放的净出口国，即生产国；而美国为碳排放的净进口国，即消费国。

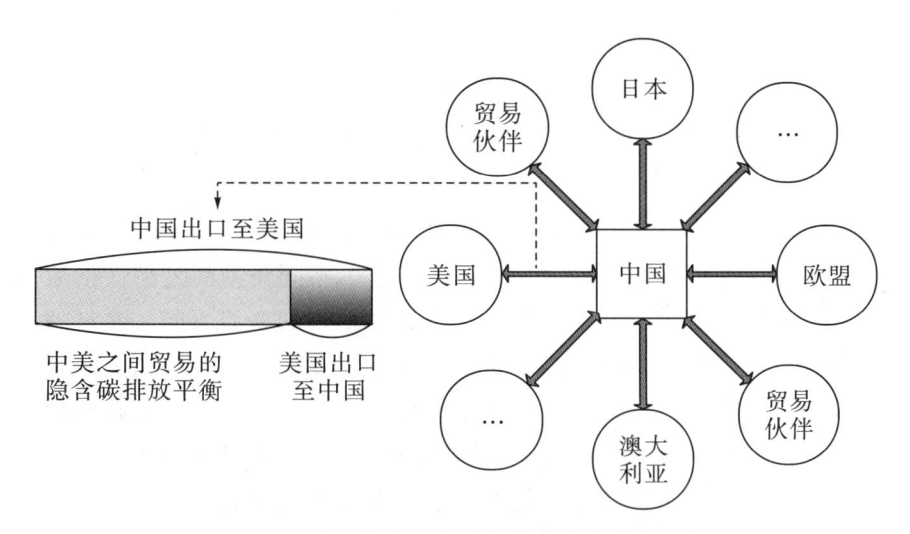

图 6-1 中国与贸易伙伴间的隐含碳排放平衡

在该案例中，假设 E_{China} 和 E_{US} 分别是中国和美国在双边贸易隐含碳排放中的分配量，$E_{US \to China}$ 是美国至中国的出口中隐含的碳排放，CTB_{China} 和 CTB_{US} 分别是中国和美国在双边贸易碳平衡（$CTB_{China-US}$）中的排放责任。那么有：

$$\begin{cases} CTB_{China-US} = E_{China \to US} - E_{US \to China} = CTB_{China} + CTB_{US} \\ E_{China} = E_{US \to China} + CTB_{China} \\ E_{US} = E_{US \to China} + CTB_{US} \end{cases} \quad (6.1)$$

在式（6.1）中，$E_{US \to China}$ 是中美贸易隐含碳排放的平衡量（$E_{US \to China} < E_{China \to US}$），而 $CTB_{China-US}$ 是剩余存在争议的不平衡部分。因此，在一个双边责任框架中，最终的问题就是如何将 $CTB_{China-US}$ 分配给中国（CTB_{China}）和美国（CTB_{US}）。

当前，"共同但有区别的责任"原则已成为全球气候治理体系明确权责的重要基础。根据该原则的主要思想，本研究提出在国家碳排放责任量核算中应遵循的公平原则，主要是指生产国和消费国对两国贸易间的隐含碳排放平衡负有共同责任并根据各自的人类发展指数、人均碳排放水平及各自从包含隐含碳排放平衡的国际贸易中获得的收益承担区别责任。在核算方法中，本研究将人均碳排放水平作为一个子指数引入人类发展指数，构建了"基于人均碳排放调整的人类发展指数"（CHDI）。并在概念界定的基础上，对公平原则进行了规范化处理，得到了一个可计算的责任分担方法框架。

6.1 国际贸易隐含碳排放责任分担的公平原则

现有研究从多样化的视角切入，对于碳排放责任分担中的公平概念进行了规范性与标准性的界定，并据此构建了不同类型的公平性指数及与之相关的责任分担方法。但是由于道德和伦理的观点不同、度量的困难、数据的局限性以及利己的原则，所有的概念都具有优点也存在缺陷，因此在众多公平原则中筛选一个统一的标准变得不合理。相比起衡量不同公平概念的相对合理性，大多数国家更倾向于从实用的角度关注一个程序结果如何影响其责任量。例如，有学者认为美国更愿意在一个一致削减百分比的基础上谈判，而欧盟更倾向于以人均二氧化碳排放量为基础，日本则倾向于以单位国民生产总值排放量为谈判基础（Barrett，1991）。即使是在一个特定公平概念几乎得到一致赞同的地方，随着时间的推移和审视的不断细化，这种一致性亦常常弱化。例如，当前在OECD国家被广泛接受的污染者付费原则却在早期因受到法律以及国家安全和国家形象等因素的影响而缺乏国际支持。因此，如前所述，争论任何公平原则的优先性几乎是没有益处的，因为这不仅是无效的，而且造成的僵局很可能会阻止任何实际已达成的一致。据此，本研究采用多标准决策方法，尽可能地将所有能获得支持的公平措施都应用于决策过程，综合考虑多种维度的公平性，并将公平不同部分的相互作用纳入模型，从而最大程度地体现新型责任分担机制的公平性。那么，在国家碳排放责任量认定中具体应该遵循哪些公平原则？

6.1.1 共同责任原则

如前所述，目前关于国家碳排放责任量认定的研究很多都缺乏对实际国际气候谈判中的政治、经济背景的考虑。而在这个问题上，毫无疑问，首先考虑的应该就是"共同但有区别的责任"原则，这一原则在国际气候体系下得到了全球各国最广泛的认同。国家碳排放责任量认定机制主要存在两个问题，一是横向上对于国家间贸易隐含碳排放量的责任分配，二是纵向上对于国家历史累积排放量的责任认定。二者相结合即构成本研究提出的国家碳排放责任量核算方法。本研究首先在横向上对该原则进行探讨。

在该情境下，共同责任可以从两个方面去理解。第一，全球所有国家，包括发达国家和发展中国家都对大气中累积的碳排放负有责任。因为无论是发达国家、发展中国家，还是最不发达国家，都会排放二氧化碳从而获得本国的碳排放责任量。第二，由于目前引起分配争议的是国际贸易中隐含的碳排放，因此本研究提出生产国和消费国对两国贸易间的隐含碳排放平衡负有共同责任。前文已经分析到，从气候与贸易公平的角度来看，消费和生产都会产生收益，且同时都是污染产生的原因，因此现实中遵循的生产国责任机制和部分研究提出的消费国责任机制将碳排放责任完全分配给任何一方，都不可避免地存在缺陷。具体来看，消费收益是指一些国家自工业革命以来长期享受以其他国家环境退化为代价的大量碳消费，却不用对生产这些碳密集型产品所带来的污染负责。虽然消费已经开始被视为除人口和技术因素外造成环境污染的重要原因，但目前对于消费责任的实质性关注却仍然很少。而生产收益强调以化石燃料为动力的大量生产活动对一个国家赚取收入的巨大贡献，因此生产国应对产生的碳排放负责。需要注意的是，这里的生产收益不仅考虑该国生产部门的直接排放，同时也要考虑为其生产部门提供中间投入的其他国家生产部门的碳排放。综上所述，本研究提出国家碳排放责任量认定所应遵循的"共同责任原则"，即生产国和消费国对两国贸易间的隐含碳排放平衡负有共同责任。

6.1.2 基于发展水平的区别责任原则

在共同责任的基础上，"共同但有区别的责任"原则要求考虑各国不同的国情，特别是减排能力的差异，进而赋予各国差别化的责任。区别责任的目标是公平地分配目前存在争议的隐含碳排放量，推动发达国家与发展中国家在气候体系内实现实质性的平等，同时保证发展中国家随着时间推移能够逐步遵守规则，从长远的角度共同助推气候体系的强化。其中发达国家和发展中国家的界定是区别责任的核心所在。虽然"共同但有区别的责任"原则已经得到了许多国际组织和国际协议的认可，但无论是 UNFCCC 还是 WTO 均没有明确提出划分国家发展水平的量化指标。在可持续发展理念深入全球、低碳经济成为大势所趋的今天，发展与否早已经不仅仅局限在经济增长层面，因此单纯地以国家财富来衡量一国发展水平已经不能适应人类社会可持续发展的需求，难以体现发展的全面意义。同时根据以上的分析，在气候变化的情境中，公平性并不是一个单一属性的概念，而是体现在多种层面和角度。这就需要结合多层次多角度的属性来综合衡量一个国家的发展状况和发展水平。据此，本研究认为联合国开发计划署编制的"人类发展指数"（Human Development Index，HDI）正是一个合理的指标。

在人类发展指数中，各国的发展水平被概念化为三个组成部分：健康、教育和经济条件。具体采用寿命、受教育程度以及生活水平（收入水平）等三个指标对各个尺度的发展水平进行量化处理，并对这三个指数的计算结果取几何平均数，进而核算得到各国的人类发展水平状况，即：$HDI = I_{Life}^{1/3} I_{Education}^{1/3} I_{Income}^{1/3}$。因此，核算人类发展指数的第一步是构建并核算每个子指数。而构建子指数的第一步是设定该尺度的最大值和最小值，将指标转化为0到1之间的指数。几何平均用于总体值的计算，因此最大值不影响任意两个国家或时间段之间的相对比较（以百分比计）。最大值被设置为在时间序列内包括所有国家在内实际观察到的最大值。最小值会影响比较，因此该值的设置应是切合实际的最小值或者"自然的"零值。例如，联合国《人类发展报告》将预期寿命的最小值设为20，两个教育变量的最小值为0，而人均总国内收入的最小值为163美元。由此，人类发展水平的度量就表现为一个社会随着时间的推移对最低水平的超越。定义了最大值和最小值后，子指数的计算按照式（6.2）进行。

子指数 =（实际值－最小值）/（最大值－最小值）　　　（6.2）

1990年，联合国开发计划署发布了第一份《人类发展报告》，其中提出并测算了各国的HDI，以表征每个国家的人类发展状况。从1990年的第一份《人类发展报告》至今，每年的报告都会重复引用一句话"一个国家的真正财富是人民"。这在某种程度上体现了上文中提到的主权公平原则和平等主义公平原则，即将人民作为衡量一国发展水平的主体。秉承这一理念，人类发展指数运用大量的实证数据，从动态上反映了各国整体的发展状况，并探究各国在其中的优先发展事项，因而在全世界的发展政策中产生了深远影响。在气候变化问题日渐突出的今天，2007年至2008年，联合国开发计划署在巴西发布的报告主题是推动分化世界中的人类团结以应对气候变化。人是社会的最基本单元，只有人民发展了，一个国家才会具有真正的经济和技术实力去应对气候变化。至此，本研究提出国家碳排放责任量核算中的"基于发展水平的区别责任原则"，即生产国和消费国根据HDI对两国贸易间的隐含碳排放平衡承担区别责任，HDI越高，承担责任越大。

6.1.3 污染者负责原则

在目前的南北国家辩论中，发展中国家持有异议的一个中心问题是发达国家和发展中国家之间人均碳排放水平不平衡的问题。因此，为稳定碳排放量，经发达国家与发展中国家之间的持续谈判磋商，发达国家须即刻采取措施转向公平与可持续的发展模式，降低人均碳排放量。基于这一问题以及国家主权、平等主义和污染者付费原则，人均碳排放量较高的国家应在隐含碳排放的分配中承担较大责任。从全球的高碳经济增长轨迹来看，人均碳排放量较高，从某种程度上也反映了一国的发展水平较高，如有部分研究认为在当前的技术经济水平下，人均6吨左右的二氧化碳排放量就能够满足基本需要，如果达到人均8吨，则可以满足较为体面的生活需要（潘家华，2002）。因此，本研究提出"污染者负责原则"，即生产国和消费国根据人均碳排放水平对两国贸易间的隐含碳排放平衡承担区别责任，人均碳排放量越高，承担责任越大。

6.1.4 国家收益原则

综合看来，"共同责任原则"和"基于发展水平的区别责任原则"指出在"共同但有区别的责任"原则中需要考虑一国的发展水平及污染水平等能够反映国家减排能力差异的因素，并据此赋予各国有区别的责任。但如果抛开"共同但有区别的责任"这个或多或少处于道德层面的公平因素，在国际责任分担的问题中始终无法回避的一个重要问题就是国家的利益。不可否认，国家利益是国家决策的第一驱动力和最终目标。因此，碳排放作为各国追逐国家经济利益的副产品，就需要将其背后的利益关系纳入责任分担机制的考量当中。例如，有学者认为在追究环境责任时，遵循经济因果关系能够体现公平性（Rodrigues et al., 2006）。就是说如果一个国家从某种环境损害中得到收益，那么它应该对此负责，收益越多，责任也越多。在本研究的情景中，该原则的含义在于生产国和消费国根据各自从包含隐含碳排放平衡的贸易中得到的收益承担区别责任，国家收益越大，承担责任越大。另外，从国家捍卫自身利益的利己本性以及国际政治经济谈判的经验来看，以收益来衡量责任能够得到普遍的认同。从这个角度来说，本研究提出"国家收益原则"，即生产国和消费国根据各自从包含隐含碳排放平衡的贸易中得到的收益承担区别责任，国家收益越多，承担责任越大。

6.1.5 历史责任原则

在横向上公平分配国家间贸易中隐含的碳排放平衡的基础上，本文认为应当将这些公平原则在纵向上进行扩展，以改进目前对历史累积排放责任的认定方法。

在可持续发展概念中，公平这一维度涉及代际公平和代内公平两个方面。代内公平意味着同一代人享有同等的权利。不论国籍、性别、种族、经济条件和文化差异，每个人都能要求良好的生活环境和自然资源的合理利用。代际公平指的是当前世代和未来世代在自然资源利用和权益追求上的平等。也就是说，当前世代必须确保其能为后代提供必要的自然资源，以便后代生存和发展。因此在国家碳排放责任量认定中保证公平，就必须同时保证代内公平和代际公平。以上四个原则体现了代内公平，即当代各国公平地分担碳排放责任量。代际公平则具体表现为对于历史责任的追究，而这同时也是"共同但有区别的责任"的核心与创新，因此应在碳排放责任分担的机制中有所体现。就温室气体对地球的影响来看，温室气体的瞬时排放对于气候变暖的影响相对较小，因为地球暴露于温室气体中的后果与暴露的时长有关。因此一国的历史累积排放量应当被视为该国对气候变化贡献的重要指标。而且由于气候变化问题具有紧迫性，即使努力地控制现状排放，大气中的历史累积排放仍然在不断加剧气候变化问题严重性。因此对于碳排放的控制不能仅局限于考虑现实排放责任，必须同时追溯历史责任。只有本着对历史累积排放负责的态度，当代人才能在压力下更加努力地控制碳排放量。此外，碳排放的历史责任，从时间尺度上可以被视为一种透支排放，即各国在历史发展中排放温室气体到大气层中的速度快于能够自然去除的速度，因而形成了"自然债务"，在当前应逐步偿还这种"债务"。但是如果当代世界不对此负责，且下一代人都如当代人一样不对历史排放负责，若干年后，大气中逐渐累积的温室气体必将造成全球性的气候灾难。

因此，核算一国的温室气体排放责任量，不仅要考虑其当年的排放量，更重要的是将历史排放量也纳入核算范围中。然而目前尽管大多数国家已经认可各国对大气中累积温室气体排放承担的责任量有所区别，但是国际社会普遍对于历史累积排放责任量的认定依然过于笼统，仅仅体现在发展中国家和不发达国家不承担减排责任，而发达国家承担一定的减排责任。而在一定的历史时期内一国的碳排放量是一个定量化的指标，气候变化的发生也是由于大气中的温室气体累积到一定数值，因此本文认为应当将各国的历史累积排放量融入当年国家碳排放责任的核算之中，区别不同国家对于气候变化的具体历史贡献，并体现当代人对历史累积排放的负责态度和逐步弥补历史透支排放的行动。

原则上在核算历史累积排放量时，也必须考虑在历史时期内各个国家之间的分配公平，即按照以上的各项原则核算各国过去每一年的排放责任量。目前关于历史累积排放量的统计是以默认的"生产国责任"机制核算的，而这种机制已经被证明缺乏合理性。如果全球气候协议对历史排放量和当前排放量给予同样的重视，那么就需要在时间尺度上保持公平的一致性，即本研究提出的当代国家碳排放责任量核算原则同时适用于回溯的历史年份。至此，本研究提出国家碳排放责任量核算中的"历史责任原则"，即各国当前的碳排放责任量应包含历史累积排放责任量，历史上各年份排放责任量的核算按照此前提及的各项原则进行。

综上所述，四个相互独立的横向公平分配原则和一个纵向扩展原则构成了本研究的国家碳排放责任量认定机制，为在当前气候制度下定义国家碳排放责任量（NRCE）提供了指导，具体如图6-2所示。

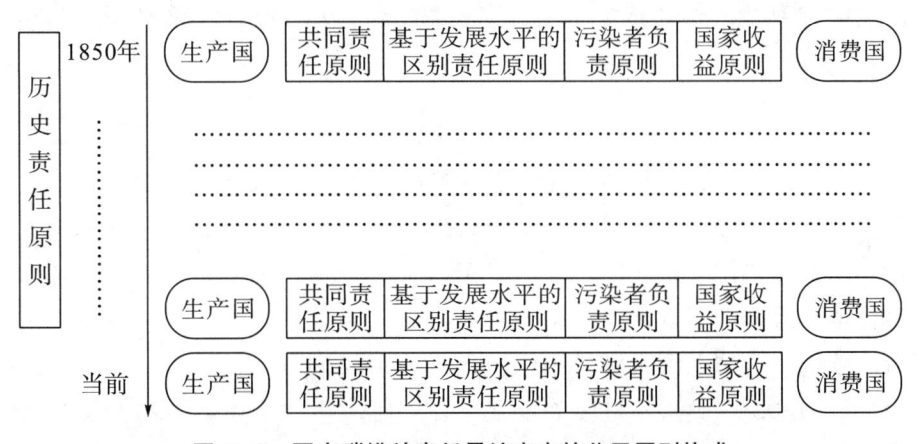

图6-2 国家碳排放责任量认定中的公平原则构成

6.2 对国际贸易隐含碳排放责任分担的公平原则的标准化

在对于国际贸易隐含碳排放责任分担的公平原则进行概念分析的基础上，本研究对这四个横向公平分配原则和一个纵向公平分配原则进行了规范化处理，得到了一个可计算的分析框架来最终分配二氧化碳贸易平衡量（CTB）。

具体来看，如果将国家 k 的碳排放量分为三部分，第一部分为进口消费量，即国家 k 从其他国家进口用于本国消费的产品中隐含的碳排放量，用 E_{Import}^k 表示；第二部分为出口生产量，即国家 k 生产并出口到其他国家用于消费的产品中隐含的碳排放量，用 E_{Export}^k 表示；第三部分则是自给自足量，即国家 k 生产并用于本国消费的碳排放量，用 E_{Self}^k 表示。则有下式（6.3）成立：

$$\begin{cases} E_{Production}^k = E_{Self}^k + E_{Export}^k \\ E_{Consumption}^k = E_{Self}^k + E_{Import}^k \end{cases} \quad (6.3)$$

无论在何种机制下，国家 k 对本国生产并用于本国消费的产品和服务所排放的二氧化碳量 E_{Self}^k 负责是不存在争议的。问题的核心在于进出口产品中隐含碳排放如何在贸易国家间的分配。因此，国家 k 当年的碳排放责任量就应等于本国生产并用于本国消费的碳排放量加上依照相应公平原则所分配的国际贸易中的隐含碳排放量，而隐含碳排放的分配量又可以分为进口隐含碳排放的分配量 $\widetilde{E}_{Import}^k$ 和出口隐含碳排放的分配量 $\widetilde{E}_{Export}^k$，即：

$$E_{Current}^k = E_{Self}^k + \widetilde{E}_{Import}^k + \widetilde{E}_{Export}^k \quad (6.4)$$

生产性碳排放量和消费性碳排放量应是一个国家碳排放责任量的两个极值，所以任意一个国家当年的碳排放责任量应介于其生产性碳排放量和消费性碳排放量之间，并不等于以上任一值。因此，一国的碳排放责任量也遵循以下规则：对于碳排放净出口国来说，其责任量应等于消费性碳排放量加上国际贸易中隐含碳排放平衡的分配量；而对于碳排放净进口国来说，其责任量应等于生产性碳排放量加上国际贸易中隐含碳排放平衡的分配量。即：

$$E_{Current}^k = \begin{cases} E_{Consumption}^k + E_{Balance}^k & if \quad BEET > 0 \\ E_{Production}^k + E_{Balance}^k & if \quad BEET < 0 \end{cases} \quad (6.5)$$

从全球角度来看，如果假设市场出清，那么总供给等于总需求，全球生产性碳排放量等于全球消费性碳排放量，即各国的隐含碳排放平衡之和为零。而隐含碳排放平衡只有两国之间存在净值的关系，在两国之间的分配也最合理与准确。因此，责任量认定的问题进一步转化为在两国之间分配两国贸易中的隐含碳排放平衡。为表达方便，设任意两个国家 k 与 k'，其贸易中的隐含碳排放平衡为 $B_{k\&k'} > 0$，两国对于 $B_{k\&k'}$ 的分

配量分别为 $E_{Balance}^{k\&k'}$ 与 $E_{Balance}^{k'\&k}$。那么，国家 k 应承担的总隐含碳排放平衡分配责任量就等于国家 k 与每个贸易伙伴之间的隐含碳排放平衡的分配量之和。即：

$$E_{Balance}^{k} = E_{Balance}^{k\&1} + E_{Balance}^{k\&2} + \cdots + E_{Balance}^{k\&k-1} + E_{Balance}^{k\&k+1} \cdots$$
$$+ E_{Balance}^{k\&n} = \sum_{i=1}^{n} E_{Balance}^{k\&i} \tag{6.6}$$

需要说明的是式（6.4）与式（6.5）的不同在于前者将国家 k 与 k' 之间的进口量和出口量分别进行分配再加和，因为如果将进口与出口分开来看的话，国家 k 对于国家 k' 来说既是出口国也是进口国；而后者是将两国间的进出口视为一个贸易整体，分配两国之间的净贸易量，因为在这种情况下国家 k 与 k' 必然有一个是净出口国而另外一个是净进口国，这也是此类问题目前被最广泛采用的方法。两种方法在本质上是相同的，都是在生产国和消费国之间分配隐含碳排放量，涉及一样的分配方法。

遵循上文提出的公平原则，本研究将逐一分析如何设计具体的责任分担核算规则。

共同责任原则，即生产国和消费国对两国贸易间的隐含碳排放平衡负有共同责任。该原则首先说明生产国与消费国的隐含碳排放分配量之和应等于两国之间的隐含碳排放平衡总量；其次，由于两国负有共同责任因此任意国家的分配量不能为零，也不能超过两国间的隐含碳排放平衡总量。用公式表达如下：

$$\begin{cases} E_{Balance}^{k\&k'} + E_{Balance}^{k'\&k} = B_{k\&k'} \\ 0 < E_{Balance}^{k\&k'} < B_{k\&k'} \\ 0 < E_{Balance}^{k'\&k} < B_{k\&k'} \end{cases} \tag{6.7}$$

其中 $E_{Balance}^{k\&k'}$ 为国家 k 得到的对于 $B_{k\&k'}$ 的分配量，$E_{Balance}^{k'\&k}$ 为国家 k' 得到的分配量。

基于发展水平的区别责任原则，即生产国和消费国根据"人类发展指数"对两国贸易间的隐含碳排放平衡承担区别责任，"人类发展指数"越高，承担责任越大。该原则表明两国对于 $B_{k\&k'}$ 的分配量与其各自的人类发展指数成正比。用公式表达如下：

$$\frac{E_{Balance}^{k\&k'}}{E_{Balance}^{k'\&k}} \propto \frac{HDI_k}{HDI_{k'}} \tag{6.8}$$

其中，HDI_k 与 $HDI_{k'}$ 分别为国家 k 与 k' 的人类发展指数。

污染者负责原则，即生产国和消费国根据人均碳排放水平对两国贸易间的隐含碳排放平衡承担区别责任，人均碳排放量越高，承担责任越大。该原则表明两国对于 $B_{k\&k'}$ 的分配量与其各自的人均碳排放水平成正比。用公式表达如下：

$$\frac{E_{Balance}^{k\&k'}}{E_{Balance}^{k'\&k}} \propto \frac{EPC_k}{EPC_{k'}} \tag{6.9}$$

其中，EPC_k 与 $EPC_{k'}$ 分别表征国家 k 与 k' 的人均碳排放水平。

国家收益原则，即生产国和消费国根据各自从包含隐含碳排放平衡的贸易中得到的收益承担区别责任，国家收益越多，承担责任越大。该原则表明两国对于 $B_{k\&k'}$ 的分配量与其各自从两国贸易中得到的收益成正比。用公式表达如下：

$$\frac{E_{Balance}^{k\&k'}}{E_{Balance}^{k'\&k}} \propto \frac{W_k}{W_{k'}} \tag{6.10}$$

W_k 与 $W_{k'}$ 分别为国家 k 与 k' 从包含 $B_{k\&k'}$ 的贸易中获得的国家收益。

最后是历史责任原则，即各国当前的碳排放责任量应包含历史累积排放责任量，历史上各年份的排放责任量按照原则 1 至原则 4 进行核算。根据该原则，本研究提出一个国家当年的总碳排放责任量由两部分构成：①历史累积排放责任量；②当年排放责任量。原则上，历史累积排放责任量的核算应始于公认的工业革命的起点 1760 年，但目前缺乏 1850 年之前的可靠排放数据。在这个意义上，我们建议以 1850 年作为历史责任归属的起点。用公式表示如下：

$$E_{Responsible}^{y} = E_{Historical} + E_{Current} \tag{6.11}$$

其中，$E_{Responsible}^{y}$ 表示一国 y 年总碳排放责任量，$E_{Historical}$ 表示历史累积排放责任量，而 $E_{Current}$ 表示当年排放责任量。由于 $E_{Historical}$ 实质上就是逐年累积的排放责任量，因此有 $E_{Responsible}^{y} = E_{Responsible}^{y-1} + E_{Current}$。令 $E_{Current} = E_{Current}^{y}$，则 $E_{Responsible}^{y} = E_{Responsible}^{y-1} + E_{Current}^{y}$，而 $E_{Responsible}^{y-1} = E_{Responsible}^{y-2} + E_{Current}^{y-1}$，$E_{Responsible}^{y-2} = E_{Responsible}^{y-3} + E_{Current}^{y-2}$，依次类推，得到：

$$E_{Responsible}^{y} = \sum_{i=1}^{y} E_{Current}^{i} \tag{6.12}$$

其中 i 表示年份，$i=1$ 为核算历史累积排放的起始年份。

6.3 新型国家碳排放责任量分担机制

进一步从时间尺度来看，历史责任量核算的基础在于每一年排放责任量的核算。基于"基于发展水平的区别责任原则""污染者负责原则"

和"国家收益原则"建立的分担规则，均能够保证"共同责任原则"即横向上公平分配国家间贸易中的隐含碳排放量，但是由于不同分担规则在核算方法上存在差异，因此需要对其进行整合，综合得到各国每一年碳排放责任量的具体分担规则。据此，本研究基于人均碳排放调整的人类发展指数，整合此前论及的五项原则的公平原则，构建了一个分析新型国家碳排放责任量分担机制的新型框架。

6.3.1 基于人均碳排放调整的人类发展指数（CHDI）

随着人类进入化石能源时代，高碳已经成为现代社会的特征。现代经济全球化的趋势之下，资本与碳能源的交融更加导致碳排放的数量和强度的加剧。一切事物实际上都开始承载碳的痕迹和影响。甚至高碳的冲击开始侵袭社会价值领域，基于碳的流动成为社会分层的一个重要象征，消费和使用高碳产品的人被附上了高阶人士的身份。基于此，形成了高碳地区与低碳地区、高碳阶层与低碳阶层。比如，2019年美国的人均碳排放量为17.6吨，中国的人均碳排放量则为10.1吨。并且在中国国内，各地区的碳排放量也存在区域异质性，东部沿海地区等发达地区的碳排放量大大高于内陆地区。高碳的生活方式通常伴随着大量的能源消耗和碳排放，是高生活品质和生活质量的代名词。正因如此，高碳生活方式所蕴含的伦理关系进一步强化和推动了高碳使用的行为。高碳伦理被牢固地构建起来。因此，在当代衡量一个国家的发展水平，特别是在研究国际碳排放责任分担的框架内，碳排放量应当被作为一个不可或缺的指标。同时，根据"污染者负责原则"，碳排放量也应被作为一个划分国家责任的指标，基于这些原因，本研究将人均碳排放量作为一个指标纳入现有的人类发展指数构建体系，构建基于人均碳排放调整的人类发展指数（Carbon per capita-adjusted Human Development Index, CHDI），不仅弥补了人类发展指数在目前高碳伦理的社会中不能完全体现一国发展水平的缺陷，又很好地体现了"污染者负责原则"，构造过程如图6-3所示。

```
尺度        指标           尺度指数
```

寿命 ── 出生时预期寿命 ──→ 预期寿命

人类发展指数 ← 受教育水平 ── 平均在学年限 / 预期在学年限 ──→ 教育指数

生活水平 ── 人均国民总收入 ──→ 人均国民收入指数

人均碳排放量 ── 人均生产性碳排放 / 人均消费性碳排放 ──→ 人均碳排放量

──→ 基于人均碳排放调整的人类发展指数

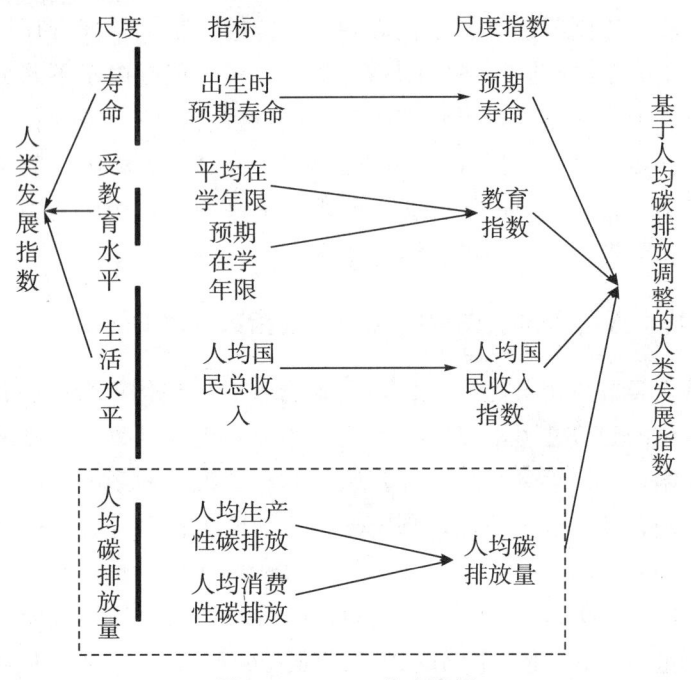

图 6-3　CHDI 构建图解

核算 CHDI 首先需要核算"人均碳排放量"子指数。由于生产性和消费性碳排放量均依赖于这一指标进行分配，因此传统以人均生产性碳排放量为基础的核算方法失效，一国的"人均碳排放量"子指数应由"人均生产性碳排放量"子指数与"人均消费性碳排放量"子指数这两个指数共同构成。具体来看，"人均碳排放量"子指数的计算方法就是将式（6.2）首先分别应用于两个子组的计算，得到两个子组得分的几何平均值，再将其整体带入式（6.2）中，其中，将 0 作为最小值，而将计算时间周期内两指数的最大几何平均值作为最大值。从计算方法来看，"人均碳排放量"子指数考虑到了计算时间周期内（1990—2019 年）各年份人均碳排放量的影响，进一步体现了在国家碳排放责任核算中考虑历史责任影响的公平性。

但是由于各国的当前及历史人均消费性排放量无可得的统计数据，因此，此处人均碳排放量子指数的计算仅以人均生产性碳排放量为依据。根据上文的计算方法，可得到 2019 年各个国家和地区的人均碳排放子指数。表 6-1 摘要了部分国家和地区的该指数值。

表 6-1　部分国家和地区的人均碳排放量子指数

国家和地区	人均碳排放量子指数值
澳大利亚	0.750
中国	0.297
德国	0.386
日本	0.398
哈萨克斯坦	0.579
马来西亚	0.296
沙特阿拉伯	0.781
泰国	0.116
美国	0.700

得到人均碳排放量子指数后，就可以计算 CHDI。设人均碳排放量子指数为 I_{Carbon}，则：

$$CHDI = I_{Life}^{1/4} I_{Education}^{1/4} I_{Income}^{1/4} I_{Carbon}^{1/4} \qquad (6.13)$$

在实际中，由于各国各时期的"人类发展指数"可以从相关统计数据获取，因此本研究只需在此基础上将人均碳排放量子指数整合到现有指数中，调整得到新的指数。即：

$$CHDI = (HDI)^{3/4} I_{Carbon}^{1/4} \qquad (6.14)$$

根据式（6.14）计算得到中国及其贸易伙伴的 CHDI。图 6-4 为部分国家和地区的 CHDI 对比。

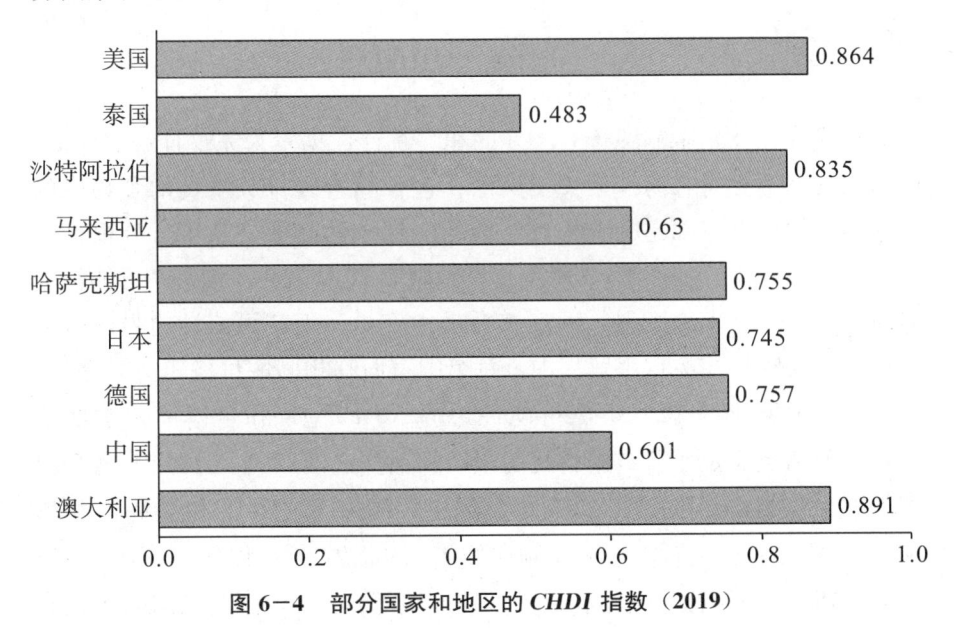

国家和地区	CHDI
美国	0.864
泰国	0.483
沙特阿拉伯	0.835
马来西亚	0.63
哈萨克斯坦	0.755
日本	0.745
德国	0.757
中国	0.601
澳大利亚	0.891

图 6-4　部分国家和地区的 *CHDI* 指数（2019）

在此基础上,可以将原则 2 及原则 3 整合为一条原则:生产国和消费国根据各自的 CHDI 对两国贸易间的隐含碳排放平衡承担区别责任,指数值越大,承担责任越大。即:

$$\frac{E_{Balance}^{k\&k'}}{E_{Balance}^{k'\&k}} = \frac{CHDI_k}{CHDI_{k'}} \tag{6.15}$$

将式(6.10)与式(6.15)联立,得到:

$$\begin{cases} \dfrac{E_{Balance}^{k\&k'}}{E_{Balance}^{k'\&k}} \propto \dfrac{W_k}{W_{k'}} \\ \dfrac{E_{Balance}^{k\&k'}}{E_{Balance}^{k'\&k}} \propto \dfrac{CHDI_k}{CHDI_{k'}} \end{cases} \tag{6.16}$$

6.3.2 双边贸易中的国家收益

最终的责任分配比例应是国家收益与 CHDI 的综合效应,参考联合国开发计划署对人类发展指数的测量方式,本研究采用几何平均值作为兼顾二者的综合指标,并在两国间进行等比例的隐含碳排放平衡责任分配。这样可以得到:

$$\frac{E_{Balance}^{k\&k'}}{E_{Balance}^{k'\&k}} = \frac{\sqrt{W_k \cdot CHDI_k}}{\sqrt{W_{k'} \cdot CHDI_{k'}}} \tag{6.17}$$

又有 $E_{Balance}^{k\&k'} + E_{Balance}^{k'\&k} = B_{k\&k'}$,于是得到:

$$\begin{cases} E_{Balance}^{k\&k'} = \dfrac{\sqrt{W_k \cdot CHDI_k}}{\sqrt{W_k \cdot CHDI_k} + \sqrt{W_{k'} \cdot CHDI_{k'}}} \cdot B_{k\&k'} \\ E_{Balance}^{k'\&k} = \dfrac{\sqrt{W_{k'} \cdot CHDI_{k'}}}{\sqrt{W_k \cdot CHDI_k} + \sqrt{W_{k'} \cdot CHDI_{k'}}} \cdot B_{k\&k'} \end{cases} \tag{6.18}$$

在式(6.18)中,关于 CHDI 的相关统计数据较为完整且获取便捷,因而在计算中相对容易。但关于两国在包含隐含碳排放平衡的贸易中的国家收益的核算,则是一个相对复杂的问题。据此本文从 H-O 模型出发对其进行分析,如图 6-5 所示。设国家 k' 资本充足,其生产可能性边界向资本密集型生产倾斜;国家 k 劳动力充足,生产可能性边界向劳动密集型生产倾斜。在自由贸易中,每个国家面临相同的价格比。

对于国家 k' 来说,生产可能性边界($PPF_{k'}$)和整体无差别曲线($I_{Aut}^{k'}$)的切点决定了其自给自足的生产和消费,即点 A'。国家 k' 实现对应于 $I_{Aut}^{k'}$ 的总体效用水平。在自由贸易中,国家 k' 的生产和消费点为 P' 和 C',国家 k' 实现对应于无差别曲线 $I_{FT}^{k'}$ 的总体效用水平。由于自由贸易无差别曲线 $I_{FT}^{k'}$ 位于自给自足无差别曲线 $I_{Aut}^{k'}$ 上方,因此当国家 k' 向自由贸易移动时，国家福利增长。

同样，对于国家 k 来说，生产可能性边界（PPF_k）和整体无差别曲线（I_{Aut}^k）的切点（点 A）决定了其自给自足的生产和消费。国家 k 实现对应于 I_{Aut}^k 的总体效用水平。在自由贸易中，国家 k 的生产和消费点为点 P 和点 C，国家 k 实现对应于无差别曲线 I_{FT}^k 的总体效用水平。由于自由贸易无差别曲线 I_{FT}^k 位于自给自足无差别曲线 I_{Aut}^k 上方，因此当国家 k 向自由贸易移动时，国家福利增长。详见图 6-5。

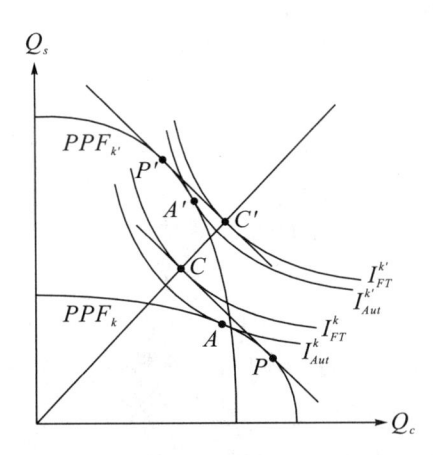

图 6-5　H-O模型中国际贸易的福利效应

这说明，如果假设当贸易格局从一个均衡移动到另一个均衡时，收入分配保持不变①，那么相对于自给自足来说，自由贸易会增加两国的总体福利收益。

结合本研究的情景来看，对于生产国来说，其在两国贸易中的收益包括出口利润即生产者剩余，以及因此推动的国内产业发展；损失则包括碳排放量增长引起的污染损失。对于消费国来说，首先，进口消费品能够避免生产这些产品所需要排放的二氧化碳，进而避免了削减相应的碳排放需要的花费，而避免的花费就是其获得的收益。其次，碳排放净进口国一般来说是技术先进的发达国家，对于同类产品，选择进口而非自己生产的另外一个重要原因就是发展中国家的单位生产成本较低，因而产品价格低于在本国生产并销售的价格。那么，这种两国在生产成本和产品价格上的差异就是碳排放净进口国获得的经济利益。这种收益类似于"消费者剩余"，也就是购买行为中消费者获得的价值感和收益，来

---

① 如假设收入被重新分配时采取补偿机制以保证形成同样的收入分配格局。

自取得某种商品的实际支付价格和愿意支付价格的差额。而在本研究中，消费国获得的收益实则是购买某类商品的国内价格与进口价格之间的差额。本研究把这种收益定义为"消费价格差"。碳排放净进口国的损失包括因进口增加而导致本国产业受到挤压等。另外，如上所述，国际贸易对两国的产业发展具有一定影响，主要表现为出口国相应产业得到发展和扩张，而进口国同类行业则受到挤压和缩减，从而必然对就业产生影响，这也将成为国家福利收益的一个重要部分。因此，首先定义一国在包含隐含碳排放平衡的产品和服务的贸易中的国家福利收益如下：

$$W = S + G/C + E \tag{6.19}$$

其中，W 为一国的国家福利收益，S 为该国从贸易中获得的生产者剩余或者"消费价格差"，G/C 为贸易引起或避免的污染损失与收益或碳减排成本变化，E 则表示贸易造成的就业率变化。

为分析透明和方便，本节的分析不涉及国家内部的政策干预，如环保政策、就业政策或经济政策等，只分析在无政策干预的情况下在包含隐含碳排放的国际贸易中，生产国和消费国的福利收益，主要表现在生产者剩余和"消费价格差"、碳排放污染损失与收益、碳减排成本以及就业影响上。

（1）生产者剩余和"消费价格差"

首先在生产者剩余和"消费价格差"层面，在国家 k 与 k' 的贸易中，生产国即出口国 k 获得的收益为生产者剩余（PS_k），而消费国即进口国 k' 获得的收益为"消费价格差"（$CS_{k'}$）。如图 6-6 所示，当供给等于需求时，国际市场处于均衡，这时的产品数量等于出口国的出口量，同时等于进口国的进口量，价格等于出口国的出口价格，同时也是进口国的进口价格。

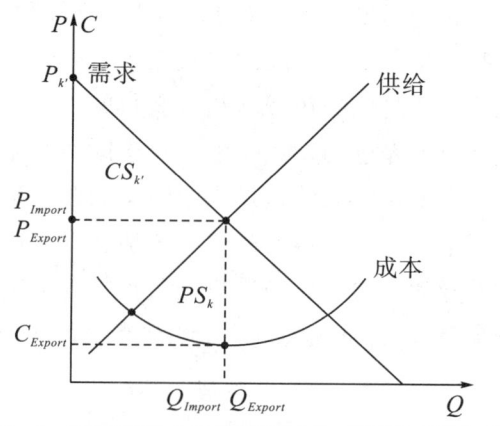

图 6-6 两国贸易中生产者剩余和"消费者价格差"

$P_{k'}$ 为假设进口产品 Q_{Import} 在国家 k' 生产并出售的价格,C_{Export} 为国家 k 出口产品的生产成本。则:

$$\begin{aligned} CS_{k'} &= (P_{k'} - P_{Import}) \cdot Q_{Import} \\ PS_k &= (P_{Export} - C_{Export}) \cdot Q_{Export} \end{aligned} \quad (6.20)$$

令 $Q_{k\&k'} = Q_{Import} = Q_{Export}$ 为两国之间的产品贸易量,$P_k = P_{Export} = P_{Import}$ 为国家 k 的单位出口产品价格,$C_k = C_{Export}$ 为国家 k 单位出口产品的生产成本。则式(6.20)可以改写成:

$$\begin{aligned} CS_{k'} &= (P_{k'} - P_k) \cdot Q_{k\&k'} \\ PS_k &= (P_k - C_k) \cdot Q_{k\&k'} \end{aligned} \quad (6.21)$$

(2) 碳排放污染损失与收益

如果将碳排放的污染损失和收益都纳入考量,那么各国的福利收益必然会出现变化。

对于进口国 k' 来说,用进口碳密集型产品代替国内产品,能够避免这部分碳排放引起的环境污染损失,环境状况将得以改善,并同时避免了削减这一部分碳排放所需的成本,福利水平提高。

如图 6-7 所示,横轴表示国家 k' 的产品数量,纵轴表示产品价格,点 C 表示价格为 $P_{k'}$ 时消费量为 $Q_{k'}$。MSC 表示边际社会成本,MPC 表示边际私人成本。当不存在碳排放污染损失时,生产者剩余和消费者剩余之和构成了社会净福利,即多边形 ACG。当存在碳排放污染损失时,计算社会净福利需要刨除碳排放引致的外部性成本 BCG,因此社会总福利变为($ACG-BCG$)。

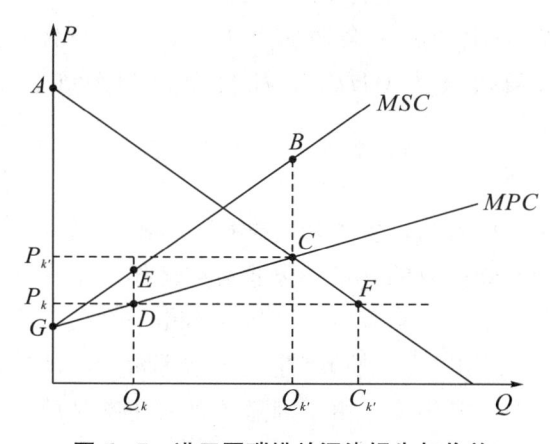

图 6-7 进口国碳排放污染损失与收益

数据来源:根据曲如晓(2002)的研究整理得到

进一步来看，由于国家 k' 从国家 k 进口碳密集型产品，设国家 k 提供的商品相对价格为 P_k，且 $P_k<P_{k'}$，则国内的生产量为 Q_k，消费量为 $C_{k'}$，进口量为 $C_{k'}-Q_k$。这时，国内碳密集型产品的生产减少导致外部性成本降低 $BCDE$，并且价格下降导致消费者剩余提高 CFD。因此，与自给自足的情况相比，社会总的福利收益提高了 $BCDE+CFD$。

对于出口国 k 来说，如图 6-8 所示，点 C 表示国内的生产和消费点。在没有碳排放的外部性成本下，净社会福利为 ACG，而因为碳排放的净出口所造成的碳排放外部性成本为 HCG，社会福利收益下降为 $(ACG-HCG)$。

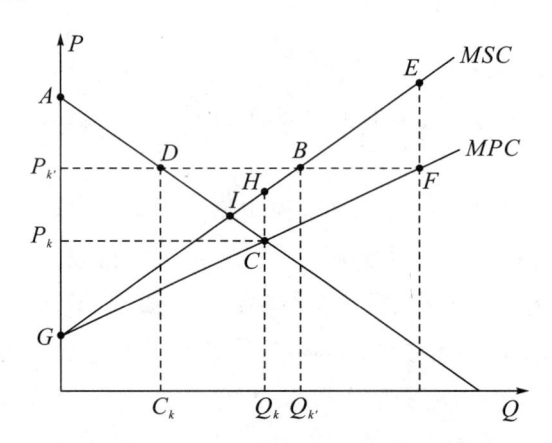

图 6-8　出口国碳排放污染损失与收益

数据来源：根据曲如晓（2002）的研究整理得到

进一步来看，由于出口价格 $P_{k'}>P_k$，生产量从 Q_k 增加到 $Q_{k'}$，国内消费量减小至 C_k，出口量为 $Q_{k'}-C_k$。相比于自给自足，在净出口的情况下，国家 k 的生产者剩余增加 $P_kP_{k'}FC$，消费者剩余减少 $P_kP_{k'}DC$，碳排放污染损失为 $CHEF$。社会净福利为（$ADFG-GEF=ADBG-BEF$）。

(3) 碳减排成本

从上述分析可以得知，包含隐含碳排放平衡的贸易中，两国所获得的福利收益与隐含碳排放的污染损失收益或减排成本密切相关，因此如何量化碳排放的污染损失与收益或减排成本是一个关键问题。对于进口国 k' 来说，避免二氧化碳排放所产生的收益等价于削减这部分二氧化碳所需要的成本以及污染损失。由于因避免二氧化碳排放所产生的收益无论在什么方法下都应是保持恒定的，因此，可以认为一国的二氧化碳排放污染损失就是该国为减排这些二氧化碳所付出的经济成本。

而对于不同国家、不同行业、不同技术以及不同的政策等，二氧化碳的减排成本都是不同的并且具有很大的不确定性，目前的广泛研究也呈现出了这一特性。例如，有学者对比分析了西德使用核能和提高能效的减排成本（Conrad，1990），有学者构建了丹麦的二氧化碳减排成本曲线（Morthorst，1994），有学者以美国为例研究了火电厂的二氧化碳减排成本问题（Hasanbeigi et al.，2010），有学者构建了泰国水泥业的减排成本曲线，有学者分析了葡萄牙碳税政策的减排成本曲线（Pereira and Pereira，2011），有学者估算了世界主要国家和地区以及部门的温室气体减排潜力（Akimoto et al.，2010），有学者研究了印度建筑业的二氧化碳减排成本（Tiwari and Parikh，1995）。另外，世界著名的咨询公司麦肯锡近年来一直关注全球及各国的温室气体减排成本问题，并研究发布了一系列的相关报告，包括波兰、俄罗斯、以色列、印度、比利时、巴西、瑞士等一系列国家的温室气体减排成本和费用有效的减排路径。因此，鉴于温室气体减排成本的较大不确定性和国家间的巨大差异性，有关这方面的详细研究作为一个特定国家或地区温室气体减排的宏观政策导向基础是合理的，但作为全球碳排放责任量界定的统一标准则难以得到大多数国家的认同因为一个确切且公认的减排成本函数或统计数据源尚未被构建。

但是，众所周知，在目前部分国际碳排放量交易体系中，如果一个公司通过某种减排手段削减了自身的碳排放量，设为 ΔC，那么该公司可以在碳市场上出售 ΔC 这部分碳排放量从而获益，假设单位碳价格为 P_C，那么该公司的收益将为 $P_C \cdot \Delta C$，同样，如果一个公司例如由于生产规模扩大而致使碳排放量升高，则其需要以每单位 P_C 的价格购买这部分新增的碳排放量。在这个过程中，P_C 这一货币指标，在国际碳交易体系中，既可以度量减排收益，也可以度量因排放增加而需要付出的成本。因此，本研究认为在没有统一确定各国碳排放削减成本衡量指标的前提下，国际碳价格 P_C 可以作为二氧化碳减排边际成本的一个合适的影子价格。假设国家 k 和国家 k' 分别因隐含碳排放平衡引起的污染损失和收益为 G_k 及 $G_{k'}$，则：

$$G_k = G_{k'} = B_{k\&k'} \cdot P_C \tag{6.22}$$

（4）就业影响

最后，在一个经济体中，为寻求比较优势而进行的生产要素重组会导致新公司的出现以及生产量的增加，与之伴随的是投资与职位空缺等问题，进而出现公司倒闭以及裁员等社会现象。因此，贸易自由化影响着就业机会的增加和减少。

从理论分析上来看，传统的贸易模型认为国家的技术能力和（或）生产要素的相对禀赋将决定其不同部门在全球的竞争力。因此，每个国家具有一系列可辨别的出口部门和进口竞争部门。出口部门将扩张其生产并扩大对劳动力的需求，而受进口竞争影响的部门将削减生产并很可能解雇工人。但传统的贸易模型并没有关注生产要素重组，即失业和寻找新工作的过程。传统贸易模型假设在贸易自由化之前，所有工人都是有工作的，且响应贸易格局变化的调节将即刻发生。假设失业的工人会自动找到新的工作，贸易导致的失业问题将不会出现。但是，如果在贸易变化前该经济体不是充分就业的，或者如果国内政策与劳动力市场的属性阻碍了调节进程，贸易变化就会影响就业。例如，在一个劳动力供给弹性较高的经济体内，贸易变化前在偏远地区具有大量的潜在劳动力供给，出口者可以用目前的工资水平吸引偏远地区的工人。这种情况更易于在发展中国家发生。在这种情况下，贸易自由化将引起正式雇佣水平的上升。

因此，鉴于贸易政策与劳动力市场政策的相互作用，现有研究构建了多种理论模型用以解释贸易自由化与失业水平的关系。尽管各模型都有所不同，但均趋向于一个共同点，即贸易变化引起的劳动力相对需求可以导致一定类型劳动力的失业率增加而其他类型的劳动力失业率降低。换句话说，劳动力市场的性质能够解释为什么贸易变化会导致失业效应而非工资效应，但这些效应的根本原因都是相同的：传统贸易模型预测的劳动力相对需求的变化。一些工人在市场上的需求量将少于其他工人，并且前者将在薪酬方面或再就业方面受到负面影响。例如，劳动力市场的性质已经解释了美国和欧盟的工资是就业趋势。在美国，熟练工人和不熟练工人的工资差距正逐年拉大，而欧洲非熟练工人的失业率则一直在上升（Jansen and Lee，2007）。

但更多研究也指出劳动力的调整过程可能并不仅限于部门间，部门内部也可能发生重大的工作重新分配。另外，新的贸易模型预测贸易变化将影响所有部门的工作机会，因为净出口部门和净进口部门都会扩张生产力高的公司而缩减或关闭生产力低的公司（Bernard et al.，2007）。同样，最近关于离岸贸易的研究也认为工作创造和工作终止并不会局限于发生在现有部门格局中（Grossman and Rossi-Hansberg，2006）。

从实证分析上来看，如表6-2所示，许多研究采用了不同的方法验证国际贸易与就业的关系。但与理论分析类似，目前的实证研究并没有得到清楚一致的结论。其中唯一可能合理的结论是就业效应依赖于大量的国家专有要素。除此之外，现有大多数研究只关注于制造业的就业问题，却很少提及这一结论能否应用到一般化的农业或服务业等其他部门，或者是正式部门以外的任何地方（Hoekman and Winters，2005）。目前相关研究的一个主要困难在于辨别就业变化不同的可能原因，如劳动力市场政策、宏观经济政策或沿着商业循环的移动等。另外，采用不同的方法和数据集也会对结果造成重大影响，并且识别贸易变化的时期也存在一定困难。

表6-2 贸易对就业影响的实证研究案例

案例	研究结果
毛里求斯贸易自由化	1983年贸易自由化后制造业领域的就业率显著上升。虽然长期的就业增长仍超过贸易自由化后立即发生的增长，但贸易自由化对就业的短期影响是十分显著和正面的（Milner and Wright，1998）
乌拉圭20世纪70年代末80年代初的贸易政策改革	贸易自由化对就业的影响是负面的（Rama，1994）
哥斯达黎加、秘鲁及乌拉圭贸易自由化	贸易自由化促进了制造业的就业增长（Matusz and Tarr，1999）
捷克斯洛伐克、波兰及罗马尼亚贸易自由化	与上面研究同时期的就业率下降，但这些国家同时经历着除贸易外的其他重大政策变革，这些变革同样对就业有重大影响（Matusz and Tarr，1999）
德国等欧洲国家与新兴亚洲国家的贸易	从亚洲国家的制造业进口增加并不能充分解释欧洲劳动力市场的问题。工人的个人属性，如性别和教育在解释失业问题中比进口的竞争力具有更加显著的重要性（Bentivogli and Pagano，1999）
中国29省乡镇企业1987—1998年出口	出口对就业具有正向且显著的影响，弹性为0.17。出口的劳动力需求弹性与国内产品生产的弹性相似，这表明出口只是简单地利用目前剩余的生产力和劳动力。1998—2003年间，乡镇企业出口每年平均增长15.5%，这意味着每年创造300万个就业机会（Fu and Balasubramanyam，2005）
菲律宾1980—2000年的进出口贸易	出口贸易的增加会促进劳动力需求上升，而进口贸易的增加对劳动力需求的影响不明确（Orbeta，2002）
巴西20世纪90年代贸易自由化	贸易自由化引致的关税降低促进了非正规就业率的增加（Paz，2014）

续表

案例	研究结果
中国的中间品贸易	就业创造的提高和就业破坏的降低造就了中间品贸易自由化对就业的积极作用,且对于生产率不同的企业具有不同的影响(毛其淋与许家云,2016)
中国 2006—2020 年数字经济发展	对外贸易水平每提高 1 个百分点,居民就业率提高 0.15 个百分点(周晓光与肖宇,2023)

综上所述,贸易的确会对就业率产生影响,但这种影响与其他因素紧密相关,具体来说,贸易对就业的影响与国内具体的政策和劳动力市场状况是密不可分的,从某种程度上来说,后者对于国家就业的影响甚至要大于贸易。因此,贸易的确对就业存在影响,但这种影响是不确定的,依赖于每个国家具体的国情和政策。在此背景下,贸易引致的就业变化很难作为一个普适标准去衡量不同国家在国际贸易中的福利收益。在实际中,由于数据和方法的问题,很多关于贸易与就业质量的实证研究都重点关注贸易的收入效应(Jansen and Lee,2007)。在本研究中,生产国和消费国分别获得的生产者剩余和"消费者价格差"正是贸易收入效应的体现,而且在其他责任分担指标如人类发展指数中,也体现为国民收入。此外,如上所述,本研究核算的国家收益是国家在包含隐含碳排放的产品和服务贸易中获取的收益,而国内就业的变化与这种贸易之间的联系并不存在相对清晰和确定的关系,所以,如果将就业纳入指标,反而会引起在核算国家收益中的误差。基于以上原因,本研究不将贸易引致的就业变化作为一个指标引入国家收益体系。

综上所述,对生产国 k 和消费国 k' 分别给定如下的国家福利收益函数:

$$\begin{cases} W_k = PS_k - G_k \\ W_{k'} = CS_{k'} + G_{k'} \end{cases} \quad (6.23)$$

再结合式(6.20)与式(6.21),可以得到:

$$W_k = (P_k - C_k) \cdot Q_{k\&k'} - B_{k\&k'} \cdot P_C \quad (6.24)$$

$$W_{k'} = (P_{k'} - P_k) \cdot Q_{k\&k'} + B_{k\&k'} \cdot P_C \quad (6.25)$$

如前所述,$Q_{k\&k'}$ 为两国之间的净贸易产品数量,P_k 为国家 k 的单位出口产品价格,C_k 为国家 k 单位出口产品的生产成本,$P_{k'}$ 为假设国家 k 出口的产品在国家 k' 生产并出售的价格。

式(6.24)中的 $(P_k - C_k) \cdot Q_{k\&k'}$ 实质上就是出口中的净利润,因此也等于出口额($V_{k\&k'}$)与出口利润率(PM_k)的乘积,这样式

(6.24) 可以进一步改写为：

$$W_k = PM_k \cdot V_{k\&k'} - B_{k\&k'} \cdot P_C \tag{6.26}$$

而式（6.25）中的"消费者价格差"，即 $(P_{k'} - P_k) \cdot Q_{k\&k'}$ 以等量产品在国家 k' 生产为假设前提，因此国家 k' 因两国的价格差异所获利。这等同于国家 k' 的消费者持国家 k' 价格水平的支付意愿和购买 $Q_{k\&k'}$ 所需的货币在国家 k 的价格水平下购买等量产品所获得的货币盈余量。那么，上式中两国在同类产品上的价格差异，实际上也是购买力平价上的差异，可以通过"购买力平价转换系数"呈现，即在本国市场购买与美元可以在美国市场购买的等量产品和服务时所需的当地的货币单元。假设国家 k 与 k' 的购买力平价转换系数分别为 PC_k 和 $PC_{k'}$，则说明 1 美元可以在美国购买的产品数量（Q），在国家 k 需要 PC_k 的当地货币，在国家 k' 则需要 $PC_{k'}$ 的当地货币。再设国家 k 与 k' 的当地货币对美元的汇率分别为 ER_k 及 $ER_{k'}$，则说明如果购买 Q 数量的产品在国家 k 需要 $\frac{PC_k}{ER_k}$ 美元，而在国家 k' 需要 $\frac{PC_{k'}}{ER_{k'}}$ 美元，即如果购买一定数量的产品在国家 k 需要 1 美元的话，在国家 k' 则需要 $\frac{PC_{k'}}{PC_k} \cdot \frac{ER_k}{ER_{k'}}$ 美元，我们称 $\frac{PC_{k'}}{PC_k} \cdot \frac{ER_k}{ER_{k'}}$ 为国家 k' 对国家 k 的相对购买力平价，设为 $RPPP_{k'-k}$。因此，现在有 $Q_{k\&k'}$ 数量的产品，在国家 k 需要 $P_k \cdot Q_{k\&k'}$ 的货币量，而在国家 k' 需要 $\frac{PC_{k'}}{PC_k} \cdot \frac{ER_k}{ER_{k'}} \cdot P_k \cdot Q_{k\&k'}$ 的货币量。这样，国家 k' 的消费者获得的剩余货币量即为 $\frac{PC_{k'}}{PC_k} \cdot \frac{ER_k}{ER_{k'}} \cdot P_k \cdot Q_{k\&k'} - P_k \cdot Q_{k\&k'}$。据此，式（6.25）可以改写为：

$$W_{k'} = \left(\frac{PC_{k'}}{PC_k} \cdot \frac{ER_k}{ER_{k'}} - 1\right) \cdot P_k \cdot Q_{k\&k'} + B_{k\&k'} \cdot P_C \tag{6.27}$$

而 $P_k \cdot Q_{k\&k'}$ 则是国家 k 出口的贸易额 $V_{k\&k'}$，因此得到国家 k 与国家 k' 在包含隐含碳排放平衡的贸易中的国家福利收益：

$$\begin{cases} W_k = PM_k \cdot V_{k\&k'} \cdot P_C \\ W_{k'} = \left(\dfrac{PC_{k'}}{PC_k} \cdot \dfrac{ER_k}{ER_{k'}} - 1\right) \cdot V_{k\&k'} + B_{k\&k'} \cdot P_C \end{cases} \tag{6.28}$$

而 $B_{k\&k'}$ 为国家 k 向国家 k' 的净出口量 $V_{k\&k'}$ 中隐含的碳排放，则：

$$B_{k\&k'} = V_{k\&k'} \cdot I_k \tag{6.29}$$

其中 I_k 为国家 k 的生产性碳排放强度。将式（6.29）代入式（6.28），得到：

$$\begin{cases} W_k = V_{k\&k'} \cdot (PM_k - I_k \cdot P_C) \\ W_{k'} = V_{k\&k'} \cdot \left(\dfrac{PC_{k'}}{PC_k} \cdot \dfrac{ER_k}{ER_{k'}} - 1 + I_k \cdot P_C \right) \end{cases} \quad (6.30)$$

6.3.3 国家碳排放责任量核算方法

将式（6.30）代入式（6.29），整理后得到两国贸易中隐含碳排放平衡分配的最终表达式，如下：

$$\begin{cases} E_{Balance}^{k\&k'} = \dfrac{\sqrt{(PM_k - I_k \cdot P_C) \cdot CHDI_k}}{\sqrt{(PM_k - I_k \cdot P_C) \cdot CHDI_k} + \sqrt{\left(\dfrac{PC_{k'}}{PC_k} \cdot \dfrac{ER_k}{ER_{k'}} - 1 + I_k \cdot P_C\right) \cdot CHDI_{k'}}} \cdot B_{k\&k'} \\[2mm] E_{Balance}^{k'\&k} = \dfrac{\sqrt{\left(\dfrac{PC_{k'}}{PC_k} \cdot \dfrac{ER_k}{ER_{k'}} - 1 + I_k \cdot P_C\right) \cdot CHDI_{k'}}}{\sqrt{(PM_k - I_k \cdot P_C) \cdot CHDI_k} + \sqrt{\left(\dfrac{PC_{k'}}{PC_k} \cdot \dfrac{ER_k}{ER_{k'}} - 1 + I_k \cdot P_C\right) \cdot CHDI_{k'}}} \cdot B_{k\&k'} \end{cases}$$

$$(6.31)$$

由于国家 k 的碳排放责任量涉及其与每一个贸易伙伴之间的隐含碳排放平衡分配状况，因此将上文中的国家 k' 扩展为国家 k 的任意贸易伙伴，为方便分析，用 i 表示。那么，当国家 k 与国家 i 之间的隐含碳排放平衡 $B_{k\&i} > 0$ 时，国家 k 为碳排放净出口国，对于 $B_{k\&i}$ 的责任分担量核算为式（6.31）中的上式；而当国家 k 与国家 i 之间的隐含碳排放平衡 $B_{k\&i} < 0$ 时，国家 k 为碳排放净出口国，对于 $B_{k\&i}$ 的责任分担量核算为式（6.31）中的下式。这样式（6.31）可以进一步改写为：

$$E_{Balance}^{k\&i} = \begin{cases} \dfrac{\sqrt{(PM_k - I_k P_C)CHDI_k}}{\sqrt{(PM_k - I_k P_C)CHDI_k} + \sqrt{\left(\dfrac{PC_k}{PC_k}\dfrac{ER_k}{ER_i} - 1 + I_k P_C\right)CHDI_i}} B_{k\&i} & if \ B_{k\&i} > 0 \\[4mm] \dfrac{\sqrt{\left(\dfrac{PC_k}{PC_i}\dfrac{ER_i}{ER_k} - 1 + I_i P_C\right)CHDI_k}}{\sqrt{(PM_i - I_i P_C)CHDI_i} + \sqrt{\left(\dfrac{PC_k}{PC_i}\dfrac{ER_i}{ER_k} - 1 + I_i P_C\right)CHDI_k}} B_{i\&k} & if \ B_{k\&i} < 0 \end{cases}$$

$$(6.32)$$

令 $A_{k\&i}$ 与 $A_{i\&k}$ 为两国隐含碳排放平衡责任分配因子，

$$\begin{cases} \begin{cases} A_{k\&i} = \sqrt{(PM_k - I_k P_C)CHDI_k} \\ A_{i\&k} = \sqrt{\left(\dfrac{PC_i}{PC_k}\dfrac{ER_k}{ER_i} - 1 + I_k P_C\right)CHDI_i} \end{cases} & if \ B_{k\&i} > 0 \\[6mm] \begin{cases} A_{k\&i} = \sqrt{\left(\dfrac{PC_k}{PC_i}\dfrac{ER_i}{ER_k} - 1 + I_i P_C\right)CHDI_k} \\ A_{i\&k} = \sqrt{(PM_i - I_i P_C)CHDI_i} \end{cases} & if \ B_{k\&i} < 0 \end{cases}$$

$$(6.33)$$

第6章 国际贸易背景下的新型碳排放责任分担机制

则可以得到：

$$E_{Balance}^{k\&i} = \frac{A_{k\&i}}{A_{k\&i}+A_{i\&k}} \cdot |B_{k\&i}| \tag{6.34}$$

将式（6.34）代入式（6.6）中，得到国家 k 最终在隐含碳排放平衡分配中承担的责任量为：

$$E_{Balance}^{k} = \sum_{i=1}^{n} \frac{A_{k\&i}}{A_{k\&i}+A_{i\&k}} \cdot |B_{k\&i}| \tag{6.35}$$

将此式再代入式（6.5），得到国家 k 单独某一年应负责的碳排放责任量为：

$$E_{Current}^{k} = \begin{cases} E_{Consumption}^{k} + \sum_{i=1}^{n} \dfrac{A_{k\&i}}{A_{k\&i}+A_{i\&k}} \cdot |B_{k\&i}|, if \quad BEET_k > 0 \\ E_{Production}^{k} + \sum_{i=1}^{n} \dfrac{A_{k\&i}}{A_{k\&i}+A_{i\&k}} \cdot |B_{k\&i}|, if \quad BEET_k < 0 \end{cases}$$

$$\tag{6.36}$$

为方便表达式的进一步推导，重写式（6.12）为：

$$E_{Responsible}^{kY} = \sum_{I=1}^{Y} E_{Current}^{kI} \tag{6.37}$$

其中 $E_{Responsible}^{kY}$ 表示国家 k 在 Y 年所应承担的总碳排放责任量，I 表示年份，$I=1$ 表示核算历史累积排放量的起始年份。将式（6.36）代入式（6.37），再结合式（6.33）及公平原则5，最终得到在本研究的核算方法下，国家 k 在 Y 年所应承担的总碳排放责任量为：

$$\begin{cases} E_{Responsible}^{kY} = \sum\limits_{I=1}^{Y} \begin{cases} E_{Consumption}^{kI} + \sum\limits_{i=1}^{n} \dfrac{A_{k\&i}^{I}}{A_{k\&i}^{I}+A_{i\&k}^{I}} \cdot |B_{k\&i}^{I}|, if \quad BEET_k^I > 0 \\ E_{Production}^{kI} + \sum\limits_{i=1}^{n} \dfrac{A_{k\&i}^{I}}{A_{k\&i}^{I}+A_{i\&k}^{I}} \cdot |B_{k\&i}^{I}|, if \quad BEET_k^I < 0 \end{cases} \\ \begin{cases} \begin{cases} A_{k\&i} = \sqrt{(PM_k - I_k P_C)CHDI_k} \\ A_{i\&k} = \sqrt{(\dfrac{PC_i}{PC_k}\dfrac{ER_k}{ER_i} - 1 + I_k P_C)CHDI_i} \end{cases} & if \quad B_{k\&i} > 0 \\ \begin{cases} A_{k\&i} = \sqrt{(\dfrac{PC_k}{PC_i}\dfrac{ER_i}{ER_k} - 1 + I_i P_C)CHDI_k} \\ A_{i\&k} = \sqrt{(PM_i - I_i P_C)CHDI_i} \end{cases} & if \quad B_{k\&i} < 0 \end{cases} \end{cases}$$

$$\tag{6.38}$$

6.4 新型碳排放责任分担机制的贸易与气候影响

由于目前关于气候变化与国际贸易相关问题的分析与决策都默认建立在以生产为基础的碳排放责任认定机制上，因此传统碳排放责任分担机制的转型将不可避免地改变相关问题的深度、广度、方向性甚至是属性等，从而对单一国家乃至全球应对气候变化的战略布局以及合作框架产生影响，具体包括碳泄漏、竞争力以及碳关税等问题。

6.4.1 对碳泄漏的影响

碳泄漏是指一个国家实施较为严格的气候政策而引起另外一个国家碳排放量的上升。具体来说，碳泄漏可以通过三种不同却又相互联系的渠道产生。第一，减排行动使发达国家对化石燃料的需求量降低，导致世界市场能源价格下跌，从而使发展中国家的能源需求量增大、碳排放量增大。第二，减排政策导致发达国家能源密集型产业生产成本升高、生产力降低，为了追求生产利润最大化，发达国家的能源密集型企业将投资转移至发展中国家，导致后者生产性碳排放量增大，并将能源密集型产品出口回发达国家。第三，减排政策导致发达国家的碳密集型产品生产成本增加，突显了发展中国家同类产品在国际市场上的比较优势，使其国际需求量增大，进而扩大生产量，提高生产性排放量。这种情况与不同国家间能源密集型产品的贸易替代系数有关。随着替代系数的增大，贸易替代的可能性就会增加。目前基于生产的碳排放责任分担机制恰恰是碳泄漏发生的重要原因之一。基于生产的机制将碳排放责任全部归咎于产品生产国而不论这些产品在哪里被消费，于是就出现了发达国家为限制本国碳排放而进行的生产转移和大量消费品进口，从而导致碳泄漏。

要分析新型碳排放责任分担机制对于碳泄漏的影响，首先就必须对新型核算方法下不同国家的减排动机进行探究。在本文的核算方法下，一个国家所应负责的碳排放量已经不仅局限于当年的生产性碳排放量，而是历史累积排放量及其与贸易伙伴共同负担的国际贸易中隐含碳排放的部分之和。由于历史累积排放责任量与当年排放责任量的核算方法一致，而且历史累积排放责任量是一个无法改变的固定值，因此影响国家决策的依然只是当年应负责的排放量。为分析方便，假设在一个两国模型中，国家 k 为碳排放净出口国，即发展中国家，而国家 k' 为碳排放净进口国，即发达国家。那么，根据式（6.31），国家 k' 当年所应负责的排放量为：

$$E_{Current} = E_{Production} + \frac{A_{k'\&k}}{A_{k'\&k} + A_{k\&k'}}(E_{Consumption} - E_{Production})$$

$$= \frac{\sqrt{(PM_k - I_k P_C)CHDI_k} E_{Production} + \sqrt{(\frac{PC_{k'}}{PC_k}\frac{ER_k}{ER_{k'}} - 1 + I_k P_C)CHDI_{k'}} E_{Consumption}}{\sqrt{(PM_k - I_k P_C)CHDI_k} + \sqrt{(\frac{PC_{k'}}{PC_k}\frac{ER_k}{ER_{k'}} - 1 + I_k P_C)CHDI_{k'}}}$$

(6.39)

如前文所述，发达国家 k' 所负责的最小排放量为无限接近 $E_{Production}$ 但不等于 $E_{Production}$。在式（6.38）中令 $E_{Current} = E_{Production}$，解析得到 $E_{Consumption} = E_{Production}$。这就是说发达国家为了达到最小排放责任量，会尽可能地使本国的碳消费量与碳生产量保持平衡。由于其碳生产量较小，所以负担较小碳排放责任的最优方法是削减碳密集型产品的消费，使其不断地向碳生产量靠近。

而对于发展中国家 k 来说，当年所应负责的排放量为：

$$E_{Current} = E_{Consumption} + \frac{A_{k\&k'}}{A_{k\&k'} + A_{k'\&k}}(E_{Production} - E_{Consumption})$$

$$= \frac{(A_{k\&k'} + A_{k'\&k})E_{Consumption} + A_{k\&k'}(E_{Production} - E_{Consumption})}{A_{k\&k'} + A_{k'\&k}}$$

$$= \frac{\sqrt{(\frac{PC_{k'}}{PC_k}\frac{ER_k}{ER_{k'}} - 1 + I_k P_C)CHDI_{k'}} E_{Consumption} + \sqrt{(PM_k - I_k P_C)CHDI_k} E_{Production}}{\sqrt{(PM_k - I_k P_C)CHDI_k} + \sqrt{(\frac{PC_{k'}}{PC_k}\frac{ER_k}{ER_{k'}} - 1 + I_k P_C)CHDI_{k'}}}$$

(6.40)

同样，在新型责任分担机制下，发展中国家应负责的最小排放量为无限接近 $E_{Consumption}$，但不等于 $E_{Consumption}$。令 $E_{Current} = E_{Consumption}$，同样可以得到 $E_{Consumption} = E_{Production}$。这就是说，在新型机制下，发展中国家也会尽可能地使本国生产性碳排放量与消费性碳排放量保持平衡。由于目前发展中国家的碳消费量较小，所以减小碳排放责任的最优方法为削减生产性碳排放量使其尽可能地接近消费性碳排放量。

总体来看，新型核算方法将鼓励发达国家与发展中国家尽可能地平衡本国碳生产量和消费量。那么在实际全球行动中，发达国家在碳排放责任承担中具有领导作用，应首先削减本国碳消费量，推动和发展低碳生活模式。同时，发达国家对于碳密集型产品的需求降低必然会导致发展中国家碳密集型产品的生产量削减。此外在新型的责任分担机制下，发达国家通过生产转移和增加消费品进口的碳排放削减渠道并不可行，它们必须同时对自己的碳消费量即进口国的碳排放量负有责任。因此，未来发达国家将不再苛求发展中国家实施与其标准一致的环境政策，发展中国家也不再强调发达国家量化的强制减排义务。

6.4.2 对竞争力的影响

总体来说，国际贸易对局部以及全球环境的影响都取决于比较优势在国家之间的分配。在以往生产责任机制下，学界普遍认为发达国家受制于减排义务，需要削减碳密集型行业的碳排放量，从而引起总体生产成本增加，相反发展中国家则不受到碳削减引起的生产成本变化影响，因此发展中国家的碳密集型产品在国际市场上获得了比较优势。但是在新型核算方法下，单纯的生产削减已经远远不能满足发达国家的减排需求。如式（6.41）所示，在新型核算方法下，设发达国家的碳排放削减量为 $\Delta E_{Current}$，则：

$$\Delta E_{Current} = \frac{\sqrt{(PM_k - I_k P_C) CHDI_k} \, \Delta E_{Production} + \sqrt{(\frac{PC_{k'}}{PC_k} \frac{ER_k}{ER_{k'}} - 1 + I_k P_C) CHDI_{k'}} \, \Delta E_{Consumption}}{\sqrt{(PM_k - I_k P_C) CHDI_k} + \sqrt{(\frac{PC_{k'}}{PC_k} \frac{ER_k}{ER_{k'}} - 1 + I_k P_C) CHDI_{k'}}}$$

(6.41)

根据上文分析，得知对于发达国家来说，$E_{Consumption} - E_{Production} = E_{Import}$，那么上式可以改写为：

$$\Delta E_{Current} = \frac{\sqrt{(PM_k - I_k P_C) CHDI_k} \, \Delta E_{Production} + \sqrt{(\frac{PC_{k'}}{PC_k} \frac{ER_k}{ER_{k'}} - 1 + I_k P_C) CHDI_{k'}} \, (\Delta E_{Production} + \Delta E_{Import})}{\sqrt{(PM_k - I_k P_C) CHDI_k} + \sqrt{(\frac{PC_{k'}}{PC_k} \frac{ER_k}{ER_{k'}} - 1 + I_k P_C) CHDI_{k'}}}$$

$$= \frac{(\sqrt{(PM_k - I_k P_C) CHDI_k} + \sqrt{(\frac{PC_{k'}}{PC_k} \frac{ER_k}{ER_{k'}} - 1 + I_k P_C) CHDI_{k'}}) \Delta E_{Production}}{\sqrt{(PM_k - I_k P_C) CHDI_k} + \sqrt{(\frac{PC_{k'}}{PC_k} \frac{ER_k}{ER_{k'}} - 1 + I_k P_C) CHDI_{k'}}}$$

$$+ \frac{\sqrt{(\frac{PC_{k'}}{PC_k} \frac{ER_k}{ER_{k'}} - 1 + I_k P_C) CHDI_{k'}} \, \Delta E_{Import}}{\sqrt{(PM_k - I_k P_C) CHDI_k} + \sqrt{(\frac{PC_{k'}}{PC_k} \frac{ER_k}{ER_{k'}} - 1 + I_k P_C) CHDI_{k'}}}$$

(6.42)

式（6.42）表明，发达国家的减排路径可以分为两个方面，一个是削减本国生产性碳排放量，另一个是削减进口碳消费量，其中，削减消费量是根本措施，因为如果消费量保持不变甚至增长，那么即使削减了本国的生产量，也必须通过进一步增加进口消费量来满足增长的消费量。

综上所述，新型核算方法使承担减排义务的发达国家将减排的重心从生产转移到消费中。由于消费量的削减并不会影响本国碳密集型产品的生产成本，因此因削减生产性碳排放量而造成本国碳密集型生产部门竞争力下降的问题将大大减小。

6.4.3 对碳关税的影响

虽然碳关税的合法性尚未得到一致认可，但美国等几个国家和地区都已出台相关政策。对于经济发展严重依赖于出口的中国来说，在目前基于碳削减的单边贸易措施中，碳关税无疑将是对中国经济发展冲击最大的政策之一。碳关税是发达国家作为应对 UNFCCC 中的单边碳减排机制的措施而被提出的。它的根本理由是，虽然二氧化碳排放量主要来自发达国家，需要发达国家承担更多的碳排放责任量，但是与此相伴的发展中国家碳密集型行业生产成本低的比较优势提升却进一步加剧了碳泄漏的可能性，因此全世界碳减排的目的并没有实现，只是将碳排放的地点进行了转移。而碳关税则能通过加大发展中国家的碳密集型产品生产成本从而使其生产性碳排放量削减，进而减小碳泄漏的可能性。此外，发达国家认为，如果本国采取减排措施如碳税或碳排放交易，将会导致本国企业的碳成本增加，使得商品价格高企。从竞争力的角度来看，这将使得未采取减排措施的竞争对手获得不公平的条件和竞争优势，并且，这种优势并不是资源禀赋带来的，而是有区别的碳减排政策所致的。所以，碳关税政策的必要性和作用之一在于确保竞争的公平性，弥补区别性的政策带来的人为不公平竞争优势。

而根据以上分析，如果新型核算方法得以实施，碳泄漏和竞争力问题都会得到很大改善。在这样的情况下，发达国家提出碳关税的理由已经不能成立，进而使碳关税失去合法性，难以实施。

6.4.4 减排动机与碳支付意愿

新型核算方法使发展中国家在获得出口收入时不用完全承担生产排放责任，这样一方面可以吸引更多的发展中国家参与全球气候行动，大幅提升全球应对气候变化的能力。另一方面，会在一定程度上削弱发展中国家采用清洁生产技术削减生产性碳排放的动机，这对于全球合作应对气候变化是不利的。但同时，新型核算方法鼓励碳排放净进口国即发达国家依据隐含碳排放选择进口商品，增大了发达国家对于清洁产品和服务的支付意愿，而这又会促进发展中国家削减产品生产中的碳排放量。因此从长远来看，在新型碳排放责任核算方法下，发达国家必须通过降低消费需求或者选择低碳产品进口等途径切实削减其碳消费量。因此，为适应发达国家消费需求的转型升级，发展中国家会被迫削减碳密集型产品的生产性排放量，最终共同致力于应对全球气候变化的挑战。

6.4.5 对全球温室气体减排的影响

自 1990 年以来，发展中国家在全球温室气体排放中的份额基本处于增长趋势，而发达国家的份额在趋于降低。从目前的情况来看，发展中国家由于依靠粗放式发展的经济模型，碳排放量基数较大，边际减排成本较低，且伴随着快速的经济社会发展，其化石燃料消耗和二氧化碳排放具有进一步增长的趋势，在全球温室气体排放中的份额与发达国家拉开更大距离。因此，从这个角度来说，目前的全球温室气体减排离不开广大发展中国家的参与。在今后的全球气候协议谈判中，如果不能保证发展中国家的公平权益，对于本身有更迫切发展需求的转型经济体来说，很难保障其参与减排行动。例如，以中国为代表的发展中国家已经在气候谈判中提出温室气体排放量"不能只看生产，不看消费；不能只看当前，不看历史"。据此，对于发展中国家来说，新型核算方法在横向与纵向责任量分配上的公平性将对其参与今后全球的温室气体减排协议提供很大的激励，这对于控制全球温室气体排放总量来说意义重大。

图 6-9 为 1990 年到 2019 年 OECD 国家与非 OECD 国家的人均温室气体排放量对比，从中可以看出，在发达国家总体人均温室气体排放量保持基本稳定的情况下，发展中国家的温室气体排放量具有明显的增长趋势，这种现象的产生与发达国家的碳密集型生产转移和大量碳密集型产品进口是密不可分的。根据相关学者的核算，全球有高达 20% 的碳排放量隐含在国际贸易中，其中发达国家为净进口国而发展中国家与最不发达国家为净出口国（Peters and Hertwich，2006）。但是这种此消彼长的温室气体减排模式并没有也不能够使全球温室气体排放量下降，因此当前仅着眼于生产性排放的全球气候协议存在着较大的缺陷。而本章提出的新型责任机制同时着眼于各国的生产性排放和消费性排放，不仅控制直接碳排放，同时控制间接性的碳排放。如前所述，在新型核算方法下，发达国家需要带头削减其碳排放，其中将对碳密集型产品的需求转变为非碳密集型产品或通过部分国内生产供给是其主要减排途径。由于发达国家的技术先进，工业生产的碳排放强度较低，因此无论何种发展方向，隐含在全球贸易中的温室气体排放量都将得到控制。此外，削减发达国家进口中隐含的碳排放量，会直接导致发展中国家的碳密集型生产强度和规模下降，碳排放量降低。

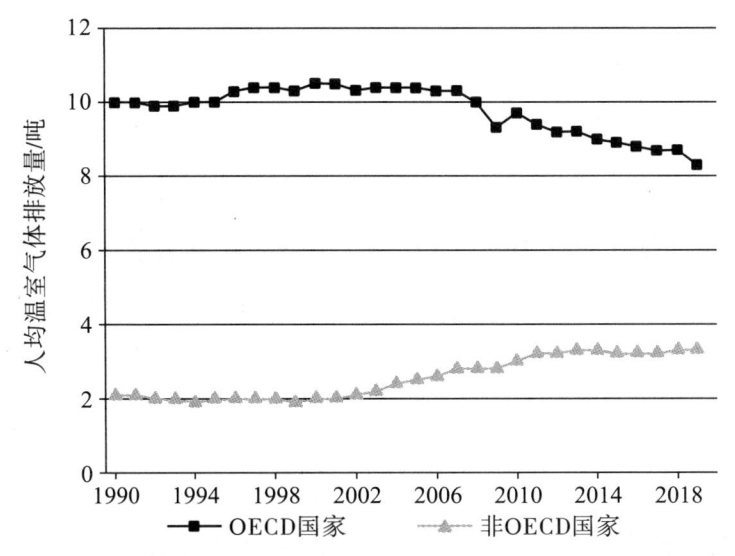

图 6－9　OECD 国家与非 OECD 国家人均温室气体排放量的对比（1990－2019 年）

数据来源：国际能源署（https://www.iea.org/）

因此，总体来说，新型核算方法一方面为发展中国家参与全球温室气体减排协议提供激励，另一方面通过同时约束生产与消费控制国际贸易中隐含的碳排放量来推动全球经济发展模式向低碳化转变。这些对于全球的温室气体减排都具有重要的推动作用。

第七章 新时代国际贸易下的全球气候治理体系及中国角色

7.1 后巴黎时代的全球气候治理格局

《巴黎协定》拉开了气候治理新时代的序幕。各个国家自主制定减排目标和行动计划，这意味着"自下而上"的自主贡献模式取代了"自上而下"的强制减排模式，各缔约方在减排方面拥有了更大的自主性。为了确保各国的减排目标顺利完成，《巴黎协定》提出了"合作方法"和"可持续发展机制"两种国际碳交易机制，各国可根据不同的情况选择国际合作的方式。虽然《巴黎协定》将国际气候治理带入了一个新的阶段，但在后巴黎时代，许多有关气候公平与差异化责任之间的平衡问题，以及与国际贸易相关的碳关税等问题仍然是气候治理领域的长期性话题。

7.1.1 《巴黎协定》核心履约制度安排

(1) 国家自主贡献

1997年，COP3通过了《京都议定书》。该协议要求发达国家为减排指标的量化提供法律依据，并提出了排放交易、清洁发展和联合履约三项弹性执行机制。经过二十多年的发展，《京都议定书》对于减排责任的规定呈现出明显的局限性。一方面，受到强制减排约束的主体有限，减排效果不佳。就《京都议定书》第一承诺期的履行情况而言，约有12个国家没有兑现其减排承诺，并且新兴发展中国家日益增长的碳排放量成为不可忽视的重要部分，因此温室气体排放量增长的趋势并没有得到有效遏制。另一方面，"自上而下"的强制性减排目标设定模式引发了发达国家和发展中国家的激烈讨论，双方难以达成共识，使得新气候协定的制定停滞不前，大大影响了气候治理的进程及效率。

2013年11月，在波兰首都华沙召开的联合国气候变化峰会上，预期国家自主贡献（Intended Nationally Determined Contributions，INDCs）被首次提出。2014年12月，在利马发布的《利马行动决议》（Lima Call for Climate Action）中，预期国家自主贡献的原则得到了进一步的细化和明确，对所需要的基本信息做出了规定，并明确要求各国应于2015年10月前提交各自的预期国家自主贡献文件。该要求得到了大部分国家的积极响应，来自一百五十多个国家（地区）的国家（地区）自主贡献文件陆续提交，其中包括瑞士、欧盟（28个成员国）、美国、俄罗斯、澳大利亚、中国、印度、巴西和秘鲁等。这些国家（地区）的温室气体排放量在全球总排放量中的占比逾八成（李慧明，2016）。2015年12月，巴黎气候大会将预期国家自主贡献正式写入《巴黎协定》，使之成为当前温室气体减排机制的核心规定之一。在《巴黎协定》正式缔约后，各国提交了正式的国家自主贡献文件，其中，一些国家的预期国家自主贡献满足了相关规定，自动转为了国家自主贡献。国家自主贡献是指缔约方根据自身的发展阶段和具体国情，自主决定未来一个时期的贡献目标和实现方式（高翔与樊星，2020）。与《京都议定书》强制性"自上而下"的减排机制不同，国家自主贡献更多地体现了一种"自下而上"的气候治理机制。该机制的主要特点体现在自愿性、平等性、监督性三个方面。自愿性是指各国有选择是否提交国家自主贡献的自由，并非强制所有缔约方必须参与该机制。平等性是指该机制不再强调发达国家与发展中国家的区别责任，每一个国家都是依据自身情况提交国家自主贡献，打破了一直以来气候治理的"双轨制"模式。监督性是指各缔约方国家自主贡献的提出需要接受缔约方会议的指导，并且每五年进行一次盘点，确保国家自主贡献得到有效落实，促进各方不断增强承诺和行动的力度。

《巴黎协定》的实施细则明确了各缔约方提交的国家自主贡献需要包括的七类信息，即参考点量化信息、时间框架或实施时间、覆盖范围、规划过程、评估及核算人为温室气体排放和消除等的假设和方法学、依据国情对国家自主贡献公平性和力度的评估，以及国家自主贡献对于实现UNFCCC第二条目标的贡献。但目前《巴黎协定》并未对国家自主贡献的形式进行明确规定，依据已提交的国家自主贡献文件，贡献的形式可分为以下三种：一是绝对减排目标，即目标年相对于基准年排放量的绝对变化；二是相对减排目标，即相较于照常发展情景（Business As

Usual，BAU）的减排水平，预测不受气候变化政策影响的正常经济发展下的排放水平，将预测排放量与实际排放量进行对比；三是没有硬性约束的政策措施及其他减排策略。总体上，大部分国家都提供了可量化的减排目标，但受国情和减排能力的影响，部分发展中国家仅提交了软约束的减排政策，如埃及、巴林、圭亚那等。

联合国秘书处2021年10月25日发布了《〈巴黎协定〉下国家自主贡献的综合报告》（以下简称《报告》），该报告对目前已提交的国家自主贡献以及全球减排目标的完成度进行了系统分析。《报告》显示，截至2021年10月22日，已有192个缔约方提交了国家自主贡献。根据各国提交的最新版本的国家自主贡献，有38%的国家明确设定了绝对减排目标，45%的国家提出了相对减排目标，17%的国家仅提出了相关的政策措施或其他减排策略。除了关于短期和中期的减排目标或计划，许多缔约方还提供了到2050年的长期减排愿景，以及实现碳中和目标的战略安排（UNFCCC，2021）。

目前各缔约方提交的国家自主贡献几乎都涵盖了对二氧化碳（CO_2）排放的限制，并且逐渐覆盖到了甲烷（CH_4）、氧化亚氮（N_2O）、氢氟碳化合物（HFCs）、全氟碳化合物（PFCs）、六氟化硫（SF_6）等其他温室气体，涉及了经济发展的各行各业。大多数缔约方的国家自主贡献都是无条件的，但部分缔约方还制定了有条件的国家自主贡献。有条件的国家自主贡献是指在获得他国的财政支持、技术转让及能力建设等帮助下实现的碳减排量。若仅考虑所有缔约方无条件的国家自主贡献的实施情况，根据统计及预测，全球温室气体排放总量到2025年预计为555亿吨二氧化碳当量，2030年约为564亿吨二氧化碳当量。若将有条件的国家自主贡献也纳入考虑，全球温室气体排放总量到2025年约为547亿吨二氧化碳当量，2030年约为549亿吨二氧化碳当量。《报告》显示，按照目前的国家自主贡献实施情况，到2030年，预计温室气体排放总量将比1990年高出58.7%，比2000年高出45.7%，比2005年高出27.7%，比2010年高出15.9%，比2015年高出7.9%，比2019年高出4.7%（UNFCCC，2021）。

表7-1整理了17个主要缔约方，同时也是碳排放量较大的国家及地区提交的国家自主贡献。由表7-1可见，目前已有15个国家及地区提交了第二份国家自主贡献，澳大利亚、韩国、加拿大和日本已经提交了第三份国家自主贡献。从减排力度来看，相较于最初的国家自主贡献，最新的版本在减排力度方面有了一定程度的提高，并且相关政策措施也

得到了完善，体现了各国承担减排责任的主动性及行动力。从贡献条件来看，墨西哥和印度尼西亚同时提交了无条件和有条件的国家自主贡献，作为碳排放来源大国以及大型发展中国家，获得他国的支助已经成为其作出国家自主贡献承诺的重要方式。

但是，为了实现将全球平均气温升幅控制在工业化前水平以上低于2℃，到2030年，二氧化碳排放量需要比2010年下降约25%。根据上述测算，2030年全球温室气体排放总量预计将比2010年高出15.9%（UNFCCC，2021），与最终目标仍有较大差距，这意味着依照目前的国家自主贡献力度难以实现《巴黎协定》制定的长期目标，只有各国大幅提高国家自主贡献水平，或是大幅超额完成已提交的国家自主贡献，才有可能达到气候治理的最终目标。

表7-1 主要缔约方的国家自主贡献[①]

国家	第一份NDCs	第二份NDCs	第三份NDCs
中国	提交时间：2016年 到2030年，二氧化碳排放量达到峰值并尽早实现峰值，单位国内生产总值碳排放量较2005年下降60%～65%，森林蓄积量较2005年增加约45亿立方米，非化石能源在一次能源消费中的比重约20%	提交时间：2021年 到2030年，碳排放力争达到峰值；到2060年，努力争取碳中和。 到2030年，单位国内生产总值碳排放较2005年下降65%以上，森林蓄积量较2005年增加60亿立方米，非化石能源占一次能源消费比重达到约25%，风能、太阳能发电装机量达到12亿千瓦以上	
澳大利亚	提交时间：2016年 到2030年，温室气体排放量比2005年的下降26%～28%，人均排放量下降50%～52%，排放强度下降64%～65%	提交时间：2020年 预计将超额完成2016年提交的目标； 公布最新的减排政策及具体措施	提交时间：2021年 到2050年实现温室气体净零排放的目标； 加快七个低排放技术的开发和商业化使用； 到2030年温室气体排放量比2005年下降35%

---

① UN. Nationally Determined Contributions Registry. (2023-05-17) [2023-06-28]. https://www4.unfccc.int/sites/ndcstaging/Pages/Home.aspx.

续表

国家	第一份 NDCs	第二份 NDCs	第三份 NDCs
巴西	提交时间：2016 年 到 2025 年温室气体排放量比 2005 年下降 37%	提交时间：2020 年 到 2025 年温室气体排放量比 2005 年下降 37%，到 2030 年温室气体排放量比 2005 年下降 43%	
俄罗斯	提交时间：2020 年 到 2030 年温室气体排放量比 1990 年下降 30%		
刚果	提交时间：2017 年 与不受控制的发展情景（趋势）相比，到 2025 年温室气体排放量至少比 2005 下降 48%，到 2035 年温室气体排放量至少比 2005 下降 55%	提交时间：2021 年 无条件的自主贡献：到 2025 年温室气体排放量比 2017 年下降 17.09%，到 2030 年温室气体排放量比 2017 年下降 21.46%%； 有条件的自主贡献：到 2025 年温室气体排放量比 2017 年下降 39.88%，到 2030 年温室气体排放量比 2017 年下降 32.19%	
韩国	提交时间：2016 年 到 2030 年所有经济部门的温室气体排放量比正常经营（BAU，850.6 吨二氧化碳当量）水平下降 37%	提交时间：2020 年 到 2030 年全国温室气体排放总量比 2017 年（709.1 吨二氧化碳当量）下降 24.4%	提交时间：2021 年 到 2030 年全国温室气体排放总量比 2018 年（727.6 吨二氧化碳当量）下降 40%
加拿大	提交时间：2016 年 到 2030 年温室气体排放量比 2005 年下降 30%	提交时间：2017 年 针对 2016 年提交的 NDCs 提出更加具体的减排措施	提交时间：2021 年 到 2030 年温室气体排放量比 2005 年下降 40%~45%
美国	提交时间：2016 年 到 2025 年温室气体排放量比 2005 年下降 26%~28%，并力争达到 28% 的减排目标	提交时间：2021 年 到 2030 年温室气体净排放量比 2005 年下降 50%~52%	

续表

国家	第一份NDCs	第二份NDCs	第三份NDCs
墨西哥	提交时间：2016年 无条件的自主贡献：到2030年温室气体和短期气候污染物排放量比在没有气候变化政策的情况下基于经济增长的排放预测的正常情景（BAU）下降25%； 有条件的自主贡献：到2030年温室气体和短期气候污染物排放量比在没有气候变化政策的情况下基于经济增长的排放预测的正常情景（BAU）下降40%	提交时间：2020年 针对2016年提交的NDCs提出更加具体的减排措施	
南非	提交时间：2016年 在本世纪下半叶，二氧化碳和其他长期温室气体实现净零排放	提交时间：2021年 进一步概述九项战略目标，提出更加具体的减排政策措施	
欧盟	提交时间：2016年 到2030年国内温室气体排放比1990年至少下降40%	提交时间：2021年 到2030年国内温室气体排放比1990年至少下降55%	
日本	提交时间：2016年 到2030年温室气体排放量比2013年下降26%，比2005年下降25.4%	提交时间：2020年 到2050年实现碳中和；完善中期和长期规划，确保减排目标达成	提交时间：2021年 到2030年温室气体排放量比2013年下降46%
沙特阿拉伯	提交时间：2016年 到2030年每年减少1.3亿吨二氧化碳排放	提交时间：2021年 到2030年每年减少2.78亿吨二氧化碳排放，将2019年定为该NDCs的基准年	
乌克兰	提交时间：2016年 到2030年，温室气体排放量不超过1990年的60%	提交时间：2021年 到2030年，整个经济范围内的国内净温室气体排放量比1990年下降65%	
印度	提交时间：2016年 到2030年温室气体排放强度比2005年下降33%~35%；非化石燃料能源累计发电装机容量达到40%左右；通过植树造林创造25亿~30亿吨碳当量的额外碳汇		

续表

国家	第一份 NDCs	第二份 NDCs	第三份 NDCs
印度尼西亚	提交时间：2016年 无条件的自主贡献：到2020年温室气体排放量比在没有气候变化政策的情况下基于经济增长的排放预测的正常情景（BAU）下降26%，到2030年，下降29%； 有条件的自主贡献：到2030年温室气体排放量比在没有气候变化政策的情况下基于经济增长的排放预测的正常情景（BAU）下降41%	提交时间：2021年 为了实现2030年的目标，加快低碳和气候弹性发展的转型变化，制定了一项新发展战略	
英国	与欧盟相同	提交时间：2020年 到2030年整个经济范围内的温室气体排放量比1990年下降68%	

(2) 国际碳交易机制

国际气候治理成功的关键是《巴黎协定》能否逐步引导各国提出更高水平的国家自主贡献，做出更加宏伟的减排承诺。《巴黎协定》第六条的相关规定指出，允许国家和地区之间建立起一种联系，使减缓成果在各个缔约方之间重新分配，达成一种碳市场交易机制。《巴黎协定》第六条建立了两种国际碳交易机制，分别是6.2条、6.3条的合作方法（Cooperative Approaches）和6.4条至6.7条的可持续发展机制（Sustainable Development Mechanism）。缔约方之间可利用这两种市场机制开展合作减排，从而促进国家自主贡献的完成。

《巴黎协定》第六条第2款支持各缔约自愿开展国际合作，协商转让气候减缓的成果，通过这种方式履行各自的国家自主贡献职责，交易指标的具体类型取决于减排合作活动的类型，并且转让的形式也由缔约方自发创建和选择（党庶枫与曾文革，2019）。

理解合作方法，必须要明确国际转让的减缓成果的含义。那么何为减缓成果？在碳交易体系中，减缓成果可以理解为由一个实体产生、另一个实体使用的碳减排量。在相关的国际碳交易文件中，减缓成果是否达标有四个评判标准。一是真实性。减缓成果必须是真正意义上的碳排放量减少，但国际转让很容易由于核算标准模糊及方法不规范从而造成双重核算问题，使得碳减排量的核算结果大于真实减排量。二是永久性，即减缓成果必须是不可逆的，必须保证该部分碳减排量长期有效且不会反弹。通常意义下，大部分通过技术改进达到的碳源减少是不可逆的，但通过碳汇达成的碳减排量需要更加严谨地进行验证。三是额外性，即减缓成果必须是与没有缔约方合作的情况相比产生的额外减排量，这一部分才是可以交易的减缓成果。由于该情况并未真实发生，因此需要严格的测算及推演。四是可核准性。减缓成果必须要经过国际机构的评估与核证，确保其满足以上三个要求（党庶枫，2018）。因此，减缓成果虽不是一个特定的减排单位，但是它在一定程度上可作为一国向另一国转让的减排量的代称，具有切实可信的碳减排效果。国际转让实质上就是一国通过减缓成果的交易从而降低减排成本或为国家创造收益。由于发达国家国内碳减排成本较高，他们可以与其他国家进行减缓成果的交易，从而以较低的成本实现国家自主贡献。对于减排成本较低的国家，在确保自身国家自主贡献顺利完成的情况下，可以将剩余的减排量进行国际转让，从而为国家创造收入。但国际转让必须遵循自愿原则，《巴黎协定》并未强制规定国际转让减缓成果的适用国家及形式途径，任何国家都可以运用该合作方法，通过自愿协商最终确定转让方式。

从管理模式看，该交易机制呈现出"自下而上"的分散管理形态，缔约方拥有极大的自主性，可以自由决定合作形式及交易方式，缔约方大会几乎没有权力干预和介入该交易机制中，不会对各缔约方之间的合作进行严格的审查和制约。但任何采用该方式进行国际转让减缓成果的缔约方都必须遵守缔约方大会制定的会计标准，并且在透明度及最终核算上接受缔约方大会的指导。这是一种较为灵活的碳交易方式，各种减排活动的类型都可以成为缔约方合作的基础，交易的指标就是国际转让的减缓成果。由于该机制具有较强的自主性，可以将其看成是一个管理框架，通过建立一套核算准则来管理不同减排合作活动产生的国际转让的减缓成果。

《巴黎协定》第六条第4款建立了一个"可持续发展机制"供缔约方自愿使用，由缔约方大会集中管理。这项机制允许缔约方以东道国或购买国的身份利用所产生的减排量，以实现各自国家的自主贡献目标。在购买国使用东道国的减排量履行其责任的同时，东道国也能受益，这一安排通过国家间的合作互惠机制有效推动了碳排放的全面减缓。同时，该机制也鼓励在各缔约方的授权下公共和私营部门参与减排活动。

可持续发展机制聚焦项目级碳减排成果的转移，购买国可以通过购买减排项目在东道国产生的减排量,从而达成自身的国家自主贡献。与合作方法类似,该机制允许进行转移的减排成果必须具备额外性特征,即必须是在减排项目未实施情况下产生的减排成果才能在国家间进行转移,是实际发生的碳排放减少。其交易单位应为核准减排量之后才能发放的碳信用,该规定确保了碳减排成果的真实性及有效性(党庶枫,2018)。

可持续发展机制可以被视为清洁发展机制的延续,但其与清洁发展机制相比具有更广泛的覆盖范围。作为《京都议定书》中的一种灵活履约机制,清洁发展机制支持在发达国家(缔约方)与发展中国家(非缔约方)之间进行项目式的减排量转移。该机制实施于发展中国家,能够兼顾发达国家减排目标的实现和发展中国家减排项目的推进。该机制是在碳减排"双轨制"的基础上提出的,虽然发展中国家可以通过该机制参与全球碳减排,但其只能作为减排项目的东道国,而不能成为减排成果的购买方。在此情境下,碳减排的重重压力最终落到发展中国家的肩上。《巴黎协定》提出的可持续发展机制打破了"双轨制"对于发达国家和发展中国家碳减排责任的区分,认为所有国家都能够成为减排成果的购买国或者东道国,购买国并非一定是发达国家,东道国也并非一定是发展中国家,并且发展中国家之间也可以实现项目级的减排合作,进行"南南交易"。但为了确保碳减排量的准确核算,该机制仅允许国家自主贡献可以量化的缔约方参与。在以国家自主贡献为减排承诺的背景下,该机制大大扩展了减排成果的可转移范围,为各国提供了一种达成减排目标的有效机制,调动了全球各国碳减排的积极性。

从管理模式看,该机制属于"自上而下"的集中式管理,拥有一套较为完整的流程系统。与合作方法相比,可持续发展机制中缔约方大会享有广泛的标准制定权力,涉及审批流程、转让的质量和数量、评估核算方法等。在该机制下,缔约方具有的自主性与合作方法相比被大大削减,在减排成果的转移过程中会受到更多的规定、审查、限制。由于该机制的完整性和透明度有较高的保障,监管过程更加明确和简单,缔约方可以省去在合作方式下与其他国家就合作具体细节进行沟通所产生的交易成本,不失为一种实现国家自主贡献的可靠国际机制。

合作方法与可持续发展机制本质上是两种独立的碳交易机制,各国可根据自身需要选择更加合适的交易方式。尽管两种碳交易机制在适用范围、交易形式、监管模式、收益分成等方面大不相同,但二者也可以互惠互利。合作方法可以被视为各国对碳交易机制的创新尝试,可持续发展机制则为所有缔约方提供了一种稳定有效的保障性碳交易机制，这两种途径可以并且应当相互学习补充。根据清洁发展机制和联合履行机制的经验，缔约方大会可以从各缔约方在合作方法中探索得到的合作模式中进行经验学习，将获得的经验教训持续应用于改进可持续发展机制的模式和程序，保持该条款的实用性与竞争力，否则可持续发展机制就会失去实际存在的意义。

降低减排成本或产生预期收益是各国选择运用国际碳交易机制的本质原因。在新型碳交易机制的制度规定下，尤其是在第6.2条至6.3条的合作方法框架中，两个或多个国家建立碳交易取决于地理、监管、政治等多个方面的因素。其一，考虑到交易成本、市场信息的可获得性以及历史合作经验，各国更倾向于选择在地理上与本国较为接近的、在其他方面有良好长期合作的国家作为碳交易的合作伙伴，尽可能减少交易成本的产生。其二，对于各国间自主进行的减排成果国际转让，法律制度兼容性尤其重要，在碳交易的监管方面，核算标准的一致性与交易流程的规范性对有效监管具有重要影响，各国间若具有相似的制度法规，则能在一定程度上减少冲突的产生，避免了交易过程中的监管分歧。其三，国际碳交易行为可能涉及一国的政治战略。一些国家可能将国际转让减排成果视为一种区域协调发展、增强区域互信、展示领导力的方式，通过国际合作来彰显本国的减排实力、国际担当，支持国际气候行动。然而，另一些国家参与碳交易可能只是一种被动的选择，并不能通过国际转让减排成果获得相关利益，却可以通过加入该合作增强其在国际社会中的话语权，以此作为获取其他利益的条件。根据《〈巴黎协定〉下国家自主贡献的综合报告》，大多数缔约方都提供了有关参与国际碳交易机制的意愿，74%的国家表示，它们可能会至少使用一种方式进行国际碳交易。

《巴黎协定》中新型国际碳交易机制的确立是全球气候治理的制度驱动力量。首先，国际碳交易机制能够激励各国做出更大的减排承诺，积极开展减排行动。国际碳交易机制为各国提供了通过更低成本实现减排承诺的方式，减排成本较高的国家可以通过减排成果的国际转让达成国家自主贡献，减排成本较低的国家在完成自身国家自主贡献的基础上，也可以通过进一步减少碳排放量，将额外的部分与其他国家进行交易，从而获得经济收益，在全球范围内实现国家间碳减排与经济发展的共赢。减排成本的降低也能够增强各国的减排信心，鼓励各国进一步提高国家自主贡献，从而推动全球气候治理进入良性循环阶段。其次，国际碳交易机制对于建立共同的交易规则、实现跨区交易、增加市场流动性、消除碳价大幅波动具有深刻意义。当越来越多的国家参与碳交易，割裂的碳治理模式将会被打破，形成一个整体性的碳治理国家联合，当这个整体越大，外界冲击所造成的影响会被不断分解，从而逐渐消散，市场动荡所造成的碳价波动就会越小。从长远来看，随着国际碳交易机制的不断创新与发展，交易规则、交易程序、技术标准等将会逐渐完善，形成一种成熟的交易机制，更多直接的双边和多边交易将会不断出现，形成稳定有效的减排合作。此外，在国际碳交易的过程中，必须警惕碳泄漏的风险。国际碳交易机制设计的初衷是通过国家间的合作与交易激发各国碳减排的积极性，促进减排总量提高，但目前相关机制的设计中确实存在着减排成果标准不统一、评估核算科学性有待提高等问题，缔约方大会必须尽快设定相关标准，提高减排成果核算的科学性与严谨性，确保各国碳减排数据的真实可靠。

7.1.2 后巴黎时代全球气候治理的困境

(1)《巴黎协定》中公平性与差异化的平衡问题

1992 年，应对气候变化的"共同但有区别的责任"原则在 UNFCCC 中得以明确，经过三十年的探索实践，气候公平原则从理论层面的设计与构想逐步发展至实际中的具体操作和运用，成为全球气候治理的基本原则。2016 年，《巴黎协定》的出台在 UNFCCC 体系内进一步明确了该原则。"共同但有区别的责任"原则涉及两个维度的公平责任，一是各国对气候变化承担共同责任，二是各国根据能力的不同对气候变化承担区别责任。前者注重整体意义上的广泛公平，后者则强调不同缔约方之间的差异化公平。判断气候公平的基本原则可大致分为权力公平原则、能力公平原则、效用公平原则以及程序公平原则等（柴麒敏与何建坤，2013）。在《巴黎协定》中，有关公平性与差异化之间的平衡仍然存在很多争议，其中最突出的矛盾体现在能力公平与程序公平方面。

能力公平原则是指减排责任应切实依据各缔约方自身经济社会发展情况及减排能力来界定。《巴黎协定》有关不同发展进程国家差异化减排责任的设定及发达国家对发展中国家资助的有效落实是实现差异化公平的重要方式，但目前仍然存在争议。

首先，《巴黎协定》中发达国家和发展中国家的责任界限越来越模糊。此前的《京都议定书》仅对发达国家的减排责任进行了明确，而

《巴黎协定》则对所有缔约方的减排责任进行了系统说明，无论是发达国家还是发展中国家，都对气候变化负有共同责任。《巴黎协定》要求，发达国家应当继续发挥带头作用，努力实现全经济范围绝对量减排目标，发展中国家应当在自身能力允许的基础上，继续加强碳减排努力，逐渐实现全经济范围绝对量减排或限排目标。① 虽然对于欠发达国家的财政资金及技术支助的主要责任仍在发达国家肩上，但是"有能力的"发展中国家也被寄予为其他国家提供支助的期望，二者的责任逐步趋于同质化。② 然而，此类条款遭到了许多发展中国家的强烈抵制，它们认为这极大地压缩了发展中国家的经济增长空间，并且发达国家的历史累计碳排放责任将大大减小。最终，各方在该问题上达成一致，《巴黎协定》对于"有能力的"发展中国家承担更多支助责任的表述仅以鼓励和自愿的措辞体现。由此看来，"共同但有区别的责任"原则虽然在《巴黎协定》中得到了贯彻落实，但是其适用基础被不断弱化，新型发展中大国所承担的气候治理责任不断提高，与发达国家的区分界限逐渐模糊（李海棠，2016）。

其次，在巴黎会议中，最不发达国家、小岛屿发展中国家以及非洲国家等认为，它们的经济发展情况在所有国家中处于较低水平，无法独立承担碳减排责任，需要国际社会的特殊帮助。《巴黎协定》承认最不发达国家和小岛屿发展中国家的特殊情况与实际需求，但同时也认为一些非洲国家并不能够与前两者享有同样的特殊对待。③ 非洲各个国家的经济社会发展状况存在较大的差异性，虽然非洲国家的整体发展水平不能与发达国家相提并论，但非洲还包括南非及各石油输出国组织成员国等具有一定影响力的国家，不能因为这些国家地处非洲而将其与需要特殊帮助的国家一概而论。针对特殊帮助的需要，国际社会有一些疑虑，担心一部分国家得到了国际社会提供特殊帮助，会使这类国家在全球碳减排责任中处于优势地位，若无法对此类国家的经济社会发展情况及碳减排能力进行全方位的评估，该制度有可能为其他国家打开特殊对待的闸门，最终导致差异化的碳减排策略造成新的不公平现象。因此，今后的缔约方大会应当在国际社会的共同努力下尽快科学合理地制定需要特殊

---

① 《巴黎协定》第四条第 4 款。
② 《巴黎协定》第九条第 2 款。
③ 《巴黎协定》序言第 5 自然段、第 6 自然段，正文第四条第 6 款、第九条第 4 款、第九条第 9 款、第十一条第 1 款、第十三条第 3 款。

帮助国家的衡量标准，并确定相应的国家名单，实现差异化的公平。

再次，《巴黎协定》明确了发达国家对发展中国家的能力建设资助责任，但仍然存在资金援助和技术支持跨国转移难以有效落实的问题。《巴黎协定》透明度框架的构建要求所有缔约方都要履行国家自主贡献的信息通报、履约报告和技术专家审评等强制性义务。根据能力建设条款的规定，发达国家有责任在减排技术的研发、推广和整体部署，以及气候治理的资金等方面帮助发展中国家（梁晓菲，2018）。发达国家需要报告它们所能为发展中国家提供的资金、技术及能力建设支持，发展中国家则需报告它们需要和实际得到的支持，所有提交的信息必须经过技术专家审评和促进性的多方审议。[①] 落实技术开发和转让是推动全球碳减排的重要手段，也是长期性的战略安排，但《巴黎协定》中的相关表述偏重于对技术转让重要性的认识，并未形成具体的行动工作指导（曾文革与冯帅，2015）。在气候资金的调动方面，《巴黎协定》仅强调了要考虑发展中国家的需要，提供更大规模的资金资源，但是并未对气候资金调动的总量、使用流程及标准等实施细节进行明确规定，相关条款停留在原则性及观念性层面的阐述，对于实际操作的指导性不足，因而气候资金的实际效用未得到充分发挥。尽管《巴黎协定》中有关发达国家对发展中国家的支助形式及程序有了进一步的明确，但仍然存在语焉不详、缺乏可操作性等问题，仅为框架性的指导与描述，这需要由待缔约方大会进一步研究讨论，完善相关规定。

此外，发达国家的资助也有可能造成发展中国家的过度依赖。许多发展中国家的国家自主贡献都明确地以获得他国资助（或其他因素）为条件。[②] 尽管缔约方在德班增强行动平台问题特设工作组谈判过程中就有条件的国家自主贡献进行了讨论，但没有达成可行决议。缔约方大会在这一问题上还需要进一步考虑以下问题：如何处理与他国资助有关的国家自主贡献？是否应当要求缔约方提交（即使只是部分程度上的）无条件的国家自主贡献？是否应当存在一个过程，使国家自主贡献从有条件向无条件转变？透明度框架应当如何作用于有条件的国家自主贡献？有条件的国家自主贡献是否应当在某些方面受到限制或约束？发展中国家希望国际社会能综合考虑各国经济发展状况、历史累计排放等多重因

---

① 《巴黎协定》第十三条第 11 款。
② 印度、南非、菲律宾、沙特阿拉伯的国家自主贡献。http://www4.unfccc.int/submissions/indc/Submission%20Pages/submissions.aspx。

素，科学合理地界定世界各国的碳排放责任，提高气候治理公平性，但差异化的公平并不等于政策的过度倾斜，差异化与公平性之间的平衡需要各缔约方进一步商议。

程序公平原则是指各缔约方应充分、自主、公正、平等地参与气候治理协商和决策，从而推动气候政策全面、有效和持续实施以及实体公平的最终实现（柴麒敏与何建坤，2013）。《巴黎协定》涉及程序公平的条款主要为透明度框架及全球盘点。在全球碳减排的推进过程中，透明度框架和全球盘点的实际操作还存在许多难点（梁晓菲，2018）。一方面，透明度的范围需要进一步界定。各国碳减排的措施及成果的相关信息是判断国家自主贡献是否完成的重要依据，信息的完整性及准确性直接决定了减排量测量的科学性，同时也是程序公平的重要环节。但是，目前《巴黎协定》中并未对必须公开的信息，以及属于国家自主事物可以不予公开的信息进行明确说明。另一方面，全球盘点的机制设计需要进一步丰富和完善。如何判断缔约方是否完成了国家自主贡献以及是否达到了减排效果，需要一套科学合理的审查机制来保障测算的准确性以及评估程序的公平性。客观准确的评估机制不仅是在全球减排过程中对于结果公平的有力保障，更体现了程序公平及正义。此外，在对减排成果进行全面评估后，如何分配各缔约方通过集体努力达成的实际碳减排量则是更加复杂的情况，此类情景对程序公平提出了更加细致的考验。减排成果的分配是各国利益争夺及冲突的重要方面，依据何种标准进行分配，分配结果将对缔约方今后的国家自主贡献产生什么影响，都是有关公平性的重要问题。

在"共同但有区别的责任"原则框架下，气候公平理念不断深入人心，公平体系的构建必须同时着眼于历史积累、现实状况及未来发展。后巴黎时代仍需持续关注目前难以解决的公平性与差异化问题，这不仅是全球气候治理体系有效运转的保障机制，更是国际社会长久稳定的内在核心。

（2）以碳关税为核心的国际贸易焦点问题

碳关税针对能源密集和碳密集型产品，是指对未采取减排措施的国家进口的产品——如铝、钢铁、水泥和一些化工产品——征收的二氧化碳排放税。欧洲议会在2021年3月通过投票，批准了"碳边境调节机制"（CBAM）议案。该议案计划在2023年正式推出欧盟的碳关税规定。这一决定意味着欧盟彻底改变了对碳关税的态度。2022年12月18日，欧盟理事会和欧洲议会确定了碳边境调节机制的实施细节，决定于2026年开始征收碳关税，2034年之前全面实施。同时，美国等发达国家对碳关税的态度也呈现出逐渐认同的趋势。以发达国家为主体的碳关税倡导方认为，实行碳关税政策有利于促进高能耗产品出口国家减少产品生产过程中的碳排放，并且在一定程度上对国内碳排放限制较低的国家进行外部的碳排放限制。表面上看，碳关税政策是一种限制商品不公平竞争的贸易措施，同时也对区域绿色发展和全球碳减排具有促进作用，但实际上碳关税政策充斥着贸易保护主义的思想，是发达国家为了维护国内企业的竞争力而提出的保护性政策。若这一政策得以实施，广大发展中国家将会在国际贸易中处于竞争劣势，碳关税最终将沦为发达国家向发展中国家施压的贸易武器，对于全球减排的实质性贡献十分有限（曹慧，2021）。

发达国家极力推崇的碳关税政策，对国际贸易及全球气候治理的各个方面都将产生广泛影响。

首先，碳关税政策会增加发展中国家企业的出口成本，使其在国际贸易中处于竞争劣势。发达国家主要从发展中国家进口高能耗产品，发展中国家目前也倚重相关的产业获得经济增长的机会，但此类产业恰恰是碳关税的征收对象，发展中国家的发展机会很可能由于该政策而受到影响。一方面，碳关税政策与碳价水平直接挂钩，而目前发展中国家碳交易市场的碳价水平远低于发达国家，且二者的差距在短时间内难以缩小。换言之，即使发展中国家对发达国家的出口商品已在国内支付了碳价，但因二者碳价差距较大，发展中国家企业出口时仍需支付高昂的碳价差额，这是来自碳市场的"显性碳价"。另一方面，为了降低出口产品的含碳量，发展中国家出口企业需进行工艺改善、创新研发和技术改进等，而这些支出无法通过碳交易市场来体现，这是来自企业自身投入的"隐性碳价"。在产业发展和企业生存方面，由于碳关税政策对传统制造业设定了一系列的限制标准，并且涉及产品周期的方方面面，发展中国家高能耗产品出口企业必须优化生产工艺、降低生产过程中的碳排放水平，但是流程和技术的优化必然伴随着大量的资金投入，产品成本随之提高。这给依靠产品的价格优势而存续的企业带来了巨大的挑战，对资金和技术支持不足的中小规模出口企业来说更是雪上加霜。碳关税政策的实施会使它们面临生存困境，甚至逐渐淡出国际市场。对于广大发展中国家来说，市场活力的来源主要就是中小规模企业的创造力和灵活性，碳关税政策严重影响了这些企业参与市场竞争的能力及意愿，有可能造成国内经济的低迷。在民生福利方面，碳关税政策可能导致一批高能耗、高污染企业被淘汰，相继引发一系列失业问题，居民福利也会由于经济下行受损。由此可见，碳关税政策对发展中国家的影响是深刻的、全方位的。

其次，碳关税政策会对双边或多边的经济贸易产生影响，形成新型贸易壁垒，不利于国际贸易的持续发展。碳关税政策的实施将促进低碳产品贸易，削弱以出口为导向的发展中国家的价格优势，致使发展中国家的高碳产品出口面临较大障碍。发展中国家在低碳技术方面尚难以匹敌发达国家，并且，大多数出口市场集中在发达国家和地区，如美国、日本和欧洲。如果发达国家以自身的资金和技术优势为基础大力推进低碳经济，那么发展中国家在国际贸易中将面临苛刻的低碳技术标准限制与资金及技术上的多重劣势，将会使得广大发展中国家国内与之相关的生产线面临停止生产或不得不技术换代升级的困境，产品出口市场逐渐缩小。在这种情况下，"未达到区域碳排放标准"可能会成为北美自由贸易区和欧盟限制发展中国家出口的一个理由。掌握绿色标准体系的制定权和国际贸易的主动权，借此主导全球绿色贸易新趋势，此类措施实际上会严重制约发达国家与发展中国家之间的经贸关系。这样的贸易形态严重损害了发展中国家的利益，不但与全球气候治理中"共同但有区别的责任"原则相悖，更加与WTO的基本原则相去甚远。即使发达国家极力推崇碳关税政策，但国际贸易及气候治理也难以按照发达国家的预期产生相应的效果，发展中国家必须在该问题上与发达国家进行充分沟通交流，争取平等的发展权力，促进国际贸易的有序发展。

最后，碳关税政策会影响目前的碳减排模式，对全球气候治理机制产生较大冲击。《巴黎协定》正式确立了运用国家自主贡献来完成全球减排目标，允许各个国家自定目标来约束自身的碳排放量，无论发达国家还是发展中国家都平等地适用该机制。若实施碳关税政策，供应链会从高碳国转移向低碳国，使得发达国家能够抢占低碳产业价值链制高点，构建符合自身利益的低碳体系，但对于发展中国家而言，碳关税政策相当于对其额外施加了一重碳减排压力，这是发达国家贸易霸权及气候治理霸权的体现。发达国家在过去的一百多年中，抓住发展机遇，抢先进入了工业社会，排放了大量温室气体，如今已完成了产业转型，发展中国家却仍处在工业化发展的阶段。碳关税政策的提出忽视了发达国家的历史累积碳排放量，一味要求发展中国家在此阶段减少产品生产过程中的碳排放，极大地压缩了发展中国家的经济上升空间，违背了气候治理的公平原则。气候治理本应是世界各国的共同责任，每一个国家都应该对本国的温室气体排放造成的气候变化问题负责，并且也应拥有平等的发展权力，共同合作、真诚互助才是国际贸易及全球气候治理永续发展的方式。

　　碳关税政策是涉及国际贸易与全球气候治理的重要议题，虽然众多发达国家希望实施类似的碳边境调节机制，但此类政策并非一种有效的气候治理途径，发展中国家必然会在其中遭受不平等的待遇。因此，实现全球气候治理的长期目标，绝不是实施限制性政策就能达成的，良性的国际贸易交往也可以成为促进全球减排的手段。发展中国家面临着经济发展与产业转型之间的平衡问题，选择大力发展低碳经济及服务贸易，是促进国内碳减排的有效方式，高附加值的产品生产及出口也能够降低传统产业发展限制带来的经济影响。降低或消除贸易壁垒，使低碳产品和服务能够在国际上自由流通，这不仅有助于减排目标的达成，也对自由贸易大有助益。作为拥有先进绿色技术的发达国家，若为发展中国家提供相关技术支持，也是国际友好贸易的体现，并且能够帮助发展中国家改善生产技术，减少生产过程中产生的碳排放。若仅依靠发展中国家自身的研发能力及科技实力，碳减排的进程将会被大大减慢。面对碳关税政策的限制及影响，发展中国家为了减缓贸易壁垒对出口贸易的冲击，应采取积极合作的方式来应对。他们可以与其他发展中碳排放贸易大国结为利益同盟，力推"环境外交"，在国际社会有关低碳的讨论和谈判中共同发挥影响力，通过更加进取的姿态减少国际贸易环境对发展中国家的限制（胡剑波等，2015）。

7.2　国际贸易对全球气候治理的持续影响

　　国际贸易与全球气候治理的相互促进与共同发展是全球可持续发展进程中的关键目标，需要不断探索。由于国际贸易而产生的全球气候治理责任分配问题已成为贸易及环境两大领域都格外关注的重要议题，而公平的排放责任分担方法是保障气候治理有效开展及国际贸易有序运转的核心基础。

7.2.1 新型碳排放责任分担方法面临的机遇与挑战

公平性是全球气候政策制定的基础与核心，而 UNFCCC 现行的基于生产的国家碳排放量认定机制没有考虑到消费对碳排放的影响，可能导致跨境碳泄漏，挑战着气候治理的公平原则，并且 UNFCCC 中对历史积累碳排放责任的界定较为模糊。"共同但有区别的责任"原则是气候公平的基础原则，包含三个层面的含义：一是气候治理是所有温室气体排放国家和地区的共同责任；二是各个国家和地区基于不同的经济社会发展水平和减排能力对气候治理承担区别责任；三是在气候治理中应纳入对历史累积碳排放量的责任追究。以公平原则为基础，本研究重新审视了全球贸易体系下不同国家与地区的气候治理公平性问题，并提出了四条横向分配规则和一条纵向扩展原则，用以核算国家碳排放责任量。

横向分配规则的"共同责任原则"是指产品生产国和消费国对两国贸易间的隐含碳排放平衡负有共同责任。在此基础上，提出"基于发展水平的区别责任原则"，即生产国和消费国根据各自的"人类发展指数"对两国贸易过程中产生的隐含碳排放平衡负有区别责任。"人类发展指数"是表征各国发展水平的全面性指标，本研究用以诠释"共同但有区别的责任"原则中基于发展水平的区别责任原则。在此基础上，鉴于平等主义原则以及事实上发达国家长期以来远远高于发展中国家的人均碳排放水平，同时考虑发展中国家对发展权利的诉求，本研究认为应将各国人均碳排放水平作为一个指标纳入隐含碳排放责任分担核算指标之中，即"污染者负责原则"，生产国和消费国根据人均碳排放水平对两国贸易间的隐含碳排放平衡承担区别责任。另外，不可忽略的是，国家碳排放责任分担困境背后的根本原因在于国家利益的追求，正是由于各个国家出于利己性的考虑才导致国际碳排放责任分担中的诸多争端，因此如果一个国家从包含隐含碳排放平衡的国际贸易中受益，其理应对此负责，收益越多，责任也越大。从国际政治谈判的经验来看，以收益来衡量责任也比较能够得到国家认同。据此本研究提出了"国家收益原则"，生产国和消费国根据各自从包含隐含碳排放平衡的贸易中得到的收益承担区别责任。最后本研究建议将1850年以来各国的历史积累碳排放量明确量化并加入国家碳排放责任量中，同时对于历史累积排放量的核算原则应与本研究提出的核算原则相同，此为纵向扩展原则，即"历史责任原则"。只有在每一个历史时期内都做到各个国家和地区碳排放责任的公平分配，才能最终实现时间和空间维度上的双重公平，促进全球气候治理逐渐向纵深推进。

根据以上五条公平原则，本研究设计并推导出了相应的国家碳排放责任量核算方法，即一国当年总体国家碳排放责任量＝本国消费性碳排放量（碳排放净出口国）或本国生产性碳排放量（碳排放净进口国）＋与贸易伙伴间的隐含碳排放平衡分配量＋1850年至上一年的历史累积碳排放责任量；或一国当年总体国家碳排放责任量＝"本国生产本国消费"的碳排放量＋对贸易伙伴出口中隐含碳排放平衡分配量＋从贸易伙伴进口中隐含碳排放平衡分配量＋1850年至上一年的历史累积碳排放责任量。两种方法在本质上是一致的，不同点在于前者直接分配隐含碳排放平衡分配量而后者分别分配进口和出口中的隐含碳排放平衡分配量，而后再进行加总。根据本研究的公平原则和方法设计，隐含碳排放平衡的分配与一国的人类发展指数及从相应的国际贸易中获得收益的几何平均值成正比。

不可否认，这些原则的推广和实施可能会受到政治限制、数据和技术的阻碍。例如，1850年以来，一些国家的陆地领土和国家主权发生了变化，很难准确地判断历史排放量的归属，历史隐含碳排放平衡的界定因此变得更加困难。即使在如今，许多国家由于缺乏可靠和全面的碳排放量、贸易和经济结构等数据，也使得国家当前的碳排放量测算及隐含碳排放平衡分配存在较大阻碍。随着数据积累，投入产出分析、环境外部性量化、碳排放源解析等相关测量分析方法的进一步完善，碳排放责任分担的技术壁垒可以得到缓解。幸运的是，对于碳排放量较高的国家和大型经济体，以及过去两个世纪内主权未发生变化的国家而言，相关数据比较容易获得，这为历史积累碳排放责任界定提供了可行性。此外，另一个需要进一步研究的问题是，在考虑碳排放的情况下，贸易的得失如何量化。本文采用代理变量来反映责任负担的比例。然而，我们认为，如果大多数国家都认为这些原则是公平的，那么它不仅会促进更广泛的公平，也会促进更有效的气候谈判。

本研究提出的新型责任机制同时着眼于各国的生产性和消费性排放，不仅控制直接碳排放，同时还控制间接碳排放。如前所述，在新型核算方法下，发达国家为了削减其碳排放责任量，必须要削减进口中隐含的碳排放量，这会直接导致发展中国家的碳密集型产品生产规模和强度下降，从而降低碳排放量。而发达国家对碳密集型产品的需求必须转变为对非碳密集型产品的需求，或通过国内生产供给来满足这类需求，由于发达国家的技术先进，工业生产的碳排放强度较低，因此无论何种发展方向，隐含在全球贸易中的温室气体排放量都将得到控制。总体上，新型核算方法为发展中国家参与全球减排行动、做出减排承诺提供了有效激励，并且通过同时约束生产与消费控制国际贸易中隐含的碳排放量来推动全球经济发展模式向低碳化转变。新型核算方法对于全球的温室气体减排都具有重要的推动作用。

应当指出，虽然这些原则的分析基础和道德出发点更多是基于发达国家和发展中国家之间的贸易模式，即在双边贸易中，发展中国家生产的货物出口到发达国家供给其消费，隐含碳排放在二者之间进行分配。但由于隐含碳排放的问题在所有国家间的贸易中都是一致的，因此这些原则可以推广应用到所有贸易类型中。

新型国家碳排放责任量核算方法的公平性是其推广实施的最大机遇，兼顾了发达国家和发展中国家的利益诉求，在全球层面上能够得到更广泛的接受和认同。新型核算方法的有效性及可行性主要体现在以下三个方面。一是新型核算方法调和了发达国家希望沿用目前生产国责任机制的意愿及发展中国家希望采取消费国责任机制的意愿，能够有效降低两个集团间发生矛盾的机率。二是新型核算方法能够有效地减小碳泄漏和竞争力问题，使发达国家对于承担减排义务的担心大大减少。三是新型核算方法使发展中国家不必完全承担出口产品的排放责任，能够吸引更多的发展中国家参与到气候变化体系行动中来。

或许一些观点认为，新型核算方法可能会削弱发展中国家采用清洁生产技术削减生产性碳排放的动机，因为这些国家不用对生产出口产品所引起的碳排放负全部责任，这在一定程度上影响了全球合作应对气候变化的治理格局。但新型核算方法为碳排放净进口国即发达国家提供了依据隐含碳排放选择进口商品的激励，大大增加了发达国家对于清洁产品和服务的支付意愿，而这又会促进发展中国家削减产品生产中的碳排放量。从长远来看，发展中国家的生产性排放行为最终还是取决于发达国家的消费需求。在新型核算方法下，发达国家必须通过降低消费需求或选择低碳产品进口来实现其碳消费量的削减，无论何种方式都会促进发展中国家的生产性碳排放降低，最终推动全球碳减排进程不断深入，形成全球共同应对气候变化的整体格局。

在目前的生产国责任机制下，如果发达国家采取碳关税等激进政策，必然招致发展中国家针锋相对的措施，这对于两个集团来说都是不利的。从上述方面看来，新型核算方法将比现行方法更能够得到广泛的认可与接受，因为它更加公平，考虑的问题更加全面，能够进一步促进全球合作应对气候变化。在新型核算方法下,发达国家将会更多地关注自身消费行为,因为只要其消费模式发生转变,所需承担的碳减排责任就可以得到缓解。在发达国家转变消费模式的同时,发展中国家的碳密集型生产自然会削减。在国际贸易与气候治理的良性循环下,全球生产和消费都将逐步向低碳化发展。

牢牢把握住新型核算方法的公平性机遇是该方法在全球气候治理体系中推广应用的关键,但政策变革也面临着多方挑战。具体来说,新型核算方法的实施挑战主要来自两个方面:一是新型核算方法将引起国际政治经济利益格局变化,从而产生利益冲突,导致某些利益集团对新型核算方法的抵触;二是对新型核算方法中具体问题的认同度需要进一步提高,如"共同但有区别的责任"原则的可行性问题及存在较大不确定性的国际贸易福利收益的量化。

(1) 国际利益冲突

由于利益冲突,发达国家与发展中国家在碳排放责任界定方面存在着难以调和的矛盾。其核心就是对于发展权利的争夺。工业革命以后,全球的经济增长一直是以大量的碳排放为代价的。在一定的时间内,经济的增长必将伴随着碳排放的进一步增长。我们可以认为,争夺发展的权利就是争夺碳排放的权利。再引申一步,从根本上来说这是每个国家对发展的无限需求和大气环境有限的温室气体容量之间的矛盾。而这个矛盾的解决除了生产技术的革新外,转变人类目前高污染、高排放的生产消费模式也是一个关键因素。

大部分的发达国家属于碳排放净进口国,碳消费量大于本国生产量,新型核算方法将部分消费量纳入国家碳排放清单,发达国家很可能会因为责任加重、利益受损而不接受新型核算方法。虽然新型核算方法是一种完全生产责任和完全消费责任调和的产物,在某种程度上能够保证谈判较为顺利地进行,但发达国家由于利益受损从而对新型核算方法产生的抵触心理依然是发展中国家在推广新型核算方法时必须面临的一个巨大挑战。为了缓解国际利益冲突、促进新型碳排放责任分担方法的有效实施,以中国为代表的广大发展中国家应积极推动"共同但有区别的责任"原则的真正落实,保护自身合理的发展权益,特别是以外向型经济为主的发展中国家,必须坚定立场,在国家碳排放责任的认定中不能"只看生产,不看消费"。虽然生产的发展会带动人们的消费需求,生产的最终目的是消费,但如果没有碳密集型产品的消费,碳密集型产品的生产也就无立足之地，如果消费观念和消费形式不进行转变，大规模的碳密集型生产就难以转型。在这个问题上，碳排放净出口国的团结一致至关重要，否则如果某一发展中国家坚持生产与消费的共同责任而另一发展中国家为了单纯的经济利益忽视其所需承担的碳排放责任，就可能出现发达国家的碳密集型消费需求从一个发展中国家转移到另一个发展中国家的情况，而这种转移将使得生产国与消费国共同承担碳排放责任的新型核算方法再次失效。因此，发展中国家之间应首先形成强大的联盟，团结一致，达成共识，否则新型核算方法的实施将十分困难。

同时，发展中国家应与发达国家积极沟通，提出合理分担生产责任与消费责任的新型核算方法，引导发达国家更多地关注自身高污染消费的降低，帮助发展中国家转变一味要求"生产的权利"的观念，减少二者冲突发生的可能。发展中国家应从气候公平和贸易公平的角度据理力争，表明对于目前不公平气候政策的对立态度以及新型核算方法的公平性和合理性，并以实际的行动和数据来说明支持新型核算方法并不是逃避责任的方法。只有发展中国家与发达国家相互信任并成为互惠者，才能有效地推动新型核算方法的实施。

（2）"共同但有区别的责任"原则的可行性

全球气候公平从根本上来说，其挑战在于发达国家是否能够认可"共同但有区别的责任"原则。

事实上，有关"共同但有区别的责任"原则在国际环境法特别是在气候体系中的法律状态目前依然存在不小的争论，导致该原则经常伴随着缔约方的一些争论和质疑。大多数的工业国反对 UNFCCC 第三条有关"共同但有区别的责任"原则所包含的内容。比如，对发达国家缔约方仅需它们在应对气候变化及其不利影响的过程中做好表率，而对发展中国家缔约方（特别是那些容易受到气候变化不利影响的国家）则特别考虑它们的具体需求和特殊情况等，因为它会在有关 UNFCCC 的义务中引入一些潜在的不确定性。美国担心这一条款会在第四条设置的减排责任外造成特殊的责任，因此提出了几种修正案以限制第三条的法律效力：一是增加了一条限制，明确这些原则是用于"指导"UNFCCC 下各缔约方行动的；二是将"国家"一词替换成"缔约方"；三是将"特别是"一词加入该条限制以表示缔约方在实施 UNFCCC 时或许应多考虑除第三条外的其他原则。这三条修改意图抢先行动指出第三条中的原则是习惯国际法的一部分并对各国进行总体约束。但显然，这些原则很清楚地只应用于各缔约方并仅与 UNFCCC 有关，并不是作为一般性法律而产生效力。美国在联合国环境与发展会议上颁布了一条解释性说明："美国理解和接受原则七所强调的发达国家的领导作用。基于我们的经济和工业发展情况，我们拥有较为规范的环境政策以及较为丰富的行动经验、经济实力和专业技术能力。但美国不接受任何对于原则七将意指'美国对于任何国际责任和义务的认可或接受，或任何减小发展中国家责任'的解释。"许多其他发达国家都采用了同样的办法表明本国对于"共同但有区别的责任"原则的态度。

工业国的反对使得"共同但有区别的责任"原则很难成为习惯国际法的一条准则。因此，或许 UNFCCC 中的"共同但有区别的责任"原则不能在技术上被称为一条"原则"，它仅是一种建议性和指导性的语言，而不是规定性的语言，并且仅应用于与 UNFCCC 有关的缔约方。它不是强制性法规，而仅是气候治理体系内的一个重要驱动力。作为一个框架性公约，UNFCCC 所强加给发达国家和发展中国家的义务在性质上只是期望式的，并且其作用只是气候体系将来发展的基础支撑。或许，目前最重要的是必须要明白该原则还没有一个严格固定的内容或清晰的法律状态。与可持续发展原则类似，将"共同但有区别的责任"原则划分为国际环境法中一条习惯原则还为时尚早。虽然该原则实际上已经在国际环境法的工具中被频繁使用，关于原则的习惯法律状态目前已有一些积极的信号，但是，这本身并不能说明它已经是国际实践接受的习惯国际法。"共同但有区别的责任"原则仍然受到很多争议的困扰。例如，该原则是否仅仅是在道德上约束各个国家；它在多大程度上允许发展中国家不受严格的排放限制；在什么基础上国家被分类并得到有差别的待遇。与此相联系，各国都倾向于强调"共同但有区别的责任"原则的不同要素并使用该原则满足自身的利己目的。

尽管"共同但有区别的责任"原则在法律上的争议是广大发展中国家需要面对的巨大挑战，但它仍然是气候体系未来发展的总体指导原则。该原则在 UNFCCC 的两个操作性段落和一个约束性协议中都有出现，并且在"京都议定书"的序言中被反复提及。尽管该原则自身并没有设定法定义务的特性，但它具有足够的法律权重，形成了解释现存的减排义务和在体系重建过程中、在现有工具下进一步细化未来国际气候治理法律义务的法律和哲学基础。在 WTO 的法律解释中，该原则的法律意义也有逐渐明确的趋势，即在实施环境措施时，应充分考虑发展中国家特殊的经济、社会以及环境状况。WTO 争端解决机制在此前判例的结论中就清楚地提到了"共同但有区别的责任"。[①] 在这种情况下，广大的发展中国家需要共同努力，增强"共同但有区别的责任"原则在国际气候决策中的核心作用。

（3）统一的国家福利收益核算体系

即使各个国家都认同应以一种共同但有区别的方式一同承担国际贸易中的隐含碳排放责任，但对具体分配依据的认识差异也可能构成本研究的新型方法实施的障碍。最有可能招致不同意见的就是各国在国际贸易中包含隐含碳排放平衡的国家福利收益核算。国家福利收益的概念较为宏观，其诠释较为丰富，由此形成了多样化的福利函数和核算方法，在此情况下，各国能否在具体核算方法上达成一致成为能否形成最终分配方法的关键。面对国家福利收益的核算问题，各个国家应加强沟通，共同商讨出一种经济效益、环境效益以及可能的社会效益下的统一的国家福利收益核算体系，尽可能真实地反映各国从包括隐含碳排放的国际贸易中的收益。

应对全球气候变化任重而道远，如何更好地兼顾全球气候治理目标与各个国家的自身利益是气候政策制定的关键及难点。毋庸置疑，在没有第三方机构可以强制气候政策实施的情况下，只有各个国家从全球视角出发去思考，认定当前的气候政策对于自己来说是公平的，各国才会接受并配合实施该政策。因此，公平性将是伴随着全球应对气候变化过程的永恒话题，只有在实践中不断地尝试和优化才能够形成在更大程度上统一各国利益、塑造全球利益的公平原则，全球共同行动才能得以开展。本研究以公平性为核心原则，探讨了国家碳排放责任量认定这一重点问题，只有这一问题得到有效解决，全球气候治理才能实现真正意义上的公平，才能形成全球范围内的共同行动，全球气候治理目标才有可能实现。

7.2.2 全球气候治理领域有关贸易的长期议题

国际贸易与全球气候治理的交织影响将在很长一段时间内成为国际社会关注的重点问题，复杂的贸易体系下形成的国际格局会给气候治理带来艰巨的挑战，隐含碳排放平衡、碳关税、贸易交通工具的温室气体

---

① Centre for International Sustainable Development Law（CISDL）. The Principle of Common But Differentiated Responsibilities：Origins and Scope.（2002－08－26）[2023－08－05］. https://pdf4pro.com/cdn/the-principle-of-common-but-differentiated-5c3cc.pdf.

排放、国际贸易对气候治理的积极影响等问题都将成为经济与环境领域的长期议题。

(1) 隐含碳排放责任划分问题

隐含碳排放伴随着国际贸易长久存在，找到一个方法公平合理地划分各个国家的隐含碳排放责任是气候治理领域的一项重要任务。

经济全球化时代，国际贸易打破了单个经济体的封闭状态，使生产和消费分离，全球生产网络将地理上分散化的生产片段进行了整合。贸易不仅是物与物的交换，同时也是资源与环境的交换（李惠民等，2016）。随着世界各国经济联系更加频繁，全球贸易隐含碳排放转移的范围不断扩大、速度不断加快，各国之间的碳联系愈加紧密。低耗能、低排放、高附加值的产品生产技术掌握在发达国家手中，而高耗能、高排放、低附加值的产业环节大多已经被转移到了发展中国家。全球分工体系中的优势地位使得发达国家一方面能够获取巨大的经济利益，另一方面也在某种意义上使发达国家规避了作为碳排放生产者的责任，在碳减排责任分担中占据有利位置。反观发展中国家，它们承受着巨大的贸易隐含碳排放责任，经济发展水平与气候治理责任的不平衡性持续加剧，在碳减排责任分担中处于不利地位。

隐含碳排放平衡问题不仅与贸易双方的生产消费关系有关，同时也与自身的经济发展状况有关，具有长期性及复杂性。国际贸易背景下，一国经济的发展影响着该国所承担的隐含碳排放责任，在长期内呈现一种先上升、后下降的倒"U"型趋势（聂荣与李森，2016）。参与国际贸易的国家处于经济发展的不同阶段，各个贸易主体之间的隐含碳排放平衡问题会将不同的国家置于碳减排的优势或劣势地位，在一些以排放密集型产业作为经济发展重要支柱的国家，隐含碳排放带来的减排压力有可能对其国际竞争力造成一定的影响（李晖等，2021）。与发达的"北方"国家相比，发展中的"南方"国家参与国际贸易将会承担更大的隐含碳排放责任。

目前，全球气候治理形势严峻，减少碳排放已经成为全球共识，想要实现贸易与环境的良性平衡发展，需要将贸易中的隐含碳排放在贸易参与国之间进行公平分配。但由于环境的公共物品属性、各国的经济发展需要以及隐含碳排放平衡对各国经济及环境利益的影响，在国家间进行隐含碳排放责任分配面临一定的困难，影响着各国环境治理的意愿。此外，国际贸易中的隐含碳排放治理具有强烈的整体性，世界各国更为频繁的国际贸易与更为严苛的环境目标相互交织，对全球治理合作提出了更高的要求，不论是共同责任核算方法的改进还是贸易碳排放的合理分配，都亟需以世界各国的协调与合作为基础（李晖等，2021）。依据各缔约方提交的国家自主贡献进行测算后发现，目前的减排力度仍与《巴黎协定》中设定的 2℃ 的气温控制目标有较大差距，在此形势下，提高隐含碳排放责任分配的科学性和公平性对于增强各国环境治理意愿具有重要意义，是激励各国做出更有效的减排承诺的有效途径，也是全球气候治理取得良好成效的重要保障。

国际上使用最为广泛的碳排放责任核算方法是基于生产者责任的核算方法，无论该产品在何处消费，产品生产过程中产生的碳排放量全部由生产国承担。发达国家掌握了高科技含量、高附加值、低能耗的生产技术，而将低科技含量、低附加值、高能耗的产品转移至发展中国家进行生产，从而会产生碳泄漏的问题。基于生产者责任的核算方法在碳减排责任分担方面具有较大的不公平性，由于隐含碳排放的转移，使得发展中国家承担了较大的碳减排责任，处于气候治理的劣势地位。虽然发达国家也会将先进的技术向发展中国家转移，但站在渴望经济发展的发展中国家角度，快速增长的贸易量和贸易商品结构的变化是发展中国家进口、出口隐含碳增长的主要原因，规模效应和结构效应的影响远远超过技术进步和能源效率提高的抵消作用。

消费需求是产品生产的内部驱动力，无论生产国还是消费国，都是产品生产及消费过程中的受益者，都应该对气候变化负责，共同承担其中产生的隐含碳排放。然而，国家的自利性使得各国都希望能够承担较低的隐含碳排放量，从而可以将更多的财政资金用于实现经济增长、增强国家实力。因此，各个贸易主体之间针对隐含碳排放平衡问题必然会产生利益博弈。从全球视角出发，在世界范围内建立一个公平合理的全球隐含碳排放责任分担方法是必要且紧迫的，并且深刻影响着世界气候政策的可持续性以及治理效果。若隐含碳排放责任分配方法无法使全球各国认同并接受，那么只要贸易行为存在，隐含碳排放平衡就会成为一个长期影响贸易发展及环境保护的重要议题。

(2) 碳关税等破坏性贸易政策的合法性问题

由于贸易中的利益冲突，发达国家和发展中国家在绿色低碳转型发展方面仍然存在较大分歧，滋生出以碳关税为典型代表的破坏性贸易政策。

一些发达国家认为,为了避免不同国家减排政策力度不同而造成的企业竞争力差异,应实施碳关税来维护本国企业的竞争力。但碳关税的实施与各国的经济贸易实力和产业竞争力相关,其合法性问题有待国际社会进一步讨论。碳关税的倡导者认为,各国的减排政策力度不一,减排力度较小的国家在商品生产过程中所需付出的成本较低、二氧化碳排放量较高,实施该制度可以作为其国内排放限额的有效补充,既能促进各国企业的公平竞争,又能降低全球碳排放水平。若实施碳关税的目的为促进全球福利最大化,那么碳关税的征收税率应该依据什么确定?不同的行业是否应该以及如何设定不同的税率?由谁监督碳关税的实施以保证该制度不会沦为个别贸易强国为自身谋取利益的工具?这些问题都需要在制度设计中进行全方位的考虑。因此,即使碳关税能够在控制碳排放方面发挥作用,也必须经过严格的制度审查及效果验证。

碳关税的实施会深刻影响各国企业的发展和彼此之间的利益博弈。高能耗产品是碳关税主要的征收对象,以发展中国家为主的碳排放大国需要向发达国家交付较高的碳关税,这在很大程度上提高了产品的生产成本,减少了发展中国家的竞争优势。因此,发展中国家是否愿意接受碳关税的实施也是必须纳入制度考虑的重要因素。若执意实施碳关税,或许会造成国家间的贸易摩擦,此类将高能耗产品进口国与出口国置于对立位置的制度安排会激起发展中国家的强烈反对。相比较而言,《巴黎协定》提出的合作方法、可持续发展机制等强调了世界各国共同的减排责任,为各国提供了共同减排的途径,并非直接将减排责任以碳关税的形式施加给碳排放大国,各国间友好的减排合作更加能够促进全球气候治理的有序开展。

此外,碳关税是否具有制度上的合法性仍存在一定争议。碳关税政策若要得到控制温室气体排放的作用,需要设定较高的税率,当碳排放大国面临较高的碳关税压力时,才会控制自身的碳排放水平,提高减排意愿。但过于严厉的碳关税制度安排又很可能会导致该制度违反 WTO 法规并很难符合 GATT 第二十条的规定。同时,《巴黎协定》中明确规定了减排的自愿原则,碳关税的实施相当于给碳排放大国额外施加了一重减排压力,这是否符合协定中的自愿原则还需国际社会进一步商榷。因此,碳关税的合法性问题以及可能产生的贸易摩擦都将成为影响该制度实施必须面对的挑战。

除碳关税外,另一个典型的破坏性贸易政策是针对绿色低碳产品实施的贸易壁垒。例如,近年来,中国在电动汽车、太阳能和锂电池等多个低碳经济领域取得了显著的领先优势。但与此同时,一些西方国家采取关税保护和小多边机制等措施对中国的绿色低碳产品予以限制,不仅加剧了国际贸易冲突,也阻碍了全球的绿色低碳转型进程。

(3) 贸易交通工具温室气体排放归属问题

国际贸易中商品的流通需要依靠交通运输工具实现,随着国际贸易不断深化,运输服务的使用也会更加频繁。虽然目前新能源交通工具在交通运输领域的应用范围不断扩大,技术不断发展革新,但作为传统能源的石油仍然是海运、陆运、空运三大领域交通工具的主要动力来源,石油等化石燃料会在运输过程中燃烧产生大量温室气体,造成全球气候问题。

海运是国际贸易的主要运输形式,无论在货物体积还是货物价值方面,都占有最大份额。虽然海运是碳效率最高的运输方式,但巨大的份额占比也使其成为温室气体排放的主要来源。海运一般发生在距离较远的两个国家间,且运输路线可能会经过公海,由货物运输而引发的交通工具温室气体排放难以确定其归属。与商品生产过程中的温室气体排放责任界定类似,货物运输的出发国一般为货物的生产国,目的地国一般为货物的消费国,二者都能在商品流通中获益。若运输全程的温室气体排放完全归属于出发国或完全归属于目的地国,则会造成不公平的碳排放责任分担,各国会因较高的运输环境成本而减少与其他国家的贸易往来,不利于全球经济的良性循环。出发国和目的地国共同承担运输过程中的碳排放责任是较为合理的选择,但同样会造成碳排放量测算及责任划分方面的困难。海运是一个连续的过程,考察其在某一段航线内的二氧化碳排放量,会对测算的技术提出很高的要求。目前国际上一些观点认为,如果测算技术问题能够得到解决,那么在出发国和目的地国的领海范围内,货轮碳排放量可以归属领海国。但当货轮行驶到公海领域,其间的碳排放量该如何合理地划分给两个国家,也是国际贸易交通运输领域的困难。除此之外,还有一些观点认为可以从国家收益的角度出发,按照各国在该次货物贸易中获得的收益划分运输途中产生的温室气体排放量,但由于货轮上搭载的货物种类繁多,准确测算各国的收益也存在巨大的困难。

空运虽然在三大运输方式中所占份额最小,但由于技术进步、成本降低,近年来通过空运运输货物的数量不断提升。然而,在跨国运输领域,空运是二氧化碳排放效率最低的货物运输方式,在其迅速发展的同时，也要警惕因此产生的大量碳排放。同样，空运和陆运也存在着与海运相同的责任界定困难。

全球气候治理中的低碳理念同样对交通运输领域提出了较高的要求。为了妥善解决国际贸易中的交通工具温室气体排放归属问题，各国需加强交流与合作，完善有关碳排放责任界定的制度设计，商讨出一份能够得到所有国家认可的测算机制，促进国际贸易中交通运输领域温室气体排放的公平界定。气候治理的目标在于控制全球气候变暖，减少交通运输领域的碳排放是其中的一项重要任务，各国要积极进行技术革新，加快新能源的广泛使用，突破续航能力的技术限制，提高运输效率，在交通组织管理、信息化、标准化方面向低碳发展的要求不断靠近。

7.2.3 发展中国家的贸易气候治理

贸易发展与环境治理将所有国家席卷进全球发展的浪潮中，所有国家都是国际贸易的受益者，同时也对全球气候变化负有共同责任。美国能源信息署颁布的《世界能源展望2021》指出到2035年全球能源需求预计增长30%，发展中国家特别是"一带一路"国家将成为未来全球能源需求增长中心（EIA，2021）。因此，作为未来全球气候治理的核心参与者，发展中国家应依据自身发展情况努力探索对外贸易与气候治理的平衡发展，实现贸易与环境的良性互动。

第一，作为碳排放大国的发展中国家可以通过全球贸易转变自身的货物贸易结构，同时发挥服务贸易的低能耗优势，加快本国碳减排进程，加速实现全球气候治理目标。在全球贸易中，大部分发展中国家依托本国资源优势进行产品生产及出口，产生较高的碳排放，在全球气候治理中承担着较重的碳减排任务。虽然大规模的出口贸易会使得本国的碳排放增加，但出口的确能够为国家带来经济增长，发展中国家可以通过调整贸易结构，科学布局低碳产业和高碳产业，减少出口贸易中的碳排放量，兼顾经济发展与环境保护（吕延方等，2019）。在货物贸易层面，无论从全球气候治理角度还是从国家可持续发展角度出发，碳排放净出口大国必须要转变自身货物贸易发展模式，提高生产过程中的能源利用效率，不断进行技术革新，从"加工"的贸易职能向"设计+加工"的贸易职能过渡，最终向"设计"转变，实现货物贸易结构内部的"产业化升级"，减少廉价初级产品的出口，加强对本国优势低碳产业的培养，重点支持和鼓励知识技术密集型产品的出口（王斌，2014）。服务业是相对低碳的行业，服务贸易的能源消耗和碳排放污染均较低，知识和人才更加密集，因此具有更高的附加值（徐凯与陈波平，2014）。在出口规模相同的情况下，服务贸易所产生的碳排放水平低于货物贸易，大力发展服务贸易有利于实现出口的低碳增长（潘安，2017）。转型经济体需要加快对外贸易从"高能耗、重数量"到"重质量、重效益"的转变，以现代服务贸易为抓手，努力增加服务贸易在对外贸易中的比重，提高产品附加值，减少由于贸易而产生的碳排放量，实现高质量的低碳发展（徐凯与陈波平，2014）。

第二，对外直接投资是抑制碳排放量增加的有效手段。一方面，发展中国家可以通过对外直接投资将一些高能耗产业转移至其他生产成本更低的地区，鼓励企业进行对外直接投资可以促进本国经济发展水平提升，延缓城市工业规模的扩张，有效抑制碳排放，实现经济发展与环境保护之间的平衡，因此，对外直接投资是未来经济发展过程中的重要举措（刘海云与龚梦琪，2018）。另一方面，研究表明，气候友好型技术的转移能够促进绿色技术在生产过程中的广泛使用，通过技术革新减少碳排放量（吴肖丽与潘安，2018）。发达经济体掌握了较为先进的生产技术，主动将先进生产技术通过贸易向其他经济体转移，在发展中国家进行先进技术投资，不仅能够帮助其他经济体提高技术水平，同时也能够减少生产过程中的实际碳排放。由于全球产业分工的形成，发达国家长期占据着全球价值链的高端位置，高能耗产业大部分已转移至发展中国家，生产过程中产生的二氧化碳排放量较少，通过减少国内生产排放所能达到的减排效果已经非常有限，并且相当困难。因此，推动先进的绿色技术从发达国家向发展中国家转移是促进全球碳减排的一个重要机制。此外，对外直接投资与外商直接投资是一个事物不同的两面，有一个国家对外直接投资就必然有另一个国家要接受外商直接投资。在此过程中尤为重要的是，发展中国家要掌握好引进外资对本国产生的环境影响，优化进口结构，进一步加强清洁产业的外资引进力度，降低高新技术行业的准入门槛，降低国内资源环境压力和对外贸易的环境成本。

第三，国际贸易深刻影响着发展中经济体的生存与发展，但也能提高其应对气候变化的能力，实现经济发展。气候变化导致的海平面上升、农作物减产等问题可能严重威胁着欠发达国家的可持续发展，但在国际贸易背景下，这些国家可以通过商品流通获得必需的生存物资，缓解商品服务短缺，并提升气候韧性。一方面，国际贸易是缓解发展中国家贫困的有效途径，能够为其提供良好的发展机遇和切实的经济利益。发展中国家通常在劳动密集型产品生产和原材料出口方面具有比较优势，国际市场的庞大需求为这些产品的生产和出口提供了机遇，使得发展中国家能够通过国际贸易突破国内市场规模的限制，从而推动经济增长（简泽，2011）。除此之外，国际贸易的"就业创造效应"为劳动力富裕的发展中国家创造了大量就业机会，并提高了工资收入水平，进而带动该国的经济发展（万喆，2023）。另一方面，国际贸易也是帮助发展中国家提升应对气候变化能力的重要力量。首先，国际贸易带来的"知识溢出效应"促进了发展中国家与发达国家之间的交流与合作，使得发展中国家能够接触并学习掌握绿色制造、清洁能源等领域的先进绿色生产技术和管理经验，从而提升生产效率、推动低碳经济转型，并增强应对气候变化能力。其次，国际贸易的"绿色贸易壁垒倒逼效应"会迫使发展中国家通过技术升级和绿色创新等途径实现绿色低碳转型，在提升自身应对气候变化和可持续发展能力的同时，继续保持和增强其国际竞争力。对于发展中经济体来说，要努力适应并融入全球供应链的发展进程，在发达经济体和转型经济体的技术和资金支持下，不断加强与他国的贸易往来，增强自身经济实力，但同时也要警惕由此带来的环境影响，珍惜其所拥有的珍贵环境资源，以国际贸易为交流和学习的平台，向其他经济体学习先进的发展理念，获得技术支持，争取实现经济与环境的共同发展。

全球气候治理是一项长期性的任务，由国际贸易所产生的环境影响不容忽视，其中最重要的议题就是如何对国际贸易的各个环节产生的碳排放进行公平合理的分配，从而清晰界定每个国家的碳减排责任。值得庆幸的是，国际贸易带来气候治理难题的同时，也为气候治理提供了有效的经济手段。为了更加高质量地完成气候治理目标，世界各国要抓住贸易所带来的发展机会，转变发展方式，通过国际贸易促进环境治理进一步深化，加快全球碳减排进程，争取到2050年在全世界范围内达成温室气体排放达峰的目标，争取在本世纪下半叶实现温室气体净零排放的愿景。

7.3 中国在未来全球气候治理及国际贸易中的角色

气候治理与国际贸易的交织影响是复杂且长久的，国际贸易中隐含碳排放平衡问题为全球碳减排责任的界定带来了很多困难，气候治理的持续推进也进一步塑造着国际贸易格局。在后巴黎时代，中国首先要倡导和呼吁国际社会采用更加公平的新型碳排放责任分担方法，将国际贸易中的隐含碳排放公平地分配给各个贸易国家。其次要积极探索贸易对于全球减排的积极作用，扩大贸易开放度，提升自身实力及国际话语权，努力维护国际贸易的公平秩序，坚决抵制不公平的贸易规则。更重要的是，要以身作则，促进生产生活低碳转型，努力完成国家自主贡献，推动双碳目标高质量实现，为全球碳减排贡献中国力量。

7.3.1　促进新型碳排放责任分担机制推广实施

国际贸易带来的隐含碳排放平衡问题成为全球气候治理责任分担的关键环节。全球产业分工格局的形成决定了一些国家依靠国内丰富的资源禀赋优势直接出口原材料获取经济利益；另一些国家依靠一定的工业基础及劳动力优势成为大多数商品的生产国，通过出口贸易获取经济利益；还有一些国家掌握了先进的高端科技、具有强大的资本优势，用货币购买其他国家生产的商品和服务，成为重要的产品消费国。差异化的分工决定了商品生产所排放的温室气体大多来源于制造业较为发达的发展中国家，发展中国家理应承担起相应的减排责任，但发达国家也会从国际贸易及商品的使用中获益，它们同样应该对商品生产过程中排放的温室气体负责，贸易中的隐含碳排放应该在二者之间进行公平分配。目前全球气候治理体系对于减排责任的界定是一种基于生产者责任的方法，从这一角度去界定碳减排责任在一定程度上将更多的气候治理责任施加给了以高能耗产品出口为主要贸易结构的发展中国家，而以发达国家为主的商品进口国所承担的气候治理责任被大大压缩，并且伴随着国际贸易交流的日益频繁，这一责任分担方法会加剧全球气候治理领域的不公平现象。中国应抓住新型碳排放责任分担方法中蕴含的公平性原则，积极推动新型方法的推广实施，弥补现行碳排放责任归属机制的重大缺陷，促进气候治理合作保障体系的逐步完善。

一方面，积极倡导国际社会采纳新型碳排放责任分担机制，呼吁公平核算方法的推广实施。如果气候政策的可执行性较强，那么参与者的参与度就会提高，有关气候治理对于经济竞争力影响的担忧就会减小。新型方法的公平性及可行性已在前文进行了阐述，当前的重要任务是将其更好地推广实施。从能源使用角度看，中国目前已经成为全球最大的化石能源消费国和最大的二氧化碳排放国。从经济规模视角来看，截至2020年底，中国已经成为世界第二大经济体、第一大商品出口国、第二大商品进口国、第四大服务出口国以及第二大服务进口国。① 中国在气候体系和贸易体系中的巨大影响力及作为最大发展中国家的性质都决定了中国将在新型机制的推广过程中发挥不可替代的作用。中国要向国际社会说明现行碳排放责任分担方法的缺陷，将其中的不公平性及可能造成的潜在后果进行全面阐释，帮助其他国家清楚地认识到改进碳排放责任分担机制的必要性及紧迫性。除此之外，中国要在缔约方会议上积极向其他国家推广新型碳排放责任分担机制，以其中蕴含的公平性原则为主要抓手，推动构建起更加公平合理且长效持久气候治理模式。新机制的推广实施必然会面临重重阻碍，伴随着世界各国复杂的利益博弈，中国要对更加公平合理的新型机制充满信心及希望，在缔约方大会上发挥塑造议题和设定议程的能力，积极与世界各国就新型机制的科学性及可行性进行交流，努力推动新型机制得到国际社会的认同并予以实施，向世界证明基于生产者和消费者共同责任的责任分担模式是今后气候治理体系发展的正确方向。

另一方面，鼓励推动各国的合作行动，完善气候治理合作保障机制。从全球层面来看，气候体系是不同区域和国家形成的一个庞大的自组织体系，在这个体系中，没有一个绝对权力机构可以强制任何国家或地区减少温室气体的排放。因此，奥斯特罗姆提出了气候治理的多中心路径，其中信任、预期收益、学习适应等方面的特征使多中心治理体系能够成为全球气候治理的有效机制（Ostrom，2010）。多中心治理体系的特征在于不同维度上的多重治理权威，各个主体间相互信任是达成有效合作的基础。如果说各国的相互信任或多或少有些牵强，那么各国的互惠就应成为多中心治理体系的核心基础。气候变化带来的全球性灾害已让世界各国不断意识到气候治理对于可持续发展的重要意义，虽然气候治理产生的效用很难在短期内得到体现，但从长期来看，气候治理会使每一个国家的生态环境得到改善，人民的健康得到保障，从而实现可持续发展。此外，多中心治理体系的优势在于，它鼓励每一个主体的自主实验，任何国家都可以采取适合自身的减排措施，这大大提升了各个国家在气候治理中的参与度及创造力。同时，各国也可以从其他国家的减排经验中进行学习，在气候的不断变化中持续寻找更加适合的减排战略选择。

针对中小尺度下公共资源管理的制度设计，有学者提出了八条原则

---

① WTO. World Trade Statistical Review 2021. （2021－07）［2023－08－05］. https://www.wto.org/english/res_e/statis_e/wts2021_e/wts2021chapter05_e.pdf.

(McGinnis and Ostrom，2008)。如表7-2所示，本研究尝试将其放大到全球气候治理的情境下以对新型机制的推广提出一些启示。

表7-2 中小尺度下公共资源管理制度设计的原则及其在国家碳排放责任核算中的应用

序号	原则	含义	在本研究情境中的含义和应用
1	清晰界定的边界	公共资源本身的边界以及可以从中攫取资源的个人和家庭必须被清晰界定	排放二氧化碳的全部国家和地区都必须对气候变化负责
2	因地制宜	限制时间、地点、技术及资源单位数量的占有规则应与当地的物质条件、禀赋、劳动力需要的供给规则一致	碳排放责任必须考虑各个国家和地区的实际情况，在本研究中表现为不同国家和地区的发展水平以及人均排放等
3	集体选择安排	被"操作规则"所影响的大多数个体能够参与修改"操作规则"	所有二氧化碳排放国在责任分担机制的构建和实施中都应具有话语权
4	监测	检查公共资源状况和参与者行为的监测者应对参与者负责或者本身是参与者	由参与碳排放责任分担的所有国家共同成立监测机构或联盟并监督各国行为（UNFCCC/IPCC）
5	分级惩罚	对于违反"操作规则"的参与者，由其他参与者或对参与者负责的公职人员依据严重程度和具体情况实施分级惩罚	以上监督机构或联盟对违反责任分担规则的国家或地区实施惩罚
6	冲突解决机制	参与者和公职人员能够迅速、有效地解决参与者之间或参与者与公职人员之间的矛盾	有效的国家间争端解决机制
7	对组织权力的最小认定	参与者修订自身制度的权力不被外部政府权力所干扰	在全球气候体系下无外部政府权力
8	多层组织架构	以一种多层次嵌套结构组织占有、供给、监测、执行、冲突解决以及管制行为	责任分担不仅限于国家间，在地区间及行业间等多层次上都应具有相应的责任分担机制

在气候治理领域，所有国家对气候治理负有共同责任已成为全球共识，减排责任已经拥有了"清晰界定的边界"。本研究提出的新型碳排放责任分担方法充分考虑了不同的国情及历史因素，满足了"因地制宜"原则的要求。主权国家就是参与气候治理的主体，不受任何外部权力的干扰，明确了"对组织权利的最小认定"。以上三者都是目前气候治理机制设计本身能够解决的问题，在完善气候治理合作保障机制过程中，中

国需要在"集体选择安排""监测""分级惩罚""冲突解决机制"及"多层组织架构"五个方面做出进一步的努力。

"集体选择安排"的难点在于如何保证发展中国家在气候体系中与发达国家拥有平等的话语权。在本研究的国家碳排放核算方法中,"不能只看当前,不看历史;不能只看总量,不看人均;不能只看生产,不看消费"的立场得以充分体现,而在这些方面,中国与其他发展中国家的公平权益需求是完全一致的。中国与其他发展中国家一直以来采取的"G77+中国"模式在与发达国家围绕经济和环境领域的多边谈判中维护南方国家利益起到了至关重要的作用(严双伍与肖兰兰,2010)。虽然目前中国国际经济和政治地位的迅速提高,与部分 G77 国家之间出现了一定的矛盾与分歧,主要表现在全球温室气体控制目标、气候谈判基础框架以及国际气候资金援助等方面,但在人均经济基础、国际资金援助的来源、南北对立谈判格局的维持以及巴黎模式的参与等方面,中国仍与 G77 存在着共同的利益和需求。因此,双方在很大程度上仍然存在着继续在气候谈判中合作维护共同利益的可能,这需要中国进一步处理好与 G77 的关系,特别是处理好与一些小岛国与最不发达国家的关系,中国要在立场与步调上与这些国家保持一致,取得广大发展中国家的充分信任。

"监测""分级惩罚"及"冲突解决机制"都是新型机制推广实施及全球气候治理有序开展的重要保障环节。当各个国家在气候治理中实现互惠互利时,才能形成一个稳定的组织体系。为了维护治理体系的良性运转,各国会产生自觉的相互监督行为,任何有悖于这个体系的行动和国家将受到治理机制的处罚。当冲突发生时,体系内各国能够达成共识,依据相关政策来解决矛盾。中国要在缔约方大会的指导下积极履行监督职能,并且号召全球各国都参与到气候治理的监督体系中,保障各国国家自主贡献的顺利达成。同时,中国应积极推动惩罚机制及冲突解决机制的完善,在气候治理国际冲突产生时应扮演好一个调解者的角色,维护全球气候治理体系的正常秩序。新型碳排放责任分担方法能够有效预防国际冲突的产生,针对其推广实施,中国首先必须表明立场,充分论证和说明新型国家碳排放责任量核算方法的公平性,对于诸如碳关税的不公平政策,中国将联合其他发展中国家进行坚决抵制。其次,中国要努力完成国家自主贡献,并接受国际社会监督,努力加强与西方发达国家的交流,积极展示中国为限制温室气体排放所做出的实质性贡献。中国要向国际社会表明,新型国家碳排放责任量核算方法并不是推卸减排责任的方式，其目的只是更好地保障国际气候体系中的公平性和发展中国家应有的权益，事实上中国及其他发展中国家一直在为全球气候治理而努力。

"多层组织架构"的核心在于将国家层面的责任分担机制予以扩展，构建多层次多中心多尺度的责任分担体系（Ostrom，2010），如区域间、行业间以及城市间等。全球气候变化的应对若仅依赖于全球层面的行动会存在减排措施难以落实的情况，鉴于国际谈判的复杂性和艰难性导致的国家层面行动缓慢以及气候问题的紧迫性，中国必须构建结合自下而上与自上而下的双重体制才能更高效地控制温室气体排放，应对全球气候变化。

气候治理不仅是一个环境治理难题，更是考验国际合作的政治难题。新型机制的推广实施能够有效化解基于生产者责任原则的碳排放责任归属的国际矛盾，作为世界上最大的发展中国家，中国要发挥带头作用，促进国际社会对新型机制推广实施的理解与支持，推动合作保障机制的完善，实现更加有效的气候治理。

7.3.2 推动贸易与气候治理协调发展

国际贸易与气候治理交织产生的问题与冲突已成为目前国际秩序的重要组成部分。作为一个贸易大国，中国应积极扮演好发展中国家引领者的角色，进一步推动以联合国机制为核心的国际气候治理进程，多方了解其他发展中国家的利益诉求，加强团结，形成整体优势，提高发展中国家在国际贸易及气候治理中的影响力及话语权，探索国际贸易背景下气候治理的新路径，形成贸易与气候治理协调发展的新格局。

在国际层面，坚决抵制不公平的贸易壁垒，增强国家间的对话与合作，使国际贸易成为全球减排的有力手段。

第一，正确认识贸易发展的客观规律，团结广大发展中国家，倡导发达国家向发展中国家转移先进生产技术，积极表达对公平贸易政策及减排责任分担的期望。国际分工是社会生产力发展到一定阶段所带来的结果，它源于社会分工从国内到全球范围的扩展，体现了生产社会化的国际发展的趋势。发展中国家生产成本较低，劳动密集型产业和能源密集型产业在此聚集，但由于生产技术落后，与发达国家相比，生产同样的产品发展中国家的能源利用效率更低。全球市场经济发展的趋势难以违逆，但碳排放的削减也至关重要，中国应积极维护发展中国家的利益，并力推发达国家优先履行减排承诺，并敦促发达国家承担向发展中国家提供资金和技术支持的国际责任。同时，积极倡导通过国际贸易的途径实现先进的生产技术从发达国家向发展中国家的转移，最大化技术效应的作用，促进国际贸易与全球气候治理实现协调发展（董亮，2021；张慧智与邢梦如，2022）。虽然各国目前处于不同的发展阶段，但每一个国家都有平等的发展权利，诸如碳关税等不公平的贸易政策不应成为发达国家获利的途径，也不应成为促进全球气候减排的借口。发展中国家在国际贸易及全球气候治理中有着共同的立场及诉求，相互间联合起来能够拥有与发达国家抗衡的实力（王世春，2004）。

第二，在贸易规则制定中，构建围绕气候变化相关议题的多边协调机制。一方面，在联合国气候变化专门委员会以及WTO体系内继续推动有关"贸易与环境"议题的多边谈判。目前有关国际贸易中隐含碳排放责任的界定仍然需要多方的共同努力。与贸易相关的气候治理措施既要兼顾全球气候治理的目标与责任的公平划分，实现环境的可持续发展，又要符合WTO的相关规定。这虽然是一项道阻且长的任务，但也是实现贸易与环境共生共赢的必由之路。另一方面，在区域自由贸易协定中纳入可操作、可执行的气候变化条款。自贸组织可对缔约方的减排政策及减排成本进行评估，建立针对高能耗行业的强制性碳标签制度，通过谈判，根据每单位产品的温室气体排放量来设定不同的碳排放标准，确保同一行业的不同产品都受到适当的约束。对于实际碳排放量低于标准的产品，给予零关税或者不受配额管理等更优惠的贸易待遇；而对于实际碳排放量高于标准的产品，实施增加进口关税等一定的贸易限制。等时机成熟时，适时将前述做法推广到其他产品或服务领域（刘勇，2023）。

第三，加强与其他国家的对话合作，积极开展双边和多边气候外交，促进相互理解与交流。一方面，通过"一带一路"倡议加强与沿线国家的绿色投资、绿色贸易等绿色发展领域的合作，将应对气候变化打造成中欧合作的重要支柱。积极推动创建"一带一路"绿色发展国际联盟，召开"一带一路"绿色创新大会，探索建立"一带一路"碳交易市场体系，促进构建沿线国家协同减排机制（张慧智与邢梦如，2022）。在维护贸易自由化和便利化的基本原则下，要建立协调和解决国际贸易争端的平等对话机制，尤其是要将高层沟通和政治交涉视为应对新贸易保护主义的常态化方式（王莉，2014）。另一方面，增强其他国家对于中国气候政策的理解与认可，通过符合国际规范的方式和渠道，将中国的气候行动传播出去，充分展示中国作为一个发展中大国参与全球气候治理所面临的困难及取得的成就，通过实际的减排合作化解与其他国家的潜在冲突，避免由于区域互信难以达成而导致不公平的气候治理及贸易政策的产生（董亮，2021）。气候治理问题的谈判与治理实践始终是一项多国重复博弈的行为，我国应提高国际谈判能力，为其他发展中国家做出表率，积极建言献策，掌握谈判中的主动权，提出公平合理的气候治理"中国方案"。

在国家层面，实行更加积极主动的开放战略，加强与世界各国的经济合作，不断增强国际经济合作和竞争新优势。

第一，调整贸易结构，促进贸易低碳转型。一方面，调整出口贸易结构，减少高能耗、高污染的产品出口，扩大绿色技术的使用范围，改善生产工艺和流程，加快发展服务贸易等高附加值的产品出口，实现出口贸易市场多元化。高碳产业在我国的出口贸易中占据了较大的比重，导致贸易中隐含碳排放量过高，应加快出台相关政策，对高碳行业出口进行适度限制，下调出口退税率，帮助企业进行设备升级改造，实现转型发展，同时对于低碳行业实行出口鼓励政策，以此控制贸易所带来的环境问题（朱丹，2023）。相较于传统制造业，高新技术产业和服务业不仅能源消耗和排放量较低，而且附加值较高，因此大力推动高新技术产品出口和服务贸易发展不仅能够降低我国的碳排放量，同时也能优化我国的贸易结构，提升创新能力与国际竞争力。另一方面，优化进口结构，进一步加强清洁产业的外资引进力度，降低高新技术行业的准入门槛，减轻国内资源环境压力和降低对外贸易的环境成本，同时刺激国内同类产业加快转型，形成有序的竞争机制。

第二，加强科学研究与交流合作，优化碳排放量核算技术和信息系统建设，积极推进与境外国家、地区或组织的核算技术的互认，逐步建立起与国际标准一致的碳排放信息披露制度（朱丹，2023）。建立国际认可的碳排放标准体系，努力构建与发达国家平等对话的基础，将产品生产流程中的碳排放情况在相关报告中进行说明，加强商品贸易及气候治理合作，帮助我国控制生产过程中的碳排放量，向国际社会清晰地展示我国的碳排放水平，使国际社会对我国的减排技术及减排成果拥有更全面的了解。将国内自主研究和国际合作研究相结合，加强气候变化、国际贸易和法律事务等多个领域的国内外专家对话，着力解决 WTO 合法性的技术细节、碳排放核算、碳定价、信息披露等关键问题，并加强对钢铁等重点行业领域的环境影响评价及治理对策研究，推动我国绿色产品生产技术的研发及应用、增强管理和品牌经营能力，不断提升产品质量和品牌附加值（曾桉等，2022）。

第三，打造绿色贸易发展平台，促进贸易与环境共同发展。整合自身的发展水平和主导的贸易模式，参与全球价值链，充分发挥中国贸易展览会、全球进出口货物博览会等重点展会及平台的低碳展示带动功能，强化绿色低碳交易的组织培训能力，做好成功经验的宣传、扩散，促进全球环保交易早日步入正轨（朱丹，2023）。加强对外商投资的产业指导，鼓励外商投资流入生态农业、服务业等环境友好型产业。此外，严格限制高污染项目，强化污染防治。

7.3.3 引领全球绿色低碳转型

习近平主席在第七十五届联合国大会上郑重宣布，中国将力争使二氧化碳排放于 2030 年前达到峰值，2060 年前实现"碳中和"。2020 年 12 月，习近平主席进一步提出，到 2030 年，中国单位 GDP 二氧化碳排放量将比 2005 年下降 65% 以上，非化石能源占一次能源消费比重将达到 25% 左右，风电、太阳能发电总装机容量将达到 12 亿千瓦以上。这为中国绿色低碳高质量发展指明了方向、明确了目标，但同时也意味着未来异常艰巨的长期深度减排行动（王灿与张雅欣，2020）。中国"双碳战略"的提出是基于目前气候变化现状及我国经济社会基础的理性选择，也是我国实现可持续发展的必然选择。从国家发展的角度出发，改革开放以来，我国在经济领域取得了巨大成就，已由高速增长阶段转向高质量发展阶段。随着物质生活的逐渐丰裕，国家及民众对环境保护的关注程度显著提高，生态文明建设已经成为国家发展进程中的重大战略，民众的环保意识也不断提升，形成了"双碳战略"实施的强大社会基础。此外，我国新能源产业蓬勃发展，低碳生产技术不断更新，为我国实现"双碳"目标提供了强大的技术支撑。从国际环境的角度出发，中国是世界第一大碳排放国及世界第二大经济体，在全球气候治理进程中发挥着举足轻重的作用。中国主动提出在 2060 年实现"碳中和"目标，不仅是对全球气候减排任务的积极响应，更体现了中国作为负责任大国的担当，提升了中国的国际形象（刘满平，2021）。如前所述，积极践行碳减排政策是全球气候治理的关键环节，中国积极主动地承担起自身减排责任，敢担当，勇作为，推动全球减排向纵深发展，为人类社会的生存和发展做出自身贡献，争做全球减排的引领者和绿色发展的实践者。

第一，积极主动承担减排责任，树立良好的气候治理形象。在全球气候治理进程中，中国一直积极参与气候治理的国际行动，《京都议定书》虽然未规定发展中国家的减排责任,但中国也主动参与到清洁发展机制中,为减少温室气体的排放贡献中国力量。《巴黎协定》明确了各国的减排责任不再采取"自上而下"的责任分配方式,而是采用"自下而上"的国家自主贡献形式,各国自主设定国内的碳减排目标。中国向缔约方大会提交的国家自主贡献承诺,到 2030 年实现碳达峰并争取尽早实现,2030 年单位国内生产总值二氧化碳排放较 2005 年下降 60%～65%,非化石能源占一次能源消费比重达到 20%左右,森林蓄积量较 2005 年增加 45 亿立方米。中国已向国际社会做出了减排承诺,下一步行动就是将减排目标付诸实践,按计划完成国家自主贡献。控制温室气体排放符合我国的长远利益,是我国可持续发展的需要,也是生态文明建设的重中之重。在统筹协调自身发展与环境治理现状的情况下,我国可以适当提高国家自主贡献,向全世界展示我国的减排决心及减排成果,为世界各国提供气候治理的中国方案,为全世界树立气候治理的榜样。

第二,聚焦绿色生产,推动产业高质量转型。工业生产是碳排放的主要来源,大规模的产品生产需要消耗大量的能源,从而排放大量的温室气体。在绿色发展的要求下,我国要严格进行碳源控制,持续推进工业领域燃煤(油、柴、气)锅炉、窑炉电能替代工作,加快重点产业主要耗能设备和工艺流程的节能改造,通过能源结构转变及生产流程优化,从源头进行碳排放的控制,加快企业数字化转型,减少产品中的隐含碳排放,引导企业加速实现"碳中和",促进国内企业增强碳排放管理意识。在农业领域,我国要努力实现从传统农业向现代农业的跨越式转变,以实施乡村振兴战略和农业供给侧改革为契机推动低碳农业发展,科学测算农业生产过程中温室气体排放的关键环节,通过现代农业高科技手段降低农业生产领域的碳排放量,同时注重与农村人居环境整治工作相结合,积极探索低碳农业发展路径。如前所述,发展服务贸易对国家和地区的气候治理进程也大有裨益。我国应增加第三产业在国民经济中的比重,充分发挥互联网、5G、云计算、大数据等技术的作用,推动现代服务业高质量发展,扩大服务贸易出口份额,激发温室气体减排潜力。值得一提的是,在全球气候治理的背景下,传统能源已不再具备竞争优势,而太阳能、风能等新能源的开发和使用将成为新的发展方向。我国应当抓住清洁能源发展的机遇,开拓相关市场,提供良好的外部环境和相关的政策支持,为中国带来新的经济增长点(翁智雄与马忠玉,2017)。

第三,聚焦绿色生活,践行低碳环保生活方式。气候治理不仅是国家层面的重要战略,更是与每一个公民息息相关的日常行为,无数微小的低碳行动汇聚起来也能成为全球碳减排的重要部分。推行绿色消费理念，倡导广大公民在追求高品质和舒适生活的同时注重环境保护和资源节约，在产品选购时，尽量选择能耗较低、对环境危害较小的绿色产品，同时注重废物利用及回收，坚决抵制铺张浪费，实现可持续消费。积极响应绿色出行的号召，尽量多乘坐公共汽车、地铁等公共交通工具，路途较近可选择自行车出行，同时加大对新能源汽车的推广力度，完善充电基础设施建设，减少出行过程产生的碳排放。目前，我国已逐步开展了低碳城市试点、垃圾分类、无废城市试点，绿色发展理念正从方方面面影响着公民的生活方式。在全球气候治理中，每一个简单的环保行动都是碳减排至关重要的一步，受到气候变化影响的每一个个体都是减缓气候变化所带来的危害和风险的重要力量。我们应当积极响应国家战略，从自身出发，从小事做起，践行低碳生活方式。

第四，构建绿色发展机制，扩充完善碳排放权交易市场。2021年7月16日，我国全面启动了具有历史意义的碳排放权交易市场。首个纳入全国碳排放权交易市场的行业是发电行业，超过2000家重点排放单位被纳入其中。这是一项由以习近平同志为核心的党中央做出的重要决策，旨在利用市场机制控制和减少温室气体排放，推动经济发展方式向绿色和低碳转型。这项重要的制度创新是履行国际减排承诺的重要政策工具和加强生态文明建设的重要抓手。全国统一的碳排放权交易市场打破了省域间的交易限制，实现了全国范围内的统筹协调。作为实现我国碳达峰、碳中和目标的核心政策工具之一，碳排放权交易市场为控排企业提供了一个成本效益优化的碳减排市场机制，控制碳排放总量的同时，通过碳定价促进低碳转型。这与《巴黎协定》中规定的两种国际碳交易机制具有相同的经济原理，在控制碳排放总量的基础上，通过市场手段进行碳排放权的配置，在一定程度上解决了我国碳排放控制的难题、降低了协调成本。我国要扩大碳排放权交易市场的参与主体范围，降低企业进入碳排放权交易市场的交易门槛，逐步纳入更广泛的市场主体与交易品种，扩大碳排放权交易覆盖范围，增强市场活力与流动性，使交易价格更真实地反映市场需求。加快推动碳排放基础设施建设，建立并完善以国内碳排放权交易市场为主的碳定价机制，努力推动国内碳排放权交易市场与国际碳排放权交易市场及早接轨。同时，我国在引入更多投资者的同时也要加强监管力度，完善相关的交易体系和市场服务体系，更好地发挥市场在碳排放配置方面的作用。

第五，践行多边气候外交战略，增强区域互信与援助。全球气候治理需要世界各国共同参与，近年来，中国在 UNFCCC 组织和其他多边机制中越来越主动地建言献策，将中国实践和中国经验与世界各国分享，无论在气候治理责任担当或是气候治理实际成效方面，中国都已成为推动气候治理领域的重要力量（庄贵阳等，2018）。区域互信是全球气候治理的合作基础，国际援助是全球气候治理的重要方式，各国应加强政策沟通、设施联通、贸易畅通、资金融通及民心相通，深化气候治理国际共识，促进国际合作，最终达成发展与环境的"双赢"。中国要以开放包容的态度协调各方利益，表明对于气候治理全球共同责任的坚定立场，促进各国对于新型机制的广泛认同，引导各个国家和地区加强合作，在良好运转的气候治理秩序下逐步实现减排目标。一方面，增强与发达国家的区域互信，达成对于新型机制的共识，发挥发达国家与最大的发展中国家在技术、资金、经验等方面的优势，共同承担减排责任，相互交流学习，构建行之有效的气候治理合作机制。另一方面，"一带一路"沿线仍有许多发展中国家及较为不发达的国家，落后的生产技术等造成了较高的碳排放水平，帮助其改善生产技术，为其提供资金支持，促进南南气候合作，与之共同推动新型机制的实施，中国责无旁贷。

在气候急剧变化的时代，气候问题的复杂性及参与主体的多元性决定了必须有国家以身作则，主动担当起经验分享、多方协调、秩序维护的责任。如今中国是世界上为数不多的在经济、政治、文化等不同领域都具有强大综合实力的国家之一，因此，中国有能力并且有义务在全球气候治理中发挥引领作用。中国正积极承担起相应的国际责任，促进新型国家碳排放责任量核算机制的推广应用，提高气候治理的参与度和公平性，为全人类创造一个良好的生活环境而不懈努力。同时，中国正以更加积极的态度参与国际贸易，增强自身实力，加强与世界各国的合作，维护国际贸易与气候治理体系的公平原则。此外，中国也正加强自身减排能力建设，实现产业绿色发展、生活方式绿色转型、碳交易市场稳健运转，增强区域援助与互信。全球气候治理已成为全局性、紧迫性的国际问题，每一个国家都是这场气候"战役"的参与者，中国要在减排实践中不断为国际社会提供中国方案、贡献中国力量。

参考文献

中文专著

[1] 陈德铭. 经济危机与规则重构［M］. 北京：商务印书馆，2014.

[2] 李杨. 多边贸易体制的博弈机制［M］. 北京：对外经济贸易大学出版社，2010.

[3] 尼古拉斯·斯特恩. 尚待何时？应对气候变化的逻辑、紧迫性与前景［M］. 齐晔等，译. 大连：东北财经大学出版社，2016.

[4] 王新奎. 世界贸易组织与我国国家经济安全［M］. 上海：上海人民出版社，2003.

[5] 薛荣久，赵玉焕. 世界贸易组织（WTO）教程［M］. 3版，北京：对外经济贸易大学出版社，2018.

[6] 张丽娟，张蕴岭. 全球经济治理变革［M］. 北京：世界知识出版社，2021.

[7] 朱松丽，高翔. 从哥本哈根到巴黎：国际气候制度的变迁和发展［M］. 北京：清华大学出版社，2017.

[8] 朱榄叶. 关税与贸易总协定国际贸易纠纷案例汇编［M］. 北京：法律出版社，1995.

[9] 张中华. 国际贸易碳排放研究：以金砖国家为例［M］. 北京：人民出版社，2019.

[10] 邹骥. 论全球气候治理：构建人类发展路径创新的国际体系［M］. 北京：中国计划出版社，2015.

中文期刊

[1] 柴麒敏，田川，高翔，等. 基础四国合作机制和低碳发展模式比较研究［J］. 经济社会体制比较，2015（3）：106－114.

[2] 陈贻健. 国际气候法律新秩序的困境与出路：基于"德班－巴黎"进程的分析 [J]. 环球法律评论, 2016, 38 (2)：178－192.

[3] 东艳. 全球贸易规则的发展趋势与中国的机遇 [J]. 国际经济评论, 2014 (1)：45－64.

[4] 胡鞍钢, 张新, 张鹏龙, 等. 中国式现代化全面开放格局的发展历程、面临挑战及战略构想 [J]. 国际税收, 2023 (9)：3－14.

[5] 江必新, 程琥. WTO 法律体系协同发展研究 [J]. 法制与社会发展, 2012, 18 (5)：120－129.

[6] 姜跃春, 张玉环. 世界贸易组织改革与多边贸易体系前景 [J]. 太平洋学报, 2020, 28 (4)：81－91.

[7] 李慧明. 全球气候治理的"行动转向"与中国的战略选择 [J]. 国际观察, 2020 (3)：57－85.

[8] 李良才. 美国新贸易壁垒——人权制裁措施及应对 [J]. 山东社会科学, 2009 (9)：106－109.

[9] 李威. 气候与贸易交叉议题的国际法规制 [J]. 广东财经大学学报, 2012, 27 (3)：89－97.

[10] 李昕蕾. 跨国城市网络在全球气候治理中的体系反思："南北分割"视域下的网络等级性 [J]. 太平洋学报, 2015, 23 (7)：38－49.

[11] 林鹭航, 马文怡, 张华荣. 新形势下中国经济发展方式转变：机遇、挑战与对策 [J]. 亚太经济, 2021 (2)：126－132.

[12] 刘海军, 王峰明. 经济全球化进程中的中国角色及其历史依据 [J]. 思想理论教育导刊, 2020 (10)：73－79.

[13] 龙敏. 隐形碳关税对国际贸易的影响与启示 [J]. 技术经济与管理研究, 2021 (8)：109－113.

[14] 孟琪. WTO 争端解决机制作为"上海合作组织"经贸争端解决机制的可行性研究 [J]. 上海对外经贸大学学报, 2019, 26 (3)：43－57.

[15] 陈洁民. 新西兰碳排放交易体系的特点及启示 [J]. 经济纵横, 2013 (1)：113－117.

[16] 潘家华. 哥本哈根之后的气候走向 [J]. 外交评论（外交学院学报）, 2009, 26 (6)：1－4.

[17] 裴长洪, 倪江飞. 坚持与改革全球多边贸易体制的历史使命——写在中国加入 WTO 20 年之际 [J]. 改革, 2020 (11)：5－22.

[18] 全毅. 国际经贸规则重构与 WTO 改革前景 [J]. 经济学家, 2023

（1）：109-118.

[19] 阮建平. 美国战略调整的全球影响 [J]. 人民论坛, 2018 (11)：32-33.

[20] 沈国兵. 新冠肺炎疫情全球蔓延对国际贸易的影响及纾解举措 [J]. 人民论坛·学术前沿, 2020 (7)：85-90.

[21] 石育斌. 全球治理困境的突破口：联合国还是WTO [J]. 天府新论, 2010 (4)：18-23.

[22] 苏庆义, 王睿雅. 世界贸易体系变革原因及趋势：一个成本—收益分析框架 [J]. 太平洋学报, 2021, 29 (3)：80-93.

[23] 唐海燕. 论国际贸易秩序变迁 [J]. 求索, 2006 (3)：1-4.

[24] 王明国. 全球治理结构的新态势及其对国际秩序的冲击 [J]. 教学与研究, 2014 (5)：32-40.

[25] 徐蓝. 国际联盟与第一次世界大战后的国际秩序 [J]. 中国社会科学, 2015 (7)：186-204.

[26] 徐泉. WTO体制中成员集团化趋向发展及中国的选择析论 [J]. 法律科学（西北政法学院学报）, 2007 (3)：140-149.

[27] 闫云凤. 国际贸易与气候变化的协调对策研究 [J]. 对外经贸, 2013 (10)：35-37.

[28] 张丽娟. 面向未来的全球贸易治理改革 [J]. 当代世界, 2021 (12)：26-29.

[29] 张梓太, 沈灏. 气候变化国际立法最新进展与中国立法展望 [J]. 南京大学学报（哲学. 人文科学. 社会科学版）, 2014, 51 (2)：37-43.

[30] 赵英臣. 疫情后经济全球化新趋势与双循环发展格局的构建 [J]. 人文杂志, 2020 (11)：65-71.

[31] 钟英通. 国际经贸规则的边数选择现象与中国对策 [J]. 国际法研究, 2021 (5)：100-113.

[32] 陈骁, 张明. 碳排放权交易市场：国际经验、中国特色与政策建议 [J]. 上海金融, 2022 (9)：22-33.

[33] 陈晓红, 王陟昀. 碳排放权交易价格影响因素实证研究——以欧盟排放交易体系（EUETS）为例 [J]. 系统工程, 2012, 30 (2)：53-60.

[34] 陈星星. 中国碳排放权交易市场：成效、现实与策略 [J]. 东南学术, 2022 (4)：167-177.

[35] 崔鹏, 郭晓军, 姜天海. "亚洲水塔"变化的灾害效应与减灾对策 [J]. 中国科学院院刊, 2019, 34 (11): 1313-1321.

[36] 戴瑜. WTO框架下环保条款的判理演进及挑战 [J]. 中国海商法研究, 2021, 32 (1): 102-112.

[37] 董京波. WTO框架下碳关税合法性探析——以GATT20条一般例外条款为中心 [J]. 宏观经济研究, 2022 (6): 126-136.

[38] 杜婷婷, 毛锋, 罗锐. 中国经济增长与CO_2排放演化探析 [J]. 中国人口·资源与环境, 2007 (2): 94-99.

[39] 杜运苏, 张为付. 中国出口贸易隐含碳排放增长及其驱动因素研究 [J]. 国际贸易问题, 2012 (03): 97-107.

[40] 傅京燕, 周浩. 贸易开放、要素禀赋与环境质量: 基于我国省区面板数据的研究 [J]. 国际贸易问题, 2010 (8): 84-92.

[41] 高萍, 林菲. 欧盟碳关税影响分析及应对建议 [J]. 税务研究, 2022 (7): 92-98.

[42] 郭庆宾, 柳剑平. 进口贸易、技术溢出与中国碳排放 [J]. 中国人口·资源与环境, 2013, 23 (3): 105-109.

[43] 胡东滨, 肖晨曦. 基于产量碳配额分配对竞争性闭环供应链定价及回收影响研究 [J]. 工业技术经济, 2016, 35 (9): 52-59.

[44] 胡珺, 黄楠, 沈洪涛. 市场激励型环境规制可以推动企业技术创新吗?——基于中国碳排放权交易机制的自然实验 [J]. 金融研究, 2020 (1): 171-189.

[45] 胡荣, 徐岭. 浅析美国碳排放权制度及其交易体系 [J]. 内蒙古大学学报 (哲学社会科学版), 2010, 42 (3): 17-21.

[46] 黄晓凤. "碳关税"壁垒对我国高碳产业的影响及应对策略 [J]. 经济纵横, 2010 (03): 49-51.

[47] 黄志雄. 国际贸易新课题: 边境碳调节措施与中国的对策 [J]. 中国软科学, 2010 (1): 1-9.

[48] 江洪. 金砖国家对外贸易隐含碳的测算与比较——基于投入产出模型和结构分解的实证分析 [J]. 资源科学, 2016, 38 (12): 2326-2337.

[49] 金慧华. WTO法律体系适用条款的程序法演变分析 [J]. 商业时代, 2009 (28): 57-58.

[50] 李丰. WTO中国税收优惠措施案的启示 [J]. 国际贸易问题, 2008 (5): 119-125.

[51] 李强, 田双双. 环境规制能够促进企业环保投资吗？——兼论市场竞争的影响 [J]. 北京理工大学学报（社会科学版）, 2016, 18 (4): 1-8.

[52] 李双双, 卢锋. 多边贸易体制改革步履维艰: 大疫之年的 WTO 改革 [J]. 学术研究, 2021 (5): 92-99.

[53] 李鑫, 魏姗, 李惠娟. 美欧碳关税政策的发展、影响及中国应对 [J]. 中国人口·资源与环境, 2023, 33 (5): 85-98.

[54] 李振, 王开玉, 向鹏飞. 贸易开放和劳动力迁移对中国地区收入不平等的影响——基于省际面板数据的实证研究 [J]. 宏观经济研究, 2015 (5): 47-57.

[55] 林伯强, 李爱军. 碳关税的合理性何在? [J]. 经济研究, 2012, 47 (11): 118-127.

[56] 刘斌, 赵飞. 欧盟碳边境调节机制对中国出口的影响与对策建议 [J]. 清华大学学报（哲学社会科学版）, 2021, 36 (6): 185-194.

[57] 刘明明. 中国碳排放权交易实践的成就、不足及对策 [J]. 安徽师范大学学报（人文社会科学版）, 2021, 49 (3): 119-124.

[58] 梅德文, 安国俊, 张佳瑜. 全球碳交易所运作机制对中国的启示 [J]. 现代金融导刊, 2022 (4): 4-10.

[59] 彭峰, 邵诗洋. 欧盟碳排放交易制度: 最新动向及对中国之镜鉴 [J]. 中国地质大学学报（社会科学版）, 2012, 12 (5): 41-47.

[60] 彭水军, 张文城. 多边贸易体制视角下的全球气候变化问题分析 [J]. 国际商务（对外经济贸易大学学报）, 2011 (3): 5-15.

[61] 邵庆龙. 基于 IPAT 理论的中国能源消耗与反弹效应 [J]. 统计与决策, 2015 (18): 132-134.

[62] 沈可挺, 李钢. 碳关税对中国工业品出口的影响——基于可计算一般均衡模型的评估 [J]. 财贸经济, 2010 (1): 75-82.

[63] 史恒通, 赵敏娟. 贸易开放对中国水环境污染影响的实证研究 [J]. 重庆大学学报（社会科学版）, 2016, 22 (3): 64-71.

[64] 苏蕾, 曹玉昆, 陈锐. 国际碳排放交易体系现状及发展趋势分析 [J]. 生态经济, 2012 (11): 51-53.

[65] 孙嘉珣. 世界贸易组织争端解决机制的"造法"困境 [J]. 国际法研究, 2022 (2): 113-128.

[66] 孙南申, 彭岳. 中国补贴现状与面临反补贴措施的法律应对 [J].

河北法学，2007（6）：20-32.

[67] 王洪庆，张莹. 贸易结构升级、环境规制与我国不同区域绿色技术创新 [J]. 中国软科学，2020（2）：174-181.

[68] 王谋，吉治璇，康文梅，等. 欧盟"碳边境调节机制"要点、影响及应对 [J]. 中国人口·资源与环境，2021，31（12）：45-52.

[69] 王有鑫. 征收碳关税对中国出口贸易和国民福利的影响——基于中美贸易和关税数据的实证研究 [J]. 国际贸易问题，2013（7）：119-127.

[70] 王正明，赵晶，王为东. 环境规制对产业结构调整影响的路径与机制研究 [J]. 生态经济，2018，34（11）：109-115.

[71] 卫志民. 论中国碳排放权交易市场的构建 [J]. 河南大学学报（社会科学版），2013，53（5）：44-50.

[72] 卫志民. 中国碳排放权交易市场的发展现状、国际经验与路径选择 [J]. 求是学刊，2015，42（5）：64-71.

[73] 肖艳，张汉林. 美国温室气体减排的实践与气候谈判的立场关联性研究 [J]. 武汉理工大学学报（社会科学版），2013，26（3）：327-334.

[74] 谢晶晶，窦祥胜. 基于合作博弈的碳配额交易价格形成机制研究 [J]. 管理评论，2016，28（2）：15-24.

[75] 谢来辉. 欧盟应对气候变化的边境调节税：新的贸易壁垒 [J]. 国际贸易问题，2008（2）：65-71.

[76] 许和连，邓玉萍. 外商直接投资、产业集聚与策略性减排 [J]. 数量经济技术经济研究，2016，33（9）：112-128.

[77] 许骞. 欧盟碳边境调节税对中国的影响及策略选择 [J]. 体制与机制，2022（3）：157-163.

[78] 许英明，李晓依. 欧盟碳边境调节机制对中欧贸易的影响及中国对策 [J]. 国际经济合作，2021（5）：25-32.

[79] 薛德余. 出口退税、出口贸易与财政收入之间关系研究 [J]. 统计与决策，2013（12）：159-162.

[80] 薛利利，马晓明. 碳泄露产生的路径及中国应对的启示 [J]. 生态经济，2016，32（1）：43-46.

[81] 杨博文. 跨区域碳排放权交易立法协调机制研究 [J]. 生态经济，2016，32（2）：111-116.

[82] 杨桔，祁春节. "一带一路"国家与中国农产品贸易与碳排放的关

系实证分析［J］.中国农业资源与区划，2021，42（1）：135－144.

［83］杨恺钧，刘思源.贸易开放、经济增长与碳排放的关联分析：基于新兴经济体的实证研究［J］.世界经济研究，2017（11）：112－120.

［84］杨曦，彭水军.碳关税可以有效解决碳泄漏和竞争力问题吗？——基于异质性企业贸易模型的分析［J］.经济研究，2017，52（5）：60－74.

［85］姚天冲，于天英."共同但有区别的责任"原则议［J］.社会科学辑刊，2011（1）：99－103.

［86］袁劲，刘启仁.出口退税如何影响异质性产品的出口——来自企业、产品和目的国三维数据的证据［J］.国际贸易问题，2016（6）：105－115.

［87］张丹，王敏，甘萌雨，等.北极旅游影响因素研究进展［J］.资源科学，2021，43（8）：1687－1699.

［88］张同斌，孙静."国际贸易—碳排放"网络的结构特征与传导路径研究［J］.财经研究，2019，45（3）：114－126.

［89］赵玉焕.国际贸易与气候变化的关系研究［J］.中国软科学，2010（4）：183－192.

［90］郑军，刘婷.主要发达国家碳达峰碳中和的实践经验及对中国启示［J］.中国环境管理，2023，15（4）：18－25.

［91］朱鹏飞.WTO视野中美国碳关税制度的违法性分析——以WTO一般例外条款为中心［J］.北京工商大学学报（社会科学版），2011，26（5）：105－111.

［92］邹志强.北极航道对全球能源贸易格局的影响［J］.南京政治学院学报，2014，30（1）：75－80.

［93］程宝栋，李慧娟.增加值贸易视角下"一带一路"出口隐含碳排放核算［J］.求索，2020（3）：165－172.

［94］丛晓男，王铮，郭晓飞.全球贸易隐含碳的核算及其地缘结构分析［J］.财经研究，2013，39（1）：112－121.

［95］胡剑波，任香，高鹏.中国省际贸易、国际贸易与低碳贸易竞争力的测度研究［J］.数量经济技术经济研究，2019，36（9）：42－60.

［96］黄小娅，王真，文丁丹，等.中欧贸易碳排放转移研究［J］.环境

科学与技术，2017，40（8）：202-209.

[97] 金继红，居义義. 中日贸易隐含碳排放责任分配研究 [J]. 管理评论，2018，30（5）：64-75.

[98] 李丹，钟维琼，代涛，等. 物质流视角下全球含铁商品隐含碳排放量跨境转移研究 [J]. 资源科学，2018，40（12）：2360-2368.

[99] 欧阳小迅，戴育琴，瞿艳平. 中国农产品出口贸易隐含碳排放变动特征及驱动因素分解 [J]. 财经论丛，2016（5）：3-10.

[100] 潘安，魏龙. 中国与其他金砖国家贸易隐含碳研究 [J]. 数量经济技术经济研究，2015，32（4）：54-70.

[101] 潘安，魏龙. 中国对外贸易隐含碳：结构特征与影响因素 [J]. 经济评论，2016（4）：16-29.

[102] 乔小勇，李泽怡，赵玉焕. 中国与其他金砖国家间贸易—碳排放脱钩关系研究——基于 Eora 投入产出数据 [J]. 国际商务（对外经济贸易大学学报），2018（4）：58-73.

[103] 汪中华，石爽. 美国向中国转移碳排放的测算 [J]. 统计与决策，2018（23）：133-137.

[104] 王勇，段福梅，张睿庭. 中国外贸结构调整的节碳效应测算 [J]. 环境经济研究，2018，3（2）：85-100.

[105] 王有鑫. 国际贸易、地区 CO2 排放与"污染避难所"假说——基于全国 30 个省区数据分析 [J]. 现代管理科学，2013（3）：55-58.

[106] 王媛，魏本勇，方修琦，等. 基于 LMDI 方法的中国国际贸易隐含碳分解 [J]. 中国人口·资源与环境，2011，21（2）：141-146.

[107] 张彬，李丽平，赵嘉，等. 贸易隐含碳责任问题分析与驱动因素研究 [J]. 城市与环境研究，2021（4）：61-75.

[108] 张同斌，孟令蝶. 碳排放共同责任的测度优化与国际比较研究 [J]. 财贸研究，2018，29（10）：19-31.

[109] 赵定涛，杨树. 共同责任视角下贸易碳排放分摊机制 [J]. 中国人口·资源与环境，2013，23（11）：1-6.

[110] 赵玉焕，田扬，刘娅. 基于投入产出分析的印度对外贸易隐含碳研究 [J]. 国际贸易问题，2014（10）：77-87.

[111] 赵玉焕，刘娅. 基于投入产出分析的俄罗斯对外贸易隐含碳研究 [J]. 国际商务（对外经济贸易大学学报），2015（3）：24-34.

[112] 曹明德. 中国参与国际气候治理的法律立场和策略：以气候正义为视角 [J]. 中国法学, 2016 (1)：29-48.

[113] 季华. 论《巴黎协定》中的"共同但有区别责任"原则——2020后气候变化国际治理的新内涵 [J]. 环境法评论, 2019：317-339.

[114] 林洁, 祁悦, 蔡闻佳, 等. 公平实现《巴黎协定》目标的碳减排贡献分担研究综述 [J]. 气候变化研究进展, 2018, 14 (5)：529-539.

[115] 刘晶. 全球气候治理新秩序下共同但有区别责任原则的实现路径 [J]. 新疆社会科学, 2021 (2)：90-98.

[116] 彭水军, 张文城, 卫瑞. 碳排放的国家责任核算方案 [J]. 经济研究, 2016, 51 (3)：137-150.

[117] 郑玉琳, 翟晓东, 马晨晨. 从典型碳排放权分配方案探析"气候公平"的发展方向 [J]. 中国环境管理, 2017, 9 (4)：92-97.

[118] 周琛. 论碳中和愿景下的共同但有区别责任原则 [J]. 武汉大学学报（哲学社会科学版）, 2023, 76 (2)：152-163.

[119] 毛其淋, 许家云. 中间品贸易自由化与制造业就业变动——来自中国加入WTO的微观证据 [J]. 经济研究, 2016, 51 (1)：69-83.

[120] 裴长洪. 人文发展分析的概念构架与经验数据——以对碳排放空间的需求为例 [J]. 中国社会科学, 2002 (6)：15-25.

[121] 曲如晓. 环境外部性与国际贸易福利效应 [J]. 国际经贸探索, 2002 (1)：10-14.

[122] 周晓光, 肖宇. 数字经济发展对居民就业的影响效应研究 [J]. 中国软科学, 2023 (5)：158-170.

[123] 曹慧. 欧盟碳边境调节机制：合法性争议及影响 [J]. 欧洲研究, 2021, 39 (6)：75-94.

[124] 曾桉, 谭显春, 王毅, 等. 碳中和背景下欧盟碳边境调节机制对我国的影响及对策分析 [J]. 中国环境管理, 2022, 14 (1)：31-37.

[125] 曾文革, 冯帅. 巴黎协定能力建设条款：成就、不足与展望 [J]. 环境保护, 2015, 43 (24)：39-42.

[126] 柴麒敏, 何建坤. 气候公平的认知、政治和综合评估——如何全面看待"共区"原则在德班平台的适用问题 [J]. 中国人口·资

源与环境，2013，23（6）：1-7.

[127] 党庶枫.《巴黎协定》国际碳交易机制研究［D］. 重庆大学，2018.

[128] 党庶枫，曾文革.《巴黎协定》碳交易机制新趋向对中国的挑战与因应［J］. 中国科技论坛，2019（1）：181-188.

[129] 董亮."碳中和"前景下的国际气候治理与中国的政策选择［J］. 外交评论（外交学院学报），2021，38（6）：132-154.

[130] 高翔，樊星.《巴黎协定》国家自主贡献信息、核算规则及评估［J］. 中国人口·资源与环境，2020，30（5）：10-16.

[131] 胡剑波，任亚运，丁子格. 气候变化下国际贸易中的碳壁垒及应对策略［J］. 经济问题探索，2015（10）：137-141.

[132] 简泽. 国际贸易、技术变迁与中国经济的非线性增长［J］. 科学学研究，2011，29（3）：366-372.

[133] 李海棠. 新形势下国际气候治理体系的构建——以《巴黎协定》为视角［J］. 中国政法大学学报，2016（3）：101-114.

[134] 李慧明.《巴黎协定》与全球气候治理体系的转型［J］. 国际展望，2016，8（2）：1-20.

[135] 李惠民，冯潇雅，马文林. 中国国际贸易隐含碳文献比较研究［J］. 中国人口·资源与环境，2016，26（5）：46-54.

[136] 梁晓菲. 论《巴黎协定》遵约机制：透明度框架与全球盘点［J］. 西安交通大学学报（社会科学版），2018，38（2）：109-116.

[137] 刘海云，龚梦琪. 要素市场扭曲与双向FDI的碳排放规模效应研究［J］. 中国人口·资源与环境，2018，28（10）：27-35.

[138] 刘满平. 我国实现"碳中和"目标的意义、基础、挑战与政策着力点［J］. 价格理论与实践，2021（2）：8-13.

[139] 刘勇. 气候治理与贸易规制的冲突和协调——由碳边境调节机制引发的思考［J］. 法商研究，2023，40（2）：46-59.

[140] 吕延方，崔兴华，王冬. 全球价值链参与度与贸易隐含碳［J］. 数量经济技术经济研究，2019，36（2）：45-65.

[141] 聂荣，李淼. 国际贸易、国内贸易与隐含碳动态排放量化研究［J］. 技术经济与管理研究，2016（4）：87-92.

[142] 潘安. 全球价值链分工对中国对外贸易隐含碳排放的影响［J］. 国际经贸探索，2017，33（3）：14-26.

[143] 万喆. 共建"一带一路"促进全球减贫：内在联系与有效路径

[J]. 人民论坛·学术前沿, 2023 (2): 107-111.

[144] 王斌. 我国出口贸易、经济增长与碳排放的协整与因果关系——基于 1978~2012 年数据的实证分析 [J]. 经济研究参考, 2014 (20): 53-60.

[145] 王灿, 张雅欣. 碳中和愿景的实现路径与政策体系 [J]. 中国环境管理, 2020, 12 (6): 58-64.

[146] 王莉. 中国应对新贸易保护主义的策略研究 [J]. 云南财经大学学报, 2014, 30 (2): 140-145.

[147] 王世春. 从发展中成员角度看国际贸易规则的不公平性 [J]. 国际经济合作, 2004 (10): 26-30.

[148] 翁智雄, 马忠玉. 全球气候治理的国际合作进程、挑战与中国行动 [J]. 环境保护, 2017, 45 (15): 61-67.

[149] 吴肖丽, 潘安. 技术效应降低了中国进出口隐含碳排放吗? [J]. 经济经纬, 2018, 35 (6): 58-65.

[150] 徐凯, 陈波平. 以绿色发展促进可持续对外投资与贸易路径探讨 [J]. 商业时代, 2014 (7): 18-19.

[151] 严双伍, 肖兰兰. 中国与 G77 在国际气候谈判中的分歧 [J]. 现代国际关系, 2010 (4): 21-26.

[152] 张慧智, 邢梦如. 后巴黎时代的全球气候治理: 新挑战、新思路与中国方案 [J]. 国际观察, 2022 (2): 99-127.

[153] 朱丹. 中国对外贸易绿色低碳转型的路径探究 [J]. 甘肃社会科学, 2023 (2): 216-224.

[154] 庄贵阳, 薄凡, 张靖. 中国在全球气候治理中的角色定位与战略选择 [J]. 世界经济与政治, 2018 (4): 4-27.

英文专著

[1] McGinnis M, Ostrom E. Will Lessons from Small-Scale Social Dilemmas Scale Up? [M]. New York: Springer, 2008.

[2] Evans J W. The Kennedy Round in American Trade Policy: The Twilight of the GATT? [M]. Cambridge: Harvard University Press, 1971.

[3] Hart M. A Trading Nation: Canadian Trade Policy from Colonialism to Globalization [M]. Vancouver: University of British Columbia Press, 2002.

[4] John H J. The World Trading System: Law and Policy of International Economic Relations [M]. Cambridge: The MIT Press, 1998.

[5] Jones J M. Repercussions of the Hawley — Smoot Bill [M]. Pennsylvania: University of Pennsylvania Press, 1934.

[6] VanGrasstek C. The History and Future of the World Trade Organization [M]. Geneva: World Trade Organization, 2013.

[7] Hoerner J A. The Role of Border Tax Adjustments in Environmental Taxation: Theory and US Experience [M]. Amsterdam: Institute for Environmental Studies, 1998.

[8] Hoerner J A, Müller F. Carbon Taxes for Climate Protection in a Competitive World [M]. Maryland: University of Maryland Press, 1996.

[9] Stiglitz J E. Making Globalization Work [M]. New York: W. W. Norton & Company, 2006.

[10] Albin C. Getting to Fairness: Negotiations Over Global Public Goods [M]. Oxford: Oxford University Press, 2003.

[11] Benedick R E. New Directions in Safeguarding the Planet, Enlarged Edition [M]. Cambridge: Harvard University Press, 1998.

[12] Eggertsson T. Opportunities and Limits for that Evolution for Property Rights Institutions [M]. Cambridge: Lincoln Institute of Land Policy, 2012.

[13] Fainstein S S. The Just City [M]. New York: Cornell University Press, 2010.

[14] Ghosh P. Climate Change Debate: The Story from India [M]. New Delhi: The Energy and Resources Institute, 2010.

[15] Müller B. Justice in Global Warming Negotiations: How to Obtain a Procedurally Fair Compromise [M]. Oxford: Oxford Institute for Energy Studies, 1999.

[16] Nozick R. Anarchy, State, and Utopia [M]. Oxford: Blackwell Publishing, 1974.

[17] Parfit D. Reasons and Persons [M]. New York: Oxford University Press, 1986.

[18] Paterson M. International Justice and Global Warming [M]. London: Palgrave Macmillan, 1996.

[19] Pogge T W. Realizing Rawls [M]. New York: Cornell University Press, 1989.

[20] Posner E A, Weisbach D. Climate Change Justice [M]. Princeton: Princeton University Press, 2010.

[21] Rajamani L. The Reach and Limits of the Principle of Common but Differentiated Responsibilities and Respective Capabilities in the Climate Change Regime [M]. New York: Routledge, 2011.

[22] Rawls J. The Theory of Justice [M]. Cambridge: Harvard University Press, 1999.

[23] Roser D, Seidel C. Climate Justice: An Introduction [M]. New York: Routledge, 2016.

[24] Sands P, Peel J. Principles of International Environmental Law [M]. Cambridge: Cambridge University Press, 2018.

[25] Tinbergen J. On the Theory of Economic Policy (Contributions toEconomoc Analysis) [M]. Cambridge: Cambridge University Press, 1952.

英文期刊

[1] Ostrom E. Analyzing Collective Action [J]. Agricultural Economics, 2010, 41 (s1): 155−166.

[2] UNFCCC. Nationally Determined Contributions Under the Paris Agreement [R]. 2021.

[3] IPCC. The Revised 1996 IPCC Guidelines for National Greenhouse Gas Inventories [R]. Organization for Economic Co−operation and Development, 1997.

[4] Bronz G. The International Trade Organization Charter [J]. Harvard Law Review, 1949, 62 (7): 1089−1125.

[5] Davey W J. Dispute Settlement in GATT [J]. Fordham International Law Journal, 1987, 1 (11): 51−109.

[6] Jackson. The Crumbling Institutions of the Liberal Trade System [J]. Journal of World Trade, 1978, 12 (2): 93−106.

[7] Lattimer J E. The Ottawa Trade Agreements [J]. American

Journal of Agricultural Economics, 1934, 16 (4): 565-581.

[8] Mitchener K J, O'Rourke K H, Wandschneider K. The Smoot-Hawley Trade War [J]. The Economic Journal, 2022, 132 (647): 2500-2533.

[9] Ostrom E. A Multi-Scale Approach to Coping with Climate Change and Other Collective Action Problems [J]. Solutions, 2010, 2 (1): 27-36.

[10] Ranson M H, Stavins R. Post-Durban Climate Policy Architecture Based on Linkage of Cap-and-Trade Systems [R]. NBER Working Paper, No. 18140, 2012.

[11] Rogelj J, den Elzen M, Höhne N, et al. Paris Agreement Climate Proposals Need a Boost to Keep Warming Well Below 2℃ [J]. Nature, 2016, 534 (7609): 631-639.

[12] UNEP, WTO. Trade and Climate Change: A Report by the United Nations Environment Programme and the World Trade Organization [R]. World Trade Review, 2009, 9 (1): 273-281.

[13] UNFCCC. Report of the Conference of the Parties on its Fifteenth Session [R]. FCCC/CP/2009/11/Add. 1 2010.

[14] WTO. Special and Differential Treatment Provisions in WTO Agreements and Decisions [R]. WTO Doc. WT/COMTD/W/271 2023.

[15] Abrego L, Perroni C. Free-Riding, Carbon Treaties, and Trade Wars: The Role of Domestic Environmental Policies [J]. Journal of Development Economics, 1999, 58 (2): 463-483.

[16] Ahner N. Final Instance: World Trade Organization-Unilateral Trade Measures in EU Climate Change Legislation [R]. EUIRSCAS Working Paper, No. 58, 2009.

[17] Albornoz F, Cole M A, Elliott R J R, et al. In Search of Environmental Spillovers [J]. The World Economy, 2009, 32 (1): 136-163.

[18] Antimiani A, Costantini V, Martini C, et al. Assessing Alternative Solutions to Carbon Leakage [J]. Energy Economics, 2013, 36: 299-311.

[19] Antweiler W, Copeland B R, Taylor M S. Is Free Trade Good for the Environment? [J]. The American Economic Review, 2001, 91 (4): 877-908.

[20] Atici C. Carbon Emissions, Trade Liberalization, and the Japan — ASEAN Interaction: A Group — Wise Examination [J]. Journal of the Japanese and International Economies, 2012, 26 (1): 167-178.

[21] Ayob A H, Freixanet J. Insights into Public Export Promotion Programs in an Emerging Economy: The Case of Malaysian SMEs [J]. Evaluation and Program Planning, 2014, 46: 38-46.

[22] Backhaus A, Martinez — Zarzoso I, Muris C. Do Climate Variations Explain Bilateral Migration? A Gravity Model Analysis [J]. IZA Journal of Migration, 2015, 4 (1): 3.

[23] Bao Q, Tang L, Zhang Z, et al. Impacts of Border Carbon Adjustments on China's Sectoral Emissions: Simulations with a Dynamic Computable General Equilibrium Model [J]. China Economic Review, 2013, 24: 77-94.

[24] Barrett S, Stavins R. Increasing Participation and Compliance in International Climate Change Agreements [J]. International Environmental Agreements, 2003, 3 (4): 349-376.

[25] Beladi H, Oladi R. Does Trade Liberalization Increase Global Pollution? [J]. Resource and Energy Economics, 2011, 33 (1): 172-178.

[26] Belyaeva M, Bokusheva R. Will Climate Change Benefit or Hurt Russian Grain Production? A Statistical Evidence from a Panel Approach [J]. Climatic Change, 2018, 149 (2): 205-217.

[27] Bhagwati J, Mavroidis P C. Is Action Against US Exports for Failure to Sign Kyoto Protocol WTO — Legal? [J]. World Trade Review, 2007, 6 (2): 299-310.

[28] Biermann F, Brohm R. Implementing the Kyoto Protocol without the USA: The Strategic Role of Energy Tax Adjustments at the Border [J]. Climate Policy, 2004, 4 (3): 289-302.

[29] Böhringer C, Carbone J C, Rutherford T F. Embodied Carbon Tariffs [J]. The Scandinavian Journal of Economics, 2018, 120

(1): 183-210.

[30] Böhringer C, Fischer C, Rosendahl K E. Cost Effective Unilateral Climate Policy Design: Size Matters [J]. Journal of Environmental Economics and Management, 2014, 67 (3): 318-339.

[31] Bowen H P, Leamer E E, Sveikauskas L. Multicountry, Multifactor Tests of the Factor Abundance Theory [J]. The American Economic Review, 1987, 77 (5): 791-809.

[32] Brander J A, Spencer B J. Export Subsidies and International Market Share Rivalry [J]. Journal of International Economics, 1985, 18 (1): 83-100.

[33] Branger F, Quirion P. Would Border Carbon Adjustments Prevent Carbon Leakage and Heavy Industry Competitiveness Losses? Insights from a Meta-Analysis of Recent Economic Studies [J]. Ecological Economics, 2014, 99: 29-39.

[34] Brenton P, Edwards-Jones G, Jensen M F. Carbon Labelling and Low-income Country Exports: A Review of the Development Issues [J]. Development Policy Review, 2009, 27 (3): 243-267.

[35] Brewer T L. Climate Change Policies and Trade Policies: The New Joint Agenda [R]. Geneva: UNEP Expert Meeting, 2008.

[36] Brink R V. Competitiveness Border Adjustments in US Climate Change Proposals Violate GATT: Suggestions to Utilize GATT's Environmental Exceptions [J]. Colorado Journal of International Environmental Law and Policy, 2010, 21: 85.

[37] Buck M, Verheyen R. International Trade Law and Climate Change: A Positive Way Forward [R]. Gland: International Union for Conservation of Nature and Natural Resources, 2001.

[38] Burzyński M, Deuster C, Docquier F, et al. Climate Change, Inequality, and Human Migration [J]. Journal of the European Economic Association, 2019, 20 (3): 1145-1197.

[39] Cadot O, de Melo J, Olarreaga M. The Protectionist Bias of Duty Drawbacks: Evidence from Mercosur [J]. Journal of International Economics, 2003, 59 (1): 161-182.

[40] Cao B, Wang S. Opening Up, International Trade, and Green Technology Progress [J]. Journal of Cleaner Production, 2017, 142: 1002−1012.

[41] Cendra J D. Can Emissions Trading Schemes be Coupled with Border Tax Adjustments? An Analysis vis − à − vis WTO Law [J]. Review of European Community & International Environmental Law, 2006, 15 (2): 131−145.

[42] Chandra P, Long C. VAT Rebates and Export Performance in China: Firm − Level Evidence [J]. Journal of Public Economics, 2013, 102: 13−22.

[43] Chao C, Chou W L, Yu E S H. Export Duty Rebates and Export Performance: Theory and China's Experience [J]. Journal of Comparative Economics, 2001, 29 (2): 314−326.

[44] Chao C, Yu E S H, Yu W. China's Import Duty Drawback and VAT Rebate Policies: A General

[45] Charnovitz S. Trade and Climate: Potential Conflicts and Synergies [R]. Singapore: World Scientific Publishing Co. Pte. Ltd., 2003.

[46] Chung S. Environmental Regulation and the Pattern of Outward FDI: An Empirical Assessment of the Pollution Haven Hypothesis [R]. Department Working Papers, No. 1203, 2012.

[47] Cole M A, Elliott R J R. Determining the Trade Environment Composition Effect: The Role of Capital, Labor and Environmental Regulations [J]. Journal of Environmental Economics and Management, 2003, 46 (3): 363−383.

[48] Cole M A, Elliott R J R. FDI and the Capital Intensity of "Dirty" Sectors: A Missing Piece of the Pollution Haven Puzzle [J]. Review of Development Economics, 2005, 9 (4): 530−548.

[49] Coombes E G, Jones A P. Assessing the Impact of Climate Change on Visitor Behavior and Habitat Use at the Coast: A UK Case Study [J]. Global Environmental Change, 2010, 20 (2): 303−313.

[50] Copeland B R, Shapiro J S, Scott Taylor M. Globalization and the Environment [R]. NBER Working Paper, No. 28797, 2022.

[51] Copeland B R, Taylor M S. Trade and the Environment: A Partial Synthesis [J]. American Journal of Agricultural Economics, 1995, 77 (3): 765-771.

[52] Copeland B R, Taylor M S. Trade and Transboundary Pollution [J]. American Economic Review, 1995, 85 (4): 716-737.

[53] Copeland B R, Taylor M S. Trade, Growth, and the Environment [J]. Journal of Economic Literature, 2004, 42 (1): 7-71.

[54] Cosbey A, Droege S, Fischer C, et al. Developing Guidance for Implementing Border Carbon Adjustments: Lessons, Cautions, and Research Needs from the Literature [J]. Review of Environmental Economics and Policy, 2019, 13 (1): 3-22.

[55] Cosbey A, Tarasofsky R. Climate Change Competitiveness and Trade [R]. London: Chatham House, 2007.

[56] Demailly D, Quirion P. CO_2 Abatement, Competitiveness and Leakage in the European Cement Industry under the EU ETS: Grandfathering versus Output-based Allocation [J]. Climate Policy, 2006, 6 (1): 93-113.

[57] Demiroglu O C, Hall C M. Geobibliography and Bibliometric Networks of Polar Tourism and Climate Change Research [J]. Atmosphere, 2020, 11 (5): 498.

[58] Deschênes O, Moretti E. Extreme Weather Events, Mortality, and Migration [J]. The Review of Economics and Statistics, 2009, 91 (4): 659-681.

[59] Deutsch C A, Tewksbury J J, Tigchelaar M, et al. Increase in Crop Losses to Insect Pests in a Warming Climate [J]. Science, 2018, 361 (6405): 916-919.

[60] Dogan E, Seker F. The Influence of Real Output, Renewable and Non-Renewable Energy, Trade and Financial Development on Carbon Emissions in the Top Renewable Energy Countries [J]. Renewable and Sustainable Energy Reviews, 2016, 60: 1074-1085.

[61] Dong Y, Whalley J. Carbon Motivated Regional Trade Arrangements: Analytics and Simulations [J]. Economic Modelling, 2011, 28 (6):

2783-2792.

[62] Eaton J, Kortum S. Trade in Capital Goods [J]. European Economic Review, 2001, 45 (7): 1195-1235.

[63] Elliott R J R, Shimamoto K. Are ASEAN Countries Havens for Japanese Pollution – Intensive Industry? [J]. The World Economy, 2008, 31 (2): 236-254.

[64] Eskeland G S, Harrison A E. Moving to Greener Pastures? Multinationals and the Pollution Haven Hypothesis [J]. Journal of Development Economics, 2003, 70 (1): 1-23.

[65] Fouré J, Guimbard H, Monjon S. Border Carbon Adjustment and Trade Retaliation: What would be the cost for the European Union? [J]. Energy Economics, 2016, 54: 349-362.

[66] Frankel J A, Rose A K. Is Trade Good or Bad for the Environment? Sorting out the Causality [J]. The Review of Economics and Statistics, 2005, 87 (1): 85-91.

[67] Fritsch U, Görg H. Outsourcing, Importing and Innovation: Evidence from Firm – level Data for Emerging Economies [J]. Review of International Economics, 2015, 23 (4): 687-714.

[68] Gao H. Dictum on Dicta: Obiter Dicta in WTO Disputes [J]. World Trade Review, 2017, 16 (3): 509-533.

[69] Genasci M. The Implications of International Trade Law for Policy Design [J]. Carbon & Climate Law Review, 2008, 2 (1): 33-42.

[70] Genovese F, Tvinnereim E. Who Opposes Climate Regulation? Business Preferences for the European Emission Trading Scheme [J]. The Review of International Organizations, 2019, 14 (3): 511-542.

[71] Ghosh M, Luo D, Siddiqui M S, et al. Border Tax Adjustments in the Climate Policy Context: CO_2 versus Broad – based GHG Emission Targeting [J]. Energy Economics, 2012, 34: S154-S167.

[72] Graff Zivin J, Neidell M. Temperature and the Allocation of Time: Implications for Climate Change [J]. Journal of Labor Economics, 2014, 32 (1): 1-26.

[73] Gray C, Mueller V. Drought and Population Mobility in Rural Ethiopia [J]. World Development, 2012, 40 (1): 134−145.

[74] Green A J. Climate Change, Regulatory Policy and the WTO: How Constraining are Trade Rules? [J]. Administrative Law, 2005, 8 (1): 143−189.

[75] Gros D, Egenhofer C, Fujiwara N, et al. Climate Change and Trade: Taxing Carbon at the Border? [R]. Brussel: Centre for European Policy Studies, 2010.

[76] Grossman G M, Krueger A B. Environmental Impacts of a North American Free Trade Agreement [R]. NBER Working Paper, No. 3914, 1991.

[77] Gumilang H, Mukhopadhyay K, Thomassin P J. Economic and Environmental Impacts of Trade Liberalization: The Case of Indonesia [J]. Economic Modelling, 2011, 28 (3): 1030−1041.

[78] Hamilton J M, Maddison D J, Tol R S J. Climate Change and International Tourism: A Simulation Study [J]. Global Environmental Change, 2005, 15 (3): 253−266.

[79] Helm D, Hepburn C, Ruta G. Trade, Climate Change, and the Political Game Theory of Border Carbon Adjustments [J]. Oxford Review of Economic Policy, 2012, 28 (2): 368−394.

[80] Henckels C. Protecting Regulatory Autonomy through Greater Precision in Investment Treaties: The TPP, CETA, and TTIP [J]. Journal of International Economic Law, 2016, 19 (1): 27−50.

[81] Hibbard P J, Tierney S F. Carbon Control and the Economy: Economic Impacts of RGGI's First Three Years [J]. The Electricity Journal, 2011, 24 (10): 30−40.

[82] Hillman J A. Changing Climate for Carbon Taxes: Who's Afraid of the WTO? [R]. Climate & Energy Policy Paper Series, 2013.

[83] Hoel M, Golombek R. Climate Agreements and Technology Policy [J]. SSRN Electronic Journal, 2004.

[84] Holzer K. Carbon − related Border Adjustment and WTO Law [D]. University of EasternFinland, 2014.

[85] Hu C, Tan Y. Product Differentiation, Export Participation and

Productivity Growth: Evidence from Chinese Manufacturing Firms [J]. China Economic Review, 2016, 41: 234−252.

[86] Hufbauer G C, Kim J. Reaching a Global Agreement on Climate Change: What are the Obstacles? [J]. Asian Economic Policy Review, 2010, 5 (1): 39−58.

[87] IATA. Air Cargo Market Analysis − February 2023 [R]. 2023.

[88] ICAP. Emissions Trading Worldwide: ICAP Status Report 2016 [R]. 2016.

[89] IMO. Fourth Greenhouse Gas Study 2020 [R]. 2021.

[90] IPCC. Climate Change 2021: The Physical Science Basis [R]. 2021.

[91] IPCC. Climate Change 2022: Mitigation of Climate Change [R]. 2022.

[92] Ismer R, Neuhoff K. Border Tax Adjustments: A feasible way to address nonparticipation in Emission Trading [R]. Cambridge Working Papers in Economics, 2004, 2 (2): 1−32.

[93] Janssens C, Havlík P, Krisztin T, et al. Global Hunger and Climate Change Adaptation Through International Trade [J]. Nature Climate Change, 2020, 10 (9): 829−835.

[94] Jiang L, Zhou H, Bai L, et al. Does Foreign Direct Investment Drive Environmental Degradation in China? An Empirical Study Based on Air Quality Index from a Spatial Perspective [J]. Journal of Cleaner Production, 2018, 176: 864−872.

[95] Kahn M E, Mohaddes K, Ng R N C, et al. Long − Term Macroeconomic Effects of Climate Change: A Cross − Country Analysis [J]. Energy Economics, 2021, 104: 105624.

[96] Kander A, Lindmark M. Foreign Trade and Declining Pollution in Sweden: A Decomposition Analysis of Long − Term Structural and Technological Effects [J]. Energy Policy, 2006, 34 (13): 1590−1599.

[97] Keane J B, Macgregor J, Page S, et al. Development, Trade and Carbon Reduction: Designing Coexistence to Promote Development [R]. London: Overseas Development Institute, 2009.

[98] Keller W. Geographic Localization of International Technology

Diffusion [J]. The American Economic Review, 2002, 92 (1): 120-142.

[99] Kemfert C. Global Economic Implications of Alternative Climate Policy Strategies [J]. Environmental Science & Policy, 2002, 5 (5): 367-384.

[100] Kraciuk J, Kacperska E, Łukasiewicz K, et al. Innovative Energy Technologies in Road Transport in Selected EU Countries [J]. Energies, 2022, 15 (16): 6030.

[101] Kreickemeier U, Richter P M. Trade and the Environment: The Role of Firm Heterogeneity [J]. Review of International Economics, 2014, 22 (2): 209-225.

[102] Krugman P. The Role of Geography in Development [J]. International Regional Science Review, 1999, 22 (2): 142-161.

[103] Kuik O, Gerlagh R. Trade Liberalization and Carbon Leakage [J]. The Energy Journal, 2003, 24 (3): 97-120.

[104] Kulovesi K. Real or Imagined Controversies? A Climate Law Perspective on the Growing Links between the International Trade and Climate Change Regimes [J]. Trade Law and Development, 2014, 6 (1): 55-92.

[105] Kuusi T, Björklund M, Kaitila V, et al. Carbon Border Adjustment Mechanisms and Their Economic Impact on Finland and the EU [R]. Publications of the Government's Analysis, Assessment and Research Activities, 2020, 48: 152.

[106] Lahiri S, Nasim A. Export-Promotion under Revenue Constraints: The Case of Tariff-Rebate on Intermediate Inputs in Pakistan [J]. Journal of Asian Economics, 2006, 17 (2): 285-293.

[107] Leal-Arcas R. Trade Proposals for Climate Action [J]. Trade, Law and Development, 2014, 6: 11-54.

[108] Leetmaa S, Krissoff B, Hartmann M. Trade Policy and Environmental Quality: The Case of Export Subsidies [J]. Agricultural and Resource Economics Review, 1996, 25 (2): 232-240.

[109] Leiter A M, Parolini A, Winner H. Environmental Regulation

and Investment: Evidence from European Industry Data [J]. Ecological Economics, 2011, 70 (4): 759-770.

[110] Leontief W. Domestic Production and Foreign Trade: The American Capital Position Re – Examined [J]. Proceedings of the American Philosophical Society, 1953, 97 (4): 332-349.

[111] Letchumanan R, Kodama F. Reconciling the Conflict Between the 'Pollution – Haven' Hypothesis and An Emerging Trajectory of International Technology Transfer [J]. Research Policy, 2000, 29 (1): 59-79.

[112] Levinson A. Technology, International Trade, and Pollution from US Manufacturing [J]. The American Economic Review, 2009, 99 (5): 2177-2192.

[113] Levinson A, Taylor M S. Unmasking the Pollution Haven Effect [J]. International Economic Review, 2008, 49 (1): 223-254.

[114] Liu B, Weng Y. Duty Rebate and Technology Upgrading [J]. Taiwan Economic Review, 1998, 26: 145-160.

[115] Lo De Falk M, Storey M. Climate Measures and WTO Rules on Subsidies [J]. Journal of World Trade, 2005, 39 (1): 23-44.

[116] Lockwood B, Whalley J. Carbon – motivated Border Tax Adjustments: Old Wine in Green Bottles? [J]. The World Economy, 2010, 33 (6): 810-819.

[117] Lovely M, Popp D. Trade, Technology, and the Environment: Does Access to Technology Promote Environmental Regulation? [J]. Journal of Environmental Economics and Management, 2011, 61 (1): 16-35.

[118] Lucas R E B, David W, Hemamala H. Economic Development, Environmental Regulation and the International Migration of Toxic Industrial Pollution: 1960 – 1968 [R]. Policy Research Working Paper Series, No. 1062, 1992.

[119] Mah J S. The Effect of Duty Drawback on Export Promotion: The Case of Korea [J]. Journal of Asian Economics, 2007, 18 (6): 967-973.

[120] Managi S. Trade Liberalization and the Environment: Carbon Dioxide for 1960-1999 [J]. Economics Bulletin, 2004, 1 (17):

1—5.

[121] Managi S, Kumar S. Trade — induced Technological Change: Analyzing Economic and Environmental Outcomes [J]. Economic Modelling, 2009, 26 (3): 721—732.

[122] Maskus K E. A Test of the Heckscher — Ohlin — Vanek Theorem: The Leontief Commonplace [J]. Journal of International Economics, 1985, 19 (3): 201—212.

[123] McCarney G R, Adamowicz W L. The Effects of Trade Liberalization on the Environment: An Empirical Study [R]. Annual Meeting, 2005, July 6 — 8, San Francisco, CA 34157, Canadian Agricultural Economics Society.

[124] Michael K, Christos K. Coordinating Climate and Trade Policies: Pareto Efficiency and the Role of Border Tax Adjustments [J]. Journal of International Economics, 2014, 94 (1): 119—128.

[125] Moore M O. Implementing Carbon Tariffs: A Fool's Errand? [J]. The World Economy, 2011, 34 (10): 1679—1702.

[126] Nartova O. Carbon Labeling: Moral, Economic and Legal Implications in a World Trade Environment [R]. SSRN Electronic Journal, 2009.

[127] Niemelä R, Hannula M, Rautio S, et al. The Effect of Air Temperature onLabour Productivity in Call Centres—A Case Study [J]. Energy and Buildings, 2002, 34 (8): 759—764.

[128] Nusa K, Kodak G. Comparison of Maritime and Road Transportations in Emissions Perspective: A Review Article [J]. International Journal of Environment and Geoinformatics, 2023, 2 (10): 48—60.

[129] Passey R, MacGill I, Outhred H. The Governance Challenge for Implementing Effective Market — Based Climate Policies: A Case Study of The New South Wales Greenhouse Gas Reduction Scheme [J]. Energy Policy, 2008, 36 (8): 3009—3018.

[130] Perkins R, Neumayer E. Do Recipient Country Characteristics Affect International Spillovers of CO_2 — Efficiency via Trade and Foreign Direct Investment? [J]. Climatic Change, 2012, 112

(2): 469-491.

[131] Peterson E B, Schleich J. Economic and Environmental Effects of Border Tax Adjustments [R]. Washington: Brookings Institution Press, 2007.

[132] Puddle K. Unilateral Trade Measures to Combat Climate Change: A Biofuels Case Study [J]. New Zealand Journal of Environmental Law, 2007, 11: 99.

[133] Randhir T O, Hertel T W. Trade Liberalization as a Vehicle for Adapting to Global Warming [J]. Agricultural and Resource Economics Review, 2000, 29 (2): 159-172.

[134] Reilly J, Hohmann N, Kane S. Climate Change and Agriculture: Global and Regional Effects Using an Economic Model of International Trade [R]. Cambridge: MIT Center for Energy and Environmental Policy Research, 1993.

[135] Reilly J, Hohmann N. Climate Change and Agriculture: The Role of International Trade [J]. The American Economic Review, 1993, 83 (2): 306-312.

[136] Rocchi P, Serrano M, Roca J, et al. Border Carbon Adjustments Based on Avoided Emissions: Addressing the Challenge of Its Design [J]. Ecological Economics, 2018, 145: 126-136.

[137] Sampson G P. Rules that Govern World Trade and Climate Change: The Importance of Coherence [R]. Discussion Paper Series of United Nations University, 2000.

[138] Santos G. Road Transport and CO2 Emissions: What are the Challenges? [J]. Transport Policy, 2017, 59: 71-74.

[139] Sinn H. Pareto Optimality in the Extraction of Fossil Fuels and the Greenhouse Effect: A Note [R]. NBER Working Papers, No. 13453, 2007.

[140] Solarin S A, Al-Mulali U, Musah I, et al. Investigating the Pollution Haven Hypothesis in Ghana: An Empirical Investigation [J]. Energy, 2017, 124: 706-719.

[141] Somanathan E, Somanathan R, Sudarshan A, et al. The Impact of Temperature on Productivity andLabour Supply: Evidence

from Indian Manufacturing [J]. Journal of Political Economy, 2021, 129 (6): 1797-1827.

[142] Song P, Mao X, Corsetti G. Adjusting Export Tax Rebates to Reduce the Environmental Impacts of Trade: Lessons from China [J]. Journal of Environmental Management, 2015, 161: 408-416.

[143] Srinivasan R, Poongavanam S. A Comparative Analysis of CO2 Emissions by Road and Sea Transport, What are the Challenges? [J]. International Journal of Mechanical Engineering and Technology, 2017, 8 (11): 1095-1102.

[144] Stern N H. The Economics of Climate Change: The Stern Review [J]. American Economic Review, 2007, 98 (2): 1-37.

[145] Stretesky P B, Lynch M J. A Cross — national Study of the Association Between Per Capita Carbon Dioxide Emissions and Exports to the United States [J]. Social Science Research, 2009, 38 (1): 239-250.

[146] Swinnen J, Burkitbayeva S, Schierhorn F, et al. Production potential in the "bread baskets" of Eastern Europe and Central Asia [J]. Global Food Security, 2017, 14: 38-53.

[147] Tarasofsky R G. Heating up International Trade Law: Challenges and Opportunities Posed by Efforts to Combat Climate Change [J]. Carbon & Climate Law Review, 2008, 2 (1): 7-17.

[148] Torras M, Boyce J K. Income, Inequality, and Pollution: A Reassessment of the Environmental Kuznets Curve [J]. Ecological Economics, 1998, 25 (2): 147-160.

[149] Trachtman J P. WTO Law Constraints on Border Tax Adjustments and Tax Credit Mechanisms to Reduce the Competitive Effects of Carbon Taxes [J]. National Tax Journal, 2017, 70 (2): 469-493.

[150] UNCTAD. The Geography of Trade and Supply Chain Reconfiguration: Implications for Trade, Global Value Chains and Maritime Transport [R]. 2022a.

[151] UNCTAD. Review of Maritime Transport 2022 [R]. 2022b.

[152] Veel P. Carbon Tariffs and the WTO: An Evaluation of Feasible Policies [J]. Journal of International Economic Law, 2009, 12 (3): 749-800.

[153] Verburg R, Stehfest E, Woltjer G, et al. The Effect of Agricultural Trade Liberalisation on Land Use Related Greenhouse Gas Emissions [J]. Global Environmental Change, 2009, 19 (4): 434-446.

[154] Verburg R, Woltjer G, Tabeau A, et al. Agricultural Trade Liberalisation and Greenhouse Gas Emissions: A Simulation Study Using the GTAP - IMAGE Modelling Framework [R]. Netherlands: Agricultural Economics Research Institute, 2008.

[155] Viguier L. Fair Trade and Harmonization of Climate Change Policies in Europe [J]. Energy Policy, 2001, 29 (10): 749-753.

[156] Walsh S, Tian H, Whalley J, et al. China and India's Participation in Global Climate Negotiations [J]. International Environmental Agreements: Politics, Law and Economics, 2011, 11 (3): 261-273.

[157] Walter I, Ugelow J L. Environmental Policies in Developing Countries [J]. Ambio, 1979, 8 (2/3): 102-109.

[158] Wang P, Liu L, Tan X, et al. Key Challenges for China's Carbon Emissions Trading Program [J]. WIREs Climate Change, 2019, 10 (5): e599.

[159] Whalley J. Leveling the Carbon Playing Field: International Competition and US Climate Policy Design by Trevor Houser, Rob Bradley, Britt Childs, Jacob Werksman and RobertHeilmayr Washington, DC: Peterson Institute for International Economics, 2008 [J]. World Trade Review, 2009, 8 (4): 611-613.

[160] Yang H. Carbon Emissions Control and Trade Liberalization: Coordinated Approaches to Taiwan's Trade and Tax Policy [J]. Energy Policy, 2001, 29 (9): 725-734.

[161] Yomogida M, Tarui N. Emission Taxes and Border Tax

Adjustments for Oligopolistic Industries [J]. Pacific Economic Review, 2013, 18 (5): 644-673.

[162] Zhang D. Can Export Tax Rebate Alleviate Financial Constraint to Increase Firm Productivity? Evidence from China [J]. International Review of Economics & Finance, 2019, 64: 529-540.

[163] Zhang P, Deschenes O, Meng K, et al. Temperature Effects on Productivity and Factor Reallocation: Evidence from a Half Million Chinese Manufacturing Plants [J]. Journal of Environmental Economics and Management, 2018, 88: 1-17.

[164] Zhang Z. Multilateral Trade Measures in A Post - 2012 Climate Change Regime? What can be Taken from the Montreal Protocol and the WTO? [J]. Energy Policy, 2009, 37 (12): 5105-5112.

[165] Zhang Z, Zhu K, Hewings G J D. The Effects of Border-crossing Frequencies Associated with Carbon Footprints on Border Carbon Adjustments [J]. Energy Economics, 2017, 65: 105-114.

[166] Zhang Z, Assunção L. Domestic Climate Policies and the WTO [J]. The World Economy, 2004, 27 (3): 359-386.

[167] Ackerman F. Carbon Embedded in China's Trade [R]. Stockholm: Stockholm Environment Institute, 2009.

[168] Ackerman F, Ishikawa M, Suga M. The carbon content of Japan - US trade [J]. Energy Policy, 2007, 35 (9): 4455-4462.

[169] Afionis S, Sakai M, Scott K, et al. Consumption - Based Carbon Accounting: Does It Have A Future? [J]. WIREs Climate Change, 2017, 8 (1): e438.

[170] Banerjee S. Carbon Emissions Embodied in India - United Kingdom Trade: A Case Study on North - South Debate [J]. Foreign Trade Review, 2020, 55 (2): 199-215.

[171] Banerjee S. Addressing the Carbon Emissions Embodied in India's Bilateral Trade with Two Eminent Annex - II Parties: With Input - Output and Spatial Decomposition Analysis [J].

Environment, Development and Sustainability, 2021, 23 (4): 5430-5464.

[172] Bastianoni S, Pulselli F M, Tiezzi E. The Problem of Assigning Responsibility for Greenhouse Gas Emissions [J]. Ecological Economics, 2004, 49 (3): 253-257.

[173] Baumert N, Kander A, Jiborn M, et al. Global Outsourcing of Carbon Emissions 1995 - 2009: A Reassessment [J]. Environmental Science & Policy, 2019, 92: 228-236.

[174] Bednar - Friedl B, Schinko T, Steininger K, et al. The Carbon Content of Austrian Trade Flows in the European and International Trade Context [R]. FIW Research Reports series, 2010, 10 (3): 329-333.

[175] Cao Z, Wei J. Industrial Distribution and LMDI Decomposition of Trade - Embodied CO2 in China [J]. The Developing Economies, 2019, 57 (3): 211-232.

[176] Chang N. Sharing Responsibility for Carbon Dioxide Emissions: A Perspective on Border Tax Adjustments [J]. Energy Policy, 2013, 59: 850-856.

[177] Chen Z M, Chen G Q. Embodied Carbon Dioxide Emission at Supra - National Scale: A Coalition Analysis for G7, BRIC, and the Rest of the World [J]. Energy Policy, 2011, 39 (5): 2899-2909.

[178] Davis S J, Caldeira P K. The Supply Chain of CO2 Emissions [J]. Proceedings of the National Academy of Sciences of the United States of America, 2011, 108 (45): 18554-18559.

[179] Druckman A, Bradley P, Papathanasopoulou E, et al. Measuring Progress Towards Carbon Reduction in the UK [J]. Ecological Economics, 2008, 66 (4): 594-604.

[180] Fan J, Hou Y, Wang Q, et al. Exploring the Characteristics of Production - Based and Consumption Based Carbon Emissions of Major Economies: A Multiple - Dimension Comparison [J]. Applied Energy, 2016, 184 (C): 790-799.

[181] Ferng J J. Allocating the Responsibility of CO2 Over - Emissions from the Perspectives of Benefit Principle and

Ecological Deficit [J]. Ecological Economics, 2003, 46 (1): 121-141.

[182] Gallego B, Lenzen M. A Consistent Input - Output Formulation of Shared Producer and Consumer Responsibility [J]. Economic Systems Research, 2005, 17 (4): 365-391.

[183] Guo J E, Zhang Z, Meng L. China's Provincial CO2 Emissions Embodied in International and Interprovincial Trade [J]. Energy Policy, 2012, 42: 486-497.

[184] Hamilton C, Turton H. Determinants of Emissions Growth in OECD Countries [J]. Energy Policy, 2002, 30 (1): 63-71.

[185] Han M, Yao Q, Liu W, et al. Tracking Embodied Carbon Flows in the Belt and Road regions [J]. Journal of Geographical Sciences, 2018, 28 (9): 1263-1274.

[186] Herrmann I, Hauschild M. Effects ofGlobalization on Carbon Footprints of Products [J]. Cirp Annals Manufacturing Technology, 2009, 58 (1): 13-16.

[187] Hertwich E. Life Cycle Approaches to Sustainable Consumption: A Critical Review [J]. Environmental Science & Technology, 2005, 39 (13): 4673-4684.

[188] Houghton R A. Balancing the Global Carbon Budget [J]. Annual Review of Earth & Planetary Sciences, 2007, 35 (1): 313-347.

[189] Jakob M, Ward H, Steckel J C. Sharing Responsibility for Trade - Related Emissions Based on Economic Benefits [J]. Global Environmental Change, 2021, 66: 102207.

[190] Jiang M, Huang Y, Bai Y, et al. How Can Chinese Metropolises Drive Global Carbon Emissions? Based On A Nested Multi - Regional Input - Output Model for China [J]. Science of the Total Environment, 2023, 856: 159094.

[191] Jorgenson A K, Clark B. Societies Consuming Nature: A Panel Study of the Ecological Footprints of Nations, 1960 - 2003 [J]. Social Science Research, 2011, 40 (1): 226-244.

[192] Kim T, Tromp N. Analysis of Carbon Emissions Embodied in South Korea's International Trade: Production - based and

[193] Kondo Y, Moriguchi Y, Shimizu H. CO2 Emissions in Japan: Influences of Imports and Exports [J]. Applied Energy, 1998, 59 (2−3): 163−174.

[194] Lenzen M, Wood R, Wiedmann T. Uncertainty Analysis for Multi−Region Input−Output Models—A Case Study of The UK's Carbon Footprint [J]. Economic Systems Research, 2010, 22 (1): 43−63.

[195] Lenzen M, Murray J, Sack F, et al. Shared Producer and Consumer Responsibility: Theory and practice [J]. Ecological Economics, 2007, 61 (1): 27−42.

[196] Lenzen M, Smith S. Teaching Responsibility for Climate Change: Three Neglected Issues [J]. Australian Journal of Environmental Education, 1999, 15: 65−75.

[197] Levitt C J, Saaby M, Sørensen A. Australia's Consumption−based Greenhouse Gas Emissions [J]. Australian Journal of Agricultural and Resource Economics, 2017, 61: 211−231.

[198] Li Y, Hewitt C N. The Effect of Trade Between China and the UK on National and GlobalCarbon Dioxide Emissions [J]. Energy Policy, 2008, 36 (6): 1907−1914.

[199] Li R, Ge S. Towards Economic Value−added Growth Without Carbon Emission Embodied Growth in North−North Trade—An Empirical Analysis of US−Germany Trade [J]. Environmental Science and Pollution Research, 2022, 29 (29): 43874−43890.

[200] Liu L, Wu T, Huang Y. An Equity−Based Framework for Defining National Responsibilities in Global Climate Change Mitigation, Climate and Development [J]. Climate and Development, 2017, 9 (2): 152−163.

[201] Lin B, Sun C. Evaluating Carbon Dioxide Emissions in International Trade of China [J]. Energy Policy, 2010, 38 (1): 613−621.

[202] Menp I, Siikavirta H. Greenhouse Gases Embodied in the International Trade and Final Consumption of Finland: An

Input — Output Analysis [J]. Energy Policy, 2007, 35 (1): 128—143.

[203] Meng J, Mi Z, Guan D, et al. The Rise of South — South Trade and Its Effect on Global CO2 Emissions [J]. Nature Communications, 2018, 9 (1): 1871.

[204] Munksgaard J, Pedersen K A. CO2 Accounts for Open Economies: Producer or Consumer Responsibility? [J]. Energy Policy, 2001, 29 (4): 327—334.

[205] Nguyen P T. Carbon Emissions Versus Value — added in Export — driven Countries: Case of Vietnam [J]. Journal of Economic Structures, 2022, 11 (1): 12.

[206] Ninpanit P, Malik A, Wakiyama T, et al. Thailand's Energy — Related Carbon Dioxide Emissions from Production — based and Consumption — based Perspectives [J]. Energy Policy, 2019, 133: 110877.

[207] Norman J, Charpentier A D, Maclean H L. Economic Input — Output Life — Cycle Assessment of Trade Between Canada and the United States [J]. Environmental Science & Technology, 2007, 41 (5): 1523—32.

[208] Pan J, Phillips J, Chen Y. China's Balance of Emissions Embodied in Trade: Approaches to Measurement and Allocating International Responsibility [J]. Oxford Review of Economic Policy, 2008, 24 (2): 354—376.

[209] Peters G P, Hertwich E G. CO2 Embodied in International Trade with Implications for Global Climate Policy [J]. Environmental Science & Technology, 2008, 42 (5): 1401.

[210] Prell C, Sun L. Unequal Carbon Exchanges: Understanding Pollution Embodied in Global Trade [J]. Environmental Sociology, 2015, 1 (4): 256—267.

[211] Pu Z, Yue S, Gao P. The Driving Factors of China's Embodied Carbon Emissions: A Study from the Perspectives of Inter — Provincial Trade and International Trade [J]. Technological Forecasting and Social Change, 2020, 153: 119930.

[212] Rhee H C, Chung H S. Change in CO2 Emission and Its

Transmissions Between Korea and Japan Using International Input – Output Analysis [J]. Ecological Economics, 2006, 58 (4): 788–800.

[213] Roberts J T, Grimes P E, Manale J L. Social Roots of Global Environmental Change: A World – Systems Analysis of Carbon Dioxide Emissions [J]. Journal of World – Systems Research, 2015, 9 (2): 277–315.

[214] Rodrigues J, Domingos T, Giljum S, et al. Designing An Indicator of Environmental Responsibility [J]. Ecological Economics, 2006, 59 (3): 256–266.

[215] Sánchez – Chóliz J, Duarte R. CO2 Emissions Embodied in International Trade: Evidence for Spain [J]. Energy Policy, 2004, 32 (18): 1999–2005.

[216] Shui B, Harriss R C. The Role of CO2 Embodiment in US – China Trade [J]. Energy Policy, 2006, 34 (18): 4063–4068.

[217] Su B, Ang B W, Li Y. Input – output and Structural Decomposition Analysis of Singapore's Carbon Emissions [J]. Energy Policy, 2017, 105: 484–492.

[218] Tian J, Liao H, Wang C. Spatial – Temporal Variations of Embodied Carbon Emission in Global Trade Flows: 41 Economies and 35 Sectors [J]. Natural Hazards, 2015, 78 (2): 1125–1144.

[219] Tolmasquim M T, Machado G. Energy and Carbon Embodied in the International Trade of Brazil [J]. Mitigation & Adaptation Strategies for Global Change, 2003, 8 (2): 139–155.

[220] Wang T, Watson J. Who Owns China's Carbon Emissions? [R]. Tyndall Centre for Climate Change Research, 2007, 23: 2–4.

[221] Wang Q, Zhou Y. Imbalance of Carbon Emissions Embodied in the US – Japan Trade: Temporal Change and Driving Factors [J]. Journal of Cleaner Production, 2019, 237: 117780.

[222] Wang Z, Meng J, Zheng H, et al. Temporal Change in India's Imbalance of Carbon Emissions Embodied in International Trade [J]. Applied Energy, 2018, 231: 914–925.

[223] Weber C L, Matthews H S. Embodied Environmental Emissions

in US International Trade, 1997 — 2004 [J]. Environmental Science & Technology, 2007, 41 (14): 4875-4881.

[224] Weber C L, Matthews H S. Quantifying the Global and Distributional Aspects of American Household Carbon Footprint [J]. Ecological Economics, 2008, 66 (2): 379-391.

[225] Wiebe K S, Bruckner M, Giljum S, et al. Calculating Energy – related CO_2 Emissions Embodied in International Trade Using a Global Input – Output Model [J]. Economic Systems Research, 2012, 24 (2): 113-139.

[226] Yan Y, Yang L. China's Foreign Trade and Climate Change: A Case Study of CO_2 Emissions [J]. Energy Policy, 2010, 38 (1): 350-356.

[227] Yan Y, Wang R, Zheng X, et al. Carbon Endowment and Trade — Embodied Carbon Emissions in Global Value Chains: Evidence from China [J]. Applied Energy, 2020, 277: 115592.

[228] Yang Y, Qu S, Cai B, et al. Mapping Global Carbon Footprint in China [J]. Nature Communications, 2020, 11 (1): 2237.

[229] Yang W, Gao H, Yang Y. Analysis of Influencing Factors of Embodied Carbon in China's Export Trade in the Background of "Carbon Peak" and "Carbon Neutrality" [J]. Sustainability, 2022, 14 (6): 3308.

[230] Yu Y, Feng K, Hubacek K. Tele — Connecting Local Consumption to Global Land Use [J]. Global Environmental Change, 2013, 23 (5): 1178-1186.

[231] Zhang Z, Chen W. Embodied Carbon Transfer Between China and the Belt and Road Initiative Countries [J]. Journal of Cleaner Production, 2022, 378: 134569.

[232] Zhou X, Kojima S, Liu X. Carbon Emissions Embodied in International Trade: An Assessment Based on the Multi – Region Input Output Model [R]. Hayama, Institute for Global Environmental Strategies, 2010.

[233] Zhu Y, Shi Y, Wu J, et al. Exploring the Characteristics of CO_2 Emissions Embodied in International Trade and the Fair Share of Responsibility [J]. Ecological Economics, 2018, 146:

574-587.

[234] Baer P. The Greenhouse Development Rights Framework for Global Burden Sharing: Reflections on Principles and Prospects [J]. WIREs Climate Change, 2013, 4 (1): 61-71.

[235] Birdsall N, Subramanian A. Energy Needs and Efficiency, Not Emissions: Re-framing the Climate Change Narrative [R]. Center for Global Development Working Paper, No. 187, 2009.

[236] Blanchard O, Criqui P, Trommetter M, et al. Equity and Efficiency in Climate Change Negotiations: A Scenario for World Emission Entitlements by 2030 [R]. Grenoble: Institut d'Economie et de Politique de l'Energie (IEPE), 2001.

[237] Bodansky D. The United Nations Framework Convention on Climate Change: A Commentary [J]. Yale Journal of International Law, 1993, 18: 451.

[238] Bode S. Equal Emissions Per Capita Over Time: A Proposal to Combine Responsibility and Equity of Rights for Post-2012 GHG Emission Entitlement Allocation [J]. European Environment, 2004, 14 (5): 300-316.

[239] Bosetti V, Frankel J A. Global Climate Policy Architecture and Political Feasibility: Specific Formulas and Emission Targets to Attain 460ppm CO_2 Concentrations [R]. NBER Working Paper, No. 15516, 2009.

[240] Burtraw D, Toman M A. Equity and International Agreements for CO_2 Containment [J]. Journal of Energy Engineering, 1992, 118: 122-135.

[241] CCPA. Implementing Equity A RenewableRegina that Works for Everyone—FALL 2022 [R]. Canada: Canadian Centre for Policy Alternatives, 2022.

[242] Cronin J A, Fullerton D, Sexton S. Vertical and Horizontal Redistributions from a Carbon Tax and Rebate [J]. Journal of the Association of Environmental and Resource Economists, 2018, 6 (S1): S169-S208.

[243] Damon M, Cole D H, Ostrom E, et al. Grandfathering: Environmental uses and impacts [J]. Review of Environmental

Economics and Policy, 2019, 13 (1): 23-42.

[244] DenElzen M G J, Schaeffer M, Lucas P L. Differentiating Future Commitments on the Basis of Countries' Relative Historical Responsibility for Climate Change: Uncertainties in the 'Brazilian Proposal' in the Context of a Policy Implementation [J]. Climatic Change, 2005, 71 (3): 277-301.

[245] Dong F, Han Y, Dai Y, et al. How Carbon Emission Quotas Can be Allocated Fairly and Efficiently Among Different Industrial Sectors: The Case of Chinese Industry [J]. Polish Journal of Environmental Studies, 2018, 27 (6): 2883-2891.

[246] Dubash K N. Towards a Progressive Indian and Global Climate Politics [R]. Centre for Policy Research Working Paper, 2009.

[247] Duro J A, Padilla E. International Inequalities in Per Capita CO2 Emissions: A Decomposition Methodology by Kaya Factors [J]. Energy Economics, 2006, 28 (2): 170-187.

[248] Eibner C, Girosi F, Price CC, et al. Grandfathering in the Small Group Market Under the Patient Protection and Affordable Care Act: Effects on Offer Rates, Premiums, and Coverage [J]. Rand Health Quarterly, 2011, 1 (3): 16.

[249] Eniibukun T A, Allan J, Antonich B, et al. Summary of the Doha Climate Change Conference: 26 November—8 December 2012 [R]. Earth Negotiations Bulletin, 2012, 567 (12): 1-30.

[250] EPA. Climate Equity [R]. https://www.epa.gov/climate-impacts/climate-equity, 2023.

[251] Frankfurt H. Equality as a Moral Ideal [J]. Ethics, 1987, 98 (1): 21-43.

[252] Hänsel M C, Franks M, Kalkuhl M, et al. Optimal Carbon Taxation and Horizontal Equity: A Welfare Theoretic Approach with Application to German Household Data [J]. Journal of Environmental Economics and Management, 2022, 116: 102730.

[253] Harris P G. Implementing Climate Equity: The Case of Europe [J]. Journal of Global Ethics, 2008, 4 (2): 121-140.

[254] Janissen B. Greenhouse Gas Abatement and Burden Sharing: An

Analysis of Efficiency and Equity Issues for Australia [R]. Canberra: Australian Govt. Pub. Service, 1995.

[255] Litman T. Evaluating Transportation Equity [J]. World Transport Policy and Practice, 2002, 8: 50-65.

[256] Mattoo A, Subramanian A. Equity in Climate Change: An Analytical Review [J]. World Development, 2012, 40 (6): 1083-1097.

[257] Müller B, Mahadeva L. Operationalizing the UNFCCC Principle of 'Respective Capabilities' [R]. Oxford: Oxford Institute for Energy Studies, 2013.

[258] Musgrave R A. Horizontal Equity, Once More [J]. National Tax Journal, 1990, 43 (2): 113-122.

[259] Nardin T. Political Theory and International Relations [J]. American Political Science Review, 1980, 74 (3): 795-796.

[260] Neumayer E. InDefence of Historical Accountability for Greenhouse Gas Emissions [J]. Ecological Economics, 2000, 33 (2): 185-192.

[261] Pan X, Teng F, Wang G. Sharing Emission Space at an Equitable Basis: Allocation Scheme Based on the Equal Cumulative Emission Per Capita Principle [J]. Applied Energy, 2014, 113 (C): 1810-1818.

[262] Pauw P, Mbeva K, van Asselt H. Subtle Differentiation of Countries' Responsibilities under the Paris Agreement [J]. Palgrave Communications, 2019, 5 (1): 86.

[263] Posner E A, Sunstein C R. Justice and Climate Change [R]. Public Law and Legal Theory Working Paper, No. 177, 2008.

[264] Rajamani L. From Berlin to Bali and Beyond: Killing Kyoto Softly? [J]. International & Comparative Law Quarterly, 2008, 57 (4): 909-939.

[265] Rawls J. The Law of Peoples [J]. Critical Inquiry, 1993, 20 (1): 36-68.

[266] Ringius L, Torvanger A, Underdal A. Burden Sharing and Fairness Principles in International Climate Policy [J]. International Environmental Agreements, 2002, 2 (1): 1-22.

[267] Robiou Du Pont Y, Meinshausen M. Warming Assessment of the Bottom – Up Paris Agreement Emissions Pledges [J]. Nature Communications, 2018, 9 (1): 4810.

[268] Rose A, Stevens B, Edmonds J, et al. International Equity and Differentiation in Global Warming Policy [J]. Environmental and Resource Economics, 1998, 12 (1): 25–51.

[269] Sargl M, Wolfsteiner A, Wittmann G. The Regensburg Model: Reference Values for the (I) NDCs Based on Converging Per Capita Emissions [J]. Climate Policy, 2017, 17 (5): 664–677.

[270] Shue H. Global Environment and International Inequality [J]. International Affairs, 1999, 75 (3): 531–545.

[271] Smith M D, Wodajo T. New Perspectives on Climate Equity and Environmental Justice [J]. Bulletin of the American Meteorological Society, 2022, 103 (6): E1522–E1530.

[272] Starkey R. Assessing Common (s) Arguments for an Equal Per Capita Allocation [J]. TheGeographical Journal, 2011, 177 (2): 112–126.

[273] Tavakoli A, Shafie – Pour M, Ashrafi K, et al. Options for Sustainable Development Planning Based on 'GHGs Emissions Reduction Allocation (GERA)' from a National Perspective [J]. Environment, Development and Sustainability, 2016, 18 (1): 19–35.

[274] UN. Convention – Cadre Des NationsUnies Sur Les Changements Climatiques [R]. 1992.

[275] UNFCCC. Report on the Dialogue on Long – Term Cooperative Action to Address Climate Change by Enhancing Implementation of the Convention [R]. 2007.

[276] UNFCCC. Views regarding the workprogramme of the Ad Hoc Working Group on Long – term Cooperative Action under the Convention [R]. 2008.

[277] UNFCCC. Ideas and proposals on paragraph 1 of the Bali Action Plan [R]. 2009.

[278] UNFCCC. Ideas and proposals on the elements contained in

paragraph 1 of the Bali Action Plan [R]. 2012.

[279] Vaillancourt K, Waaub J. Equity in International Greenhouse Gases Abatement Scenarios: A Multi − criteria Approach [J]. European Journal of Operational Research, 2004, 153 (2): 489−505.

[280] van Asselt H. The Paris Agreement on Climate Change: Analysis and Commentary [J]. Transnational Environmental Law, 2019, 8 (2): 379−382.

[281] WBGU, Schellnhuber H M D, Rahmstorf S, et al. Solving the Climate Dilemma: The Budget Approach [R]. Berlin: German Advisory Council on Global Change, 2009.

[282] Winkler H, Spalding − Fecher R, Tyani L. Comparing Developing Countries Under Potential Carbon Allocation Schemes [J]. Climate Policy, 2002, 2 (4): 303−318.

[283] Wolff R P. Realizing Rawls [J]. Journal of Philosophy, 1990, 87 (12): 716−720.

[284] Young H P, Wolf A. Global Warming Negotiations: Does Fairness Matter? [J]. Brookings Review, 1992, 10: 46.

[285] Akimoto K, Sano F, Homma T, et al. Estimates of GHG Emission Reduction Potential by Country, Sector, and Cost [J]. Energy Policy, 2010, 38 (7): 3384−3393.

[286] Barrett S. An Analysis of Alternative Instruments for Negotiating a Global WarmingThe Impacts of Trade Liberalization on Informal Labor Markets: A Theoretical and Empirical Evaluation of the Brazilian CaseTreaty [R]. OECD Environment Directorate Draft Paper, 1991.

[287] Bentivogli C, Pagano P. Trade, Job Destruction and Job Creation in European Manufacturing [J]. Open Economies Review, 1999, 10 (2): 165−184.

[288] Bernard A B, Redding S J, Schott P K. Comparative Advantage and Heterogeneous Firms [J]. Review of Economic Studies, 2007, 74: 31−66.

[289] Conrad F. CO2 Abatement Cost in West Germany [J]. Energy Policy, 1990, 18 (7): 669−671.

[290] Fu X, Balasubramanyam V N. Exports, Foreign Direct Investment and Employment: The Case of China [J]. The World Economy, 2005, 28 (4): 607−625.

[291] Grossman G, Rossi − Hansberg E. The Rise of Offshoring: It's not Wine for Cloth Anymore [P]. Proceedings − Economic Policy Symposium − Jackson Hole, 2006: 59−102.

[292] Hasanbeigi A, Menke C, Price L. The CO2 Abatement Cost Curve for the Thailand Cement Industry [J]. Journal of Cleaner Production, 2010, 18 (15): 1509−1518.

[293] Hoekman B, Winters L A. Trade and Employment: Stylized Facts and Research Findings [R]. World Bank Policy Research Working Paper, No. 3676, 2005.

[294] Jansen M, Lee E. Trade and Employment: Challenges for Policy Research [R]. Geneva: World Trade Organization, InternationalLabour Office, 2007.

[295] Matusz S J, Tarr D. Adjusting to Trade Policy Reform [R]. Washington: World Bank Group, 1999.

[296] Milner C, Wright P. ModellingLabour Market Adjustment to Trade Liberalisation in an Industrialising Economy [J]. The Economic Journal, 1998, 108 (447): 509−528.

[297] Morthorst P E. Constructing CO2 Reduction Cost Curves The Case of Denmark [J]. Energy Policy, 1994, 22 (11): 964−970.

[298] Narula R G, Wen H, Himes K. Incremental Cost of CO2 Reduction in Power Plants [R]. Turbo Expo: Power for Land, Sea, and Air, 2002: 36096: 283−289.

[299] Orbeta A. Globalization and Employment: The Impact of Trade on Employment Level and Structure in the Philippines [R]. Philippines: Philippine Institute for Development Studies, 2002.

[300] Paz L S. The Impacts of Trade Liberalization on Informal Labor Markets: A Theoretical and Empirical Evaluation of the Brazilian Case [J]. Journal of International Economics, 2014, 92 (2): 330−348.

[301] Pereira A M, Pereira R M. Marginal Abatement Cost Curves and

the Budgetary Impact of CO2 Taxation in Portugal [R]. College of William and Mary Department of Economics Working Paper, No. 105, 2011.

[302] Peters G P, Hertwich E G. Pollution Embodied in Trade: The Norwegian Case [J]. Global Environmental Change, 2006, 16 (4): 379-387.

[303] Rama M. The Labor Market and Trade Reform in Manufacturing [R]. Washington: World Bank Group, 1994.

[304] Tiwari P, Parikh J. Cost of CO2 Reduction in Building Construction [J]. Energy, 2000, 20 (6): 531-547.